A Deadly Wandering
A Tale of Tragedy and Redemption in the Age of Attention

神経ハイジャック

もしも「注意力」が奪われたら

マット・リヒテル 著
三木俊哉 訳／小塚一宏 解説

Author: Matt Richtel
Translation: Toshiya Miki / Afterword: Kazuhiro Kozuka

ATTENTION SCIENCE

"What happened?" Reggie asked. The man was Kaiserman, the farrier. He responded:

IT'S A BRAIN

"What happened?"
You just hit that car.

A DEADLY WANDERING
A Tale of Tragedy and Redemption in the Age of Attention
by
Matt Richtel
Copyright © 2014 by Matt Richtel
Published by arrangement with
William Morrow, an imprint of HarperCollins Publishers
through Japan UNI Agency, Inc., Tokyo

Why, given it was becoming clear that the brain faced limitations, were people continuing particularly in challenging, even ions?

stop using the technology, ldn't.

ple would come to their senses," aive on my part. Still to this day, how addictive and how alluring

The stage was set to incorporate the decades of past research, and to marry behavioral science with neuroimaging, to answer a new question: Why does interactive media do such an extraordinary job of capturing our attention?

car; the reason is bec set of eyes, modulat on roadway conditi end of the cell phone 2007, Dr. Strayer show do not get better with

where cognitive s ify the machine, city," Dr. Atchley "Technology was nning up against wrong cities. Why - who would miss ated individuals— —pedestrians

driving

today with technology, rable to what happened n drugs. "It's exactly the adoption of technology tance isn't that much pace of adoption and e of the drug culture, gal and one isn't."

われわれが持っているのは、
旧石器時代の感情と、
中世の諸制度と、
神のようなテクノロジーである。

——エドワード・オズボーン・ウィルソン

登場人物紹介

レジー・ショー　事件の加害者
エド・ショー　レジーの父親
メアリー・ジェーン・ショー　レジーの母親
ジョン・バンダーソン　レジーの弁護士
テリル・ワーナー　被害者家族の支援者
アラン・ワーナー　テリルの夫
キース・オデル　事件の被害者
レイラ・オデル　キースの妻
ミーガン・オデル　キースの長女
ジェームズ（ジム）・ファーファロ　事件の被害者

ジャッキー・ファーファロ　ジムの妻
ステファニー・ファーファロ　ジムの長女
キャシディ・ファーファロ　ジムの次女

ジョン・カイザーマン　蹄鉄工
バート・リンドリスバーカー　ユタ州警察官
スコット・シングルトン　ユタ州警察官
トマス・ウィルモア　ユタ州判事
トニー・ベアード　キャッシュ郡検事
ドン・リントン　キャッシュ郡検事

アダム・ガザリー博士　神経学者
ポール・アチリー博士　心理学者
デイビッド・グリーンフィールド博士　心理学者
デイビッド・ストレイヤー博士　神経学者

プロローグ

「気分は？」

「大丈夫」

レジー・ショーは医療用ベッドに横たわっている。白いすべすべしたトンネル状のＭＲＩ装置に、頭部が入ろうとしている。気分は悪くないが、ナーバスになっていた。頭のなかを誰かにのぞき込まれるなんてぞっとしない。

装置の横には、青い手術着の放射線技師。長い髪をしっかりまとめている。部屋を見渡し、金属片などが放置されていないことを確認する。地磁気の六万倍もの磁力を持つＭＲＩは一種の強力磁石だ。ハサミなんかをうっかり置き忘れていたら、時速六〇キロの猛スピードでトンネルに吸い込まれてしまう。

レジーは衣服を脱ぎ、カギ類を取り出しておいた。左前のポケットにふだんｉＰｈｏｎｅを入れているので、ジーンズにかすかなラインができている。ＭＲＩ装置に頭が入ろうかという状態のまま、彼は考える。下の歯の矯正用リテーナー（ハイスクール時代に遊びでフットボールをやっていたときの激突が原因だ）が頭を突き抜けてＭＲＩに吸い込まれるのではないか、と。放射線技師のメロディ・ジョンソンが心配はいらないと言う。

彼女は装置の左側に移動し、テーブルから妙な形をしたヘルメットを取り上げる。宇宙飛行士か、はたまた（『羊たちの沈黙』の）ハンニバル・レクターがかぶりそうな代物だ。

「これをかぶってもらいますね」。彼女はその白いヘルメットをレジーの顔に着け、両側をベッドに留める。ヘルメットの内側には小さな鏡がある。トンネルのなかに仰向けに横たわったまま、彼はそこに投影される画像を見ることができる。

装置の音がうるさいので、レジーは耳栓をつけている。ＭＲＩは大量の磁力を人体に送り込み、水や脂肪の水素原子を活性化させる。短時間の活性状態が落ち着きはじめると、水素原子は高周波を放出する。ＦＭラジオのようなものだ。するとコンピュータがそのシグナルを拾い、これを物理的なイメージに変換する。いわば体内の地図である。この技術は骨などの硬いものを見るには不向きだが、臓器などの軟組織の撮像には威力を発揮する。脳を見るうえでこれまでになかったツールである。

レジーは二六歳。小さいころはカレッジバスケットボールの選手になりたかった（コーチでもよかった）。もちろん家庭も持ちたかったが、家庭そのものがほしいわけではなかった。学生時代は運動ばかりで勉強はからっきしだったものの、彼はロマンチストなのだ。恋に落ち、恋をしていたかった。そして一番の望みは、モルモン教の伝道活動をすること――。ところが二〇〇六年九月のある雨の朝、山道を運転して仕事へ向かう途中に、レジーの人生は大きく暗転する。悲劇的で絶望的な暗転だ。事故があった。あるいはそのように思えた。たぶん、たんなる不注意。

ていなかった。

それとも、もっと狡猾な何ごとか――。その夏の最後の日に何があったのかは、まだはっきりし

ふたりの男性が死亡した。途方もない悲しみ、そして謎を残して。ユタ州警察の少数の捜査官たちがこの事件に目をつけた。頑固者で知られるある捜査官は、レジーが携帯電話に気をとられていたせいで衝突事故を起こしたのだと確信した。メールでも打っていたにちがいない。彼はその証拠を探して粘り強く（最初はひとりっきりで）捜査を続けたが、次々と障害にぶつかるばかり。そこへ、被害者を支援する者が現れた。テリル・ワーナーという女性である。過酷な子ども時代を過ごしたおかげでたくましくなり、妥協なき責任感を身につけた。彼女はその責任感に突き動かされて、被害者のために正義を追求しようとしたのだ。

レジーのほうは、衝突の原因が何か思い出せないと主張した。証拠が出てくるとそれを否定し、自分自身、そんな証拠は嘘だと思い込んだ。愛する家族や友人たちのため、その態度はいっそう頑なになった。地域の人々のなかには、被害者に同情しながらもこの騒動が理解できない者もいた。ドライバーが携帯を見ていた、あるいはメールを打っていたとして、だからどうだというのだ。誰だって運転しながら何かに気をとられることがあるではないか。それほど悪いことなのか――。法律はなんの役にも立たなかった。ユタ州でそんな罪に問われた者はひとりもいないのだ。

この事故がきっかけで、レジーとその支援者、テリル、そして最終的には検事、議員、一流科学者らの視点や哲学、人生がからみ合い、もつれ合うことになる。それぞれの関係者が己の真実、何十年も前のできごと、そして今回の悲劇に対する各自の反応（矛盾したものもあれば、大袈裟な

ものもある）の背景にある秘密に直面せざるをえなかった。

そして、この混乱のあとに残されたのは厳しい現実である。レジーが引き起こした悲劇は、ある「強力なダイナミクス」の産物だった。エリート科学者たちが先を争うように解明を試みてきたこのダイナミクスは、ますますその強さを増している。それはテクノロジーと人間の脳が相克する状態ともいえる。

テクノロジーは概して人間の頭が生み出すものであり、イノベーションやポテンシャルの発現の成果である。現代の機械《マシン》はバーチャルな奴隷、生産性向上の手段として私たちに奉仕する。そうしたテクノロジーの価値は、国家安全保障や医学から、はてはもっと身近で当たり前のもの、たとえば遠く離れた友人や家族をつなぐ携帯電話、何千キロも先の相手にほんの何秒かでメッセージを届けるEメール、スカイプやフェイスタイムまで、生活のあらゆる側面で疑問の余地がないものである。基本的に、消費者がこうしたデバイスやプログラムをハイスピードで導入するのは、マーケティングの成果でもなければ、かっこよさのせいでもなく、とことん便利で役に立つからだ。社会の奥深い願望やニーズを満たすからだ。

同時に、テレビからコンピュータ、電話まで、そうしたテクノロジーはもっとたくさんの情報を与えて脳に負担をかける可能性がある。すると私たちは疲弊してしまう。インタラクティブなデバイスの場合はとくにそうだ。きわめて刺激的で社会性のあるコンテンツが、ますますスピーディーにやりとりされるからだ。そうなれば私たちの注意力に悪影響が及ぶ。最も人間らしい重要な資質のひとつである注意力が散漫になる。

レジーの物語は、一八五〇年代にまでさかのぼる一科学の領域に光を当て、その発展に貢献した。科学者たちが人間の脳の処理能力を測定しはじめたのが、ちょうどそのころである。私たちはどのように情報を処理するのか？　どれくらいの情報をどれくらいの速さで処理するのか？　それ以前の時代には、人はものごとに即座に反応できると考えられていた。人間の脳は「無限」だという考え方である。機械がその考え方を少しずつ変えていった。たとえば銃や列車、電信に比べて、人間の反応時間がそれほど速いとは思えない。テクノロジーの前では、われわれ人間は遅く見える。だが、おかげで科学者たちは脳を研究できるようになり、興味深いトレードオフが生まれた。機械は脳の限界を浮き彫りにし、私たちの処理能力や反応時間に圧倒的な負荷をかけるおそれがあったが、一方で、科学者がこのダイナミクスを理解・測定する助けにもなった。

そして第二次世界大戦の前後に「注意の科学《アテンションサイエンス》」とでも呼ぶべき研究分野が誕生する。人間とテクノロジーの関係の深まりも、これを後押しする要因になった。当時の先駆的な研究者は、パイロットがコックピットでどれくらいのテクノロジーに対処できるのか、いつどういう理由で負担過多になるのかを解明しようとした。あるいは、最先端コンピュータのディスプレーをチェックしているレーダー監視員が、なぜときどき、レーダー上のナチスの機影を見逃すことがあるのかを調査した。

二〇世紀後半、ハイテクは軍部や政府から消費者へシフトする。まずラジオが、次いでテレビが登場した（テレビの需要拡大はすさまじく、一九四九年の米国での販売台数が三六〇万だったのに対し、二〇一〇年には一家に三台という水準まで普及している）。これにコンピュータが続く。最初のマウスが登場したのは一九六〇年代前半で、パーソナルコンピュータはその一〇年後。一九八〇年代には、商用携帯電話の処理能力が、第二次大戦時の世界最高のコンピュータの能力を何桁も上回るほどになった。そして数年とたたずに、それはポケットにすっぽり収まるようになる。

発展スピードは急速だった。「ムーアの法則」によれば、基本的にコンピュータの処理能力は二年ごとに倍増する。ほかにも、ムーアの法則ほど有名ではないが、人間の脳に何が起きているかを知るうえで同じように重要な原則がある。「メトカーフの法則」である。コンピュータネットワークのパワーがその利用者数で決まるというこの法則は、一九九〇年代前半に提唱された。利用者が増えれば通信も増え、価値も高まる。負荷も増える。

利用者が増えてパワーが高まったネットワークは、コンピュータをパーソナル通信デバイスに転換することで、それまでとはまったく違う注意力を要求するようになった。このテクノロジーはデータだけでなく、友人や親類からの情報も伝達する。ビジネス上の機会や脅威、仲間からの提案を知らせる通信手段である。こうしてパーソナル通信デバイスは、人間の奥深いニーズをとらえ、すさまじい勢いで拡大した。それは純粋な社会的コミュニケーションにとどまらず、ゲームやニュース、買い物や消費まで、私たち一人ひとりと常時つながった強力な「電流」のようなものだ。ムーアとメトカーフが融合し、処理能力とパーソナル通信が両立する。私たちのデバイスはますます高速で親密になる。注意力を要するばかりか、中毒になるほどの魅力をそなえている。

一五〇年前の先達が敷いた道を歩む、現代の注意力の研究者たちは新たな問いかけをした。テクノロジーはもはや奴隷ではなく、むしろ主人ではないか？　われわれの注意力はテクノロジーに追いついていないのではないか？　どうすれば注意力を取り戻せるか？　第二次大戦中のパイロットのように生死にかかわる問題ではなく、そこにはもっと微妙な緊張感が存在する。職場で注意力が損なわれれば、生産性が長きにわたって低下する。学校で注意力が損なわれれば、生徒の集中力が、家庭で注意力が損なわれれば、恋人どうしや親子間の意思疎通が妨げられる。それは記憶や学習を強化するよりも妨害するのではないか？

印刷からラジオ、テレビにいたるまで、これまでの技術進歩においては、その思わぬ影響やマイナスの副作用も検討されてきた。だが多くの学者は、最近の技術躍進（本格化したのはここ一〇年程度）が私たちの暮らしを抜本的に変えたとして意見の一致をみている。

テクノロジーの効能と複雑さは爆発的に高まっている。私たちはどのようにしてそのペースについていけばよいのか？

レジー・ショーは——ついていけなかった。自分を包み込んでいた大きなダイナミクス、あるいは危機を想像できなかった。だからたぶん、何が起きたのかを把握できなくても不思議はない。このように混乱したからこそ自分を欺き、他人に嘘をついたのだろう。それとも、彼は自分が思う以上に不誠実だったのか？　いずれにせよ、科学と常識による判断を突きつけられ、レジーはもはや真実から目をそむけてはいられなかった。彼は自分のしたことを認め、そして変わった——完全に。まさかと思うほどの伝道者、「贖罪の象徴」となった。そして自分自身だけでなく世界を変えはじめた。いってみれば、レジーとその関係者たちの物語は、この時代に特徴的な教訓をもたらしたのだ。私たちがいかに悲劇から覚醒し、現実に向き合い、日々の小さな軋轢に対応し、みずからの経験を活かして自分や周囲の人たちの人生をよくできるか――という教訓を。そしてレジーたちの物語は、功罪相半ばするテクノロジーと私たちがどう折り合いをつけられるかを教えてくれた。さまざまな可能性を持つコンピュータだが、そのパワーを過小評価すれば、人間の脳が乗っ取られかねない。

レジーに味方する側も敵対する側も、この若者にわが身を投影するようになった。自分ならどうしていただろう、どうすべきだっただろう、と。レジーにかぎらず、注意力なんてものはもろい。彼に起こったことは誰にでも起こる可能性がある。人はそのせいで邪悪にもなれば、無知にも無邪気にもなるのか？ それとも人間とはそういうものなのか？

彼の脳は私たちの脳と違うのだろうか？

放射線技師のメロディ・ジョンソンが小さなプラスチックのデバイスをふたつレジーに手渡す。色はグレーで、昔のテレビゲームのコントローラーのようだ。鏡に画像が現れたら、そのデバイス上のボタンを押すようにと彼女が言う。何かに注意を払おうとするときの、レジーの脳の様子を観察するのだ。

「ゆっくり入れていきますね」とジョンソン。「大丈夫ですか？」

レジーは咳払いをする。同意の合図、緊張の表れだ。彼はトンネルのなかに消えてゆく。

第 I 部
衝突

1 レジー

二〇〇六年六月初め、一九歳のレジー・ショーは、ユタ州の雲ひとつない大空のもとを北へ向かうシボレー・タホの後部座席にいた。機械工場のマネジャーをしている父親のエドは、この白いSUV車を運転しながら声を殺して泣いている。助手席では母親のメアリー・ジェーンがすすり泣いていた。

レジーはメアリー・ジェーンのかわいい末っ子だった。少なくとも彼女が四〇歳のときに妹を産むまでは。六人きょうだいのなかでも、レジーは物静かな平和主義者。ちょっとした冗談にも敏感で、運動神経がよいくせに不器用、そして正直者だった。今回は、ばかがつくほどの。

その前日、レジーはユタ州プロボの宣教師訓練センターの教室にいた。まわりには一〇代の熱心なモルモン教徒たち。各人が伝道活動を始める準備中だ。それはレジーの生涯の夢でもある。彼はバージニア州の小さなモルモン教の大学で新入生時代を過ごし、ここへ戻ってきたばかりだった（バージニアではバスケットボールに励んだ）。モルモンの教えをカナダのウィニペグに伝道しようと決意している。しかし、彼はある秘密を抱えていた。それで訓練センター長のところへ行き、告白した。最近、ガールフレンドのカミとセックスをした、と。

ふたりの関係についてそれまで嘘をつき、清めの精神修養《スピリチュアルワーク》をしなかったせいで、彼は伝道に参加できなくなった。レジーがいちばんショックを受けたのは、もうすぐ教会から両親に連絡がいくと知ったときだった。家族の住まいはユタ州最北端のトレモントン。同州でもモルモン教徒の人口密度が高い(ひいては世界のなかでも高い)場所である。伝道から早めに戻る者があれば、周囲の誰もがそのことを知り、理由を詮索する。ショー家はこの地に深く根差していたので評判はよかったが、レジーは自分のせいで家族の顔にまで泥を塗るはめになると思った。

「両親は私を手放したくなかったと思います。(伝道に出たら)二年間は戻らないとわかっていたので」と、彼はふり返って言う。「でも私を手元に置いておく結果になったのは、もっとつらかったでしょう」。父親のエドは無口な男だった。なじみのない人はとくにそう感じるだろう。たとえうまく表現できなくても、子どもたちが苦しんでいると心を痛める人間である。父親が泣いているのを見るのは、レジーが覚えているかぎり初めてだった。

ソルトレークシティをI一五号線で北上するあいだ、レジーはほとんど口をきかなかった。午後七時に近い。シボレーの左手、西に沈もうとする太陽の光が車に射し込み、レジーは目を細める。前髪以外は髪を短く切りそろえている。その若々しい顔にはふだんは思いやりや親しみやすさが見てとれるが、いまは自分でも言いようがないほどの重苦しさが感じられる。

遠方右手、東の方角には、ロッキー山脈に連なるワサッチの山々。鋭く尖った峰々の影響か、地形がバランスを欠き、進行方向の地面が傾いているように思える。ワサッチ山脈にはユタ州独自の「重力」があった。そしてそれは、レジー独自の重力にもつながっていくものだった。

車はソルトレークシティを通って、引き続き北へ走る。オートモール、マクドナルド、ベスト・バイ、ユタ大学……。その間、レジーはカミのことを考え、自分たちふたりがどうなるのだろうと思った。彼女は、僕は、いったいどうなるのか――。

一時間とたたずに、トレモントンにある二階建ての赤レンガの自宅に着いた。レジーはもちろん、母親が育ったのもこの町である。彼女の実家はテンサイ、トウモロコシ、干し草、牛を栽培・飼育していた。土地はたっぷりあるが、人はほとんどいない。いまだに全員が顔見知りという土地柄だった。二〇〇六年の人口は六〇〇〇人に満たない。ショーの家のすぐ先には町長、町長のはす向かいには教会のビショップ（監督、支部長）が住んでいた。レジーが通った小・中学校とハイスクール、父親が手入れしたリトルリーグの球場、レジーが初めて受難劇を演じたレクリエーションセンターも、みんな歩いて行ける距離にあった。

伝道に失敗して帰宅してから数日後の日曜日、レジーは教会へ行った。メアリー・ジェーンの胸には悲しさや恥ずかしさなど、さまざまな感情が去来した。「あんなふうに帰るなんて、とても不名誉なことでした」と、レジーの母親は言う。「でもレジーは教会に戻りました。けっしてためらわず。勇敢な息子を誇りに思いました」

その夏、レジーはトレモントンから近い都市、ローガンにあるウォール・トゥ・ウォールという会社で塗装の仕事に就いた。毎朝、同じことのくり返しだった。午前六時には家を出て、シボレー・タホを北へ走らせ、バレー・ビュー・ドライブで右折。そこで視界がぐっと開けると、一気に加速する。

自宅の部屋はかつて兄のニックとシェアしていた。男の子の部屋らしく、シカゴ・カブスの壁紙が壁の下三分の一を覆っている。レジーが好きなバスケットボール選手、レジー・ミラーのポスターが貼られているが、略歴の部分はキリストの写真で隠されていた。白いシャツの上に赤いローブを羽織り、穏やかな表情をしている。

レジーはカミに連絡をとろうとした。「彼女は最高！　そう思っていました」。カミはレジーの決意を理解しなかった。なぜ思いどおりにいかないのだろう。彼女はすぐどこか遠くへ行ってしまう――。するとある日、カミはレジーの電話に出なくなった。連絡がとれない。しばらくすると「彼女から電話があって、ほかの男性と婚約したと言われました」。

九月には、レジーは生活のリズムを取り戻していた。塗装の仕事をしながら、次の仕事をどうしようかと考え、気晴らしにバスケットボールやテレビゲームをし、ブリアナ・ビショップという新しい友人もできた。まだ友だちの関係だったが、恋人になる可能性もあった。

何よりも彼は、罪を清めるためのスピリチュアルワークに励んでいた。教会と神に恥ずかしくないよう罪を贖い、来年、伝道活動に復帰するつもりだった。けっして理想のシナリオではないけれども、その道をめざそうと静かな決意を燃やしていた。

夏の最後の日は、九月二二日だった。天候はすでに秋めいていた。午前六時一五分すぎ、レジーはローガンでの仕事に向かうため、シボレー・タホに乗り込んだ。いつものようにシンギュラー社の携帯電話を取り出す。バレー・ビュー・ドライブを東へ折れ、これもいつものようにシンクレア社系のガソリンスタンドに寄り、ペプシの一リットルボトルを買う。雨が降りはじめていた。

同じガソリンスタンドで、ジョン・カイザーマンは、トレーラーを牽引するフォードF250を停車させようとしていた。年齢は四一歳。カイゼルひげをはやした恰幅のいい男である。カイザーマンにとって、このトレーラーは移動オフィスみたいなものだった。仕事は蹄鉄工。トレーラーには、四〇〇キロ相当の蹄鉄、鍛造《たんぞう》用のガス炉、七〇キロ近くある金床《かなどこ》などの仕事道具が積まれている。アメリカの蹄鉄工たちが昔からそうしているように、彼は農場を訪問しては馬のひづめを調べ、「アルミや鋼など、その馬に必要な材料を使って、その場で仕事をして装着」する。一頭当たり六五ドルから一五〇ドルというから悪くない。

道具類はとてつもなく重く、たぶんトレーラー全体で二〇〇〇キロにはなる。フォードのほうも馬力があるので、重さは三〇〇〇キロ近く。合わせてほぼ五トン――それが高速で走ればミサイル並みの威力だ。

カイザーマンはその朝、とくに機嫌がよかった。自分でも不思議な気がした。いつもより三〇分早く目が覚めたので、トレモントトンの郊外にある二ヘクタールほどの自分の農場で、干し草を片づけ、動物たちを世話する時間がたっぷりあった。そのせいだろうか。

いつもどおりの時間にガソリンスタンドから重い車を出し、ローガンへ向かう。ラジオを九六・七メガヘルツに合わせ、カントリーミュージックを流す。見上げると雪まじりの雨だ。二〇〇メートルほど先にはレジーの白いシボレー。まだ暗かったが、それが何回か、黄色いセンターラインを越えて元に戻るのが見えた。数キロ走ったところで、シボレーはまた同じことをやりはじめた。こいつはおかしいとカイザーマンは思い、距離を保つ。べつに急いでいるわけではないから、車間を詰める必要などない。それに天気も悪い。時間はあり余るほどある。

カーブや坂道をいくつか過ぎたころ、カイザーマンはさらに驚くべき事態を目撃した。シボレーが対向車線に完全にはみ出しているのだ。それからさっとハンドルを切って、もとの車線に戻った。いったいどうなってるんだ？　運転手は自分がやっていることをわかっていないのか。それとも、どこかの脇道で左折したいのだが、暗くて正しい道がわからないのか？

あるいは、とカイザーマンは考える。運転手は前を走るセミトレーラーを追い越そうとしているのだろうか。シボレーは「セミトレーラーの後ろにくっついている感じ」だった、と彼はのちに述べている。いずれにしても、何かおかしい。それに危ない。冷たい雨のなかで、なぜセミトレーラーを追い越そうとするのか？

こいつはばかだ、とカイザーマンは思った。トラブルに巻き込まれかねないぞ。

二五キロほど先では、一九九九年式の青いサターン・セダンがローガンを出発して反対方向へ走っていた。運転しているのはジェームズ・ファーファロ、三八歳。その朝は少し遅く家を出た。いつものように同僚で友人のキース・オデル、五〇歳をピックアップする。ふたりはＡＴＫシステムズでロケットブースターの開発にかかわるロケット技術者だった。ジム（ジェームズ）は妻に持たされたビニール袋からシリアルの「チェリオス」を取り出してむしゃむしゃ食べている。

キースはふだんどおりの朝食、赤いリンゴ「ふじ」をひとつ食べた。彼は疲れていた。仕事中毒だから、それも無理はない。だが、最近はとくに疲れ気味だった。妻もその朝、仕事を休んで家にいたらどうかと提案したほどだ。

午前六時四〇分ごろ、夜が明ける直前、キースとジムは「一〇六・六」のマイル標に近づいた。射撃場への分かれ道のあたりである。地元のラジオ局、KVNUによれば、気温は零度近い。路面は濡れているが、凍ってはいなかった。

暗闇のなか、車のヘッドライトが接近してくるのがわかる。ただ、それは大型トラックのものではなかった。最初のヘッドライトはセミトレーラー。次いでレジーのシボレーだが、彼はセミの背後にぴったりつけていたので、基本的にジムとキースの視界から隠れている。少し後ろには、いまだ警戒心を解かずに運転するカイザーマンのフォードとトレーラー。二分前、この三台はローガン到着前の最後の大きな坂（頂上からは日中、キャッシュバレーの絶景が拝める）を下り、平地に入っていた。比較的運転しやすい直線コースだが、幅がやや狭い。レジーはこの道を知り尽くしているつもりだった。この地域の大都市であるローガンへ行くのに何回も通っている。通勤、映画、デート、ドライブ、三人の兄の結婚式……。運転免許の試験もローガンで受けた。

カイザーマンは雪が降っているのに気づいた。断続的に舞う程度ではあるが。すると、シボレーがまたも左へ動いていく。セミトレーラーの後ろからのろのろと横滑りするようなあんばいだ。今度は反対方向から車がやって来る。時速九〇キロ近くで走っていても、カイザーマンにははっきりとわかった。必ずしもスローモーションではなかったが、恐ろしいできごとが起こるのが手にとるようにわかる。シボレーは元の車線に戻っていない。左前が完全にセンターラインをオーバーしていた。なお高速で飛ばしながら、反対車線から来る小型車に急接近する。見る見る距離が縮まる。すべてがいきなりスピードアップしはじめた。

シボレーはサターンの運転手側のドアに接触し、跳ね返った。ジムとキースが乗ったサターンは後部が左右に振られ、完全に横向きになってセンターラインを越える。制御不能である。そして、そこはまさにカイザーマンの通り道だった。くそっ、と蹄鉄工は思った。

急ブレーキをかけ、ハンドルを右に回す。水路へ突っ込むかもしれないと気づいたが、少なくともサターンとまともにぶつかるのは避けられるだろう。だが遅すぎた。まずい、ぶつかる！

その瞬間、蹄鉄工はバリバリという音を聞いた。どちらかといえば軽い衝突を思わせる程度の音だ。でも実際には高速でまともにぶつかったのだ。エアバッグがカイザーマンの顔の前で瞬時に膨らむ。ブレーキを踏み込んだ状態のまま車は右へ滑り、ボンネットがぺしゃんこになるのが見えた。停止したときには運転席側のドアが開いていた。どこかが痛む。たぶん背中だろうと思うが、はっきりわからない。外へ出ると、彼のフォード・トラックがサターン・セダンをほとんどふたつに切り裂いていた。サターンがフォードのまわりに巻きつくような恰好になっている。

「私の車のバンパーが運転手の肩に接触していました」

カイザーマンは携帯電話を取り出し、九一一番（救急・警察）にかけた。

同じころ、レジーもタホから外へ出た。カイザーマンから一〇〇メートルほど離れた場所。サターンに接触し、どうにか体勢を立て直したあと、ようやく停止した。車はほとんど無傷である。

事故の惨状を見て、彼も九一一にかけたが、電話はつながらなかった。

カイザーマンの電話は無事つながった。公式記録によると、通信指令係が電話に出たのは午前六時四八分四五秒。

「救急車を。急いで！」

通信係は何があったのかと尋ねる。

「車と車がぶつかって、私の前にその車が飛ばされてきて、その真横に私が突っ込んでしまったんです。たぶん彼は死んでいます」

この時点でカイザーマンは、サターンにふたり乗っているとは知らなかった。通信係は、何台の車がかかわっているのか、事故の場所がどこかを尋ねた。

「まずい状態です。これはまずい」。彼はサターンのなかのジムの様子をチェックした。「動きません。脈もない」

気がつくと、あちこちに人がいた。音、サイレン、照明。救命士がカイザーマンからの電話をとったのは、夜明けから間もない午前六時五二分ちょっと前である。

「10‐85 Echoがふたりいます」と、救命士は通信係に告げた。警察無線で（10‐85 Echoとは「(明らかな) 死者」を意味する。

通信係が言う。「10‐85 Echoがふたり?」

心肺蘇生法が可能かと通信係は尋ねる。無理だと救命士は答える。車に入れない。ふたりをそこから出す必要があるが、彼らはもう死んでいた。

通信係が言う。「ほかに死傷者は？」

いない、と救命士。「もうひとつ、三台目の車がかかわっているようですが、そこにも死傷者はいません」。それから彼は付け加えた。「警察を呼ぶ必要があります」

一五キロほど離れた場所で、ユタ州警察官、バート・リンドリスバーカーが運転するクラウン・ビクトリアの無線機が三回鳴った。空にはカラスが飛んでいる。最初の九一一通報があった午前六時四八分の直後、通信指令係は「10-50 PI」と無線で告げた。人身事故発生の意味である。

リンドリスバーカーは車を急旋回させ、現場に向かった。午前六時に勤務に就いたのだが、自分のいる場所がまだ正確に把握できない。彼はイラク駐在を終え、その週に警察業務に復帰したばかりだった。イラクでは地雷や爆弾に遭遇しないよう祈りながら、完全防備でトラックをトルコ国境まで護衛していた。

イラク駐在前から戦争や殺戮を知らないわけではなかった。韓国やワシントン州フォートルイスの軍隊で救急救命技術者として働いた経験がある。騒音や危険をない、、、ものにすることには慣れた。イラクの基地では夜になるとアイマスクとヘッドフォンをつけ、クラシックロックを聴いたものだ。一度など、迫撃砲の攻撃を受けても寝ていたことがある。

イラクでは、ほんの数週間先のマラソンに備えて、にわか仕込みで訓練を積んだこともある。リンドリスバーカーは不屈の精神の持ち主として知られる男だった。

ローガン市警の警官の声が無線機から聞こえる。すでに現場に到着している模様だ。「Ｅｃｈｏの可能性」と、その警官は報告した。また雪が舞っている。

数分後、リンドリスバーカーは現場に着いた。消防車が何台か来ている。彼はサターンのなかをのぞき込んだ。間違いない、Ｅｃｈｏだ。遺体は投げ出され、焦げていた。ふたりとも即死だったと思われる。

復帰して一週間なので、リンドリスバーカーの車はまだフル装備ではなかった。彼は自身のカメラを取り出し、手つかずのままの現場を写真に収めた。まったくひどい。助手席の被害者は衝撃で眼球が飛び出している。

目撃者探しにとりかかる。地元の警官がリンドリスバーカーをカイザーマンに引き合わせた。救急車の後部にいたカイザーマンは、シボレー・タホが左にそれていった様子を説明した。警官はさらに、一〇〇メートルほど先の白いＳＵＶの横に立っている若い男を指し示す。

リンドリスバーカーはレジーのところへ歩いた。サターンに接触したのはこの男の車らしい。レジーをすばやく品定めする。身長一八〇センチ、体重約七〇キロ、寡黙。母親がその場にいることもわかった。息子から電話を受けてすぐ到着したようだ。レジーとその母親に話しかける前から、リンドリスバーカーはメアリー・ジェーンが行動力のある人間だという印象を持った。

ここがどのあたりかわかったところで、彼はレジーが地元警察にすでに提出していた供述書をちらっと見た。現場に最初に到着したチャド・バーノンという警官が、何があったのかをレジーに尋ねていたのだ。（路面が濡れていて）車がハイドロプレーン現象を起こしたというのが、この若者の言い分だった。

〈ローガンへ行くため東へ向かっていました〉やや左に傾いた几帳面な字でレジーは書く。〈車が左へ滑り、中央で別の車とぶつかりました。互いに接触し、向こうの車は私の後ろでスピンしました。私の後ろのトラックがその真横に突っ込み、彼らは水路で止まりました〉

リンドリスバーカーは自己紹介し、薬物検査をしてもよいかとレジーに尋ねた。かまいません、とレジーは言った。

レジーをローガン地域病院に連れて行く必要があるとリンドリスバーカーが言うと、母親が「私が行きます」と申し出た。こちらに圧力をかける気だな、とリンドリスバーカーは思った。「車に同乗してもらい、いくつか質問しなければなりません」と彼は母親に言った。

午前八時前、レジーはクラウン・ビクトリアの助手席に乗り込んだ。彼は何も言わなかった。「男性がふたり亡くなったのはおわかりですね」と州警察官が言う。レジーはうなずいた。なぜセンターラインを越えたのか、とリンドリスバーカーはやさしく尋ねてみた。探りを入れ、説明を求める。ハイドロプレーン現象を起こしたのだと思う、とレジーは同じ説明をくり返した。会話はそれっきり。

しかし、リンドリスバーカーはどうにも気になった。レジーのSUVは重さが一八〇〇キロくらいあるにちがいない。ならば時速一六〇キロで走らないとハイドロプレーンは起きないはずだ。目撃者のカイザーマンによれば、彼らは制限時速の時速五五マイル（九〇キロ弱）で走っていた。しかも、衝突前にシボレーが何回かセンターラインからはみ出るのをカイザーマンが見ている。

数秒後、レジーがジャケットに手を入れるのを、リンドリスバーカーは目の端で見た。若者は携帯電話を取り出した。マナーモードになっているが、彼がメールを受け取ったのがわかった。レジーは返信し、電話をポケットに戻す。

その後何キロかのあいだに、レジーは同じことを四、五回した。リンドリスバーカーはぴんときた。「すべて片手でやっていた。携帯を持ち、親指でメッセージを打つ。運転も片手だったにちがいない」

2 被害者

レイラ・オデルは夫のキースについて何も心配していなかった。心配する必要などない。彼は何ごとにも長けていた。大工仕事、配管作業、木の剪定《せんてい》、コンピュータ――とくにコンピュータは得意だった。ローガン北部にある自宅の地下室は電子機器の墓場と化している。たとえば、キースが最初に手に入れたアタリのコンピュータ。彼はこれをときどき取り出しては分解し、はんだづけし直して改良していた。ATKシステムズの同僚たちは、コンピュータ関連のアドバイスを求めるとき、IT部門ではなく彼のところへ来た。優れたエンジニアが多い会社のなかでも、彼の能力はずば抜けていた。ニックネームは「天才《ザ・ジーニアス》」。

ATKは米航空宇宙局(NASA)からロケット製造の仕事を請け負っていた。キースは一九九九年、有人飛行への貢献者をたたえるシルバースヌーピー賞をNASAから贈られている。

しかし、有能ではあったが、彼は義務感や使命感のほうがもっと大きかった。黒子に徹する男だった。娘のミーガンの水泳大会のときは得意のコンピュータでタイムを計り、スコアをつけた。自宅ではどんな道具も器用に使いこなした。

なんでもやる人だ、とレイラは思っていた。「ある女性に訊かれたことがあります。『どうやって旦那さんに配管を直してもらうの』と。私は言いました。『シンクが水漏れすると言えば修理してくれるわ』」

キースが不得手なのは、しゃべることだった。キースとレイラは近くのボックスエルダー郡のハイスクールで出会い、以来、いっしょに散歩し、自転車に乗り、読書をして楽しんだ。ほとんど言葉を交わさないことも多かった。彼は彼女の生きる喜び、情熱、朗らかな笑顔の源泉だった。

キースの両親はそれぞれプロテスタントとカトリックの信者だった。レイラはモルモン教徒である。でも彼らは、教会という「社交クラブ」を必要としなかった。ふたりいっしょにいられれば、それでいい。政治的には保守派だった。リベラルというよりリバタリアンに近い。

「私たちは無口でした」とレイラは言う。「けっして騒々しくなく、物静かで、効率的で、理性的で――それが彼にはふさわしかったのです」

レイラは簿記係としてパートタイムで働いていた。細かいところに気がつくたちで、その記憶力は写真並みだ。九月二二日の金曜日は勤務日ではなかった。庭仕事でもするつもりだったが、外を見ると雪だった。

その日はキースにも仕事を休んでほしかった。新しい契約がらみでずっと忙しかったのだ。前の晩は午後八時半に帰宅すると、地下室へ直行し、コンピュータディスクが散らかった机に陣取り、また仕事をしはじめた。レイラは残り物の酢豚を差し入れ、彼が戻るまで上の部屋で本を読んでいた。

もちろん、その金曜日、休みをとればどうかというレイラの提案を彼は聞き入れなかった。キースは働いた。それが彼のやり方なのだ。

午前九時四〇分ごろ、レイラはまだパジャマのままで、そのうえに床まで届く紫のローブを羽織っていた。呼び鈴が鳴る。

ドアを開けると、地元の警官と保安官がいた。彼女はすぐに、一八歳になるミーガンに何かあったにちがいないと思った。ミーガンはふたりの養女である。一九八八年五月一三日の金曜日に病院から連れてきた。彼女はお父さんっ子だった。でもハイスクールに入ると成績が振るわず、せっかくの水泳の才能も磨こうとせず、レイラの心配の種になっていた。ふたりの男は玄関先に立っている。ドアの外に吊るされた風鈴が風で鳴る。

事故があったのだと、ふたりはレイラに説明した。彼女は身構えた。ジム・ファーファロのサターンがかかわっている。同乗者がいて、キースだと思われるのだが、いかんせんひどい衝突で――。

「彼かどうかわからなかったらしいのです」とレイラは言う。

何かの間違いにちがいない。天才キース、なんの問題にも巻き込まれたことがないあの人が、死亡事故なんかに遭うはずがない。

その何分か前、警察はジム・ファーファロの妻、ジャッキーがコンピュータプログラマーとして働くユタ州立大学を訪れていた。彼女は三歳の娘、キャシディを託児所に預け、七歳になったばかりの娘、ステファニーを学校に送ったあと、九時ちょっとすぎにキャンパスに着いた。

ジャッキーはその日、風邪をひいていた。それでやはり夫に仕事を休んでもらおうと考えたのだが（娘たちの面倒を見てほしかった）、思い直した。ジムはキースを迎えに行くため、いつもより数分遅く家を出たが、その前に夫婦は週末の予定について話し合っていた。彼は太極拳の教室に参加しようかと思っていた。でなければジャッキーの体調を考えて、オンラインゲームの「ワールド・オブ・ウォークラフト」をしてもいい。ふたりは地下室のコンピュータの前に陣取って、このゲームをいっしょによく楽しんだ。コンピュータのそばにはテレビがあり、ジムと娘たちは任天堂Ｗｉｉで「ダンス・ダンス・レボリューション」をやったりもした。

だが、航空宇宙関連の機械工学を学んだジムは、コンピュータマニアではなかった。なんでも一度はやってみようとするタイプの人間で、一輪車にも乗れば、絵も描いた。キッチンテーブルのわきの壁には、漫画の宇宙人みたいな黒い生き物が描かれており、家族はそれを「おかしな男」と呼んだ。ジムは自分自身に満足していた。彼は他人を気持ちよくさせる男だった。

その朝、ジャッキーが急いでオフィスに駆け込むと、事務員のひとりが、空き教室にお客さんだと言う。行ってみると、警官が何人かと近所の女性がいた。最初は、自分が何か事故を起こしたにちがいないと思った。

警察は彼女に座るよう促し、バレー・ビュー・ドライブで衝突事故があったのだと説明した。ジャッキーはよくのみ込めなかった。事故はトレモントンへ向かう道で起こったらしい。

その意味を理解しようとしていると、警官のひとりの前の机に何かが置いてあるのが目に入った。よく見るとジムの運転免許証である。

「ノー、ノー、ノー!」

事の次第が理解されたと見るや、警察は、同乗していたのが誰か心当たりはあるかと尋ねた。たぶんキースだと彼女は答える。そして何があったのか、もう一度説明を求めた。「ジムの車はセンターラインを越えたシボレー・タホに接触され、そのあおりで対向車と衝突したのです」と、警官のひとりが話す。「だいたいそんな感じでした」と彼女は言う。それ以上の説明はなかった。このような悲劇をいったいどう説明すればよいというのか?

そこから近いローガン地域病院では、州警察官のリンドリスバーカーがやはり事の経緯をつかみかねていた。彼は緊急治療室の前に停めた車のなかでレジーに質問していた。今回は書類を作成するためである。返ってくるのは素っ気ない答えばかりだった。

〈疲れていたのか?〉〈いいえ、よく寝ました〉

〈何か薬を処方されていたのか?〉〈いいえ〉

〈ワイパーは作動していたか?〉〈はい〉

〈デフロスター(曇り止め)は作動していたか?〉〈はい〉

クラウン・ビクトリアのセンターコンソール付近に設置されたラップトップPCで、決められた書式に沿って答えを打ち込んでいく。このころ（二〇〇六年）の警察車両はハイテク化が進んでいた。彼の車の前部にはカメラがあり、トランク内のレコーダーに動画を送る。後部座席にはプリンターがあり、それがラップトップ（「パナソニック・タフブック」）につながっている。このPCを使えば、ナンバープレートをチェックすることもできれば、書類仕事もできる。

奇妙なことだが、これだけハイテク化が進み、携帯電話が普及したのに、当時、運転中の携帯メールを禁じている州はひとつもなかった。それどころか、ドライバーが携帯メールをしていたかどうかはもちろん、携帯電話で話していたかどうかを報告するしくみさえないに等しかった。ユタ州では、運転初心者を除き、いずれの行動を禁じる法律もなかった。

リンドリスバーカーは最後の質問をする。

「運転中に携帯で話すかメールを打つかしていた？」

「いいえ」

「どうも解せない。ハイドロプレーンだったと言うんだが」

それはひとりごとのようだったが、リンドリスバーカーはレジーの口から説明を聞きたかった。ええ、とレジーはうなずく。たしかにハイドロプレーンです。

リンドリスバーカーは長年の経験から、ときどき発生する事故のなかでも、ひどい衝突事故が相当多いことを知っていた。ものごとが起きるには理由がある。自動車事故の場合、それはたいていアルコールだった。前年の米国の交通事故死者数四万三五〇〇人のうち、一万七五九〇人

（四〇％）は血中アルコール濃度〇・〇八％以上の運転手が起こした事故によるものだ。

木に衝突するなどの自損事故で死亡するケースは、ほとんどが夜間に発生している。だが、複数の車が衝突する事故は昼間に起きやすい。昼間のほうが車が多いので、それも当然だろう。

ユタ州でも他州同様、一〇代のドライバーが起こす事故が圧倒的に多い。二〇〇五年の衝突事故の二六・八％が一〇代のドライバーによるもので、そのうち三一・八％がキャッシュ郡で起きている（その朝の事故があったのも同郡だ）。二〇〇五年にキャッシュ郡の事故で亡くなった六人のうち、一人は一〇代のドライバーが原因だった。

全米で携帯電話が原因の衝突事故がどれくらいあるかはまだ定かでなかったものの、驚くべき数字が試算として発表されていた。二〇〇三年にハーバード大学の研究者たちはリスク分析を実施し、運転手が携帯電話に気をとられて起こす死亡事故は年間二三〇〇件、けが人が出る事故は三三万件と推測したのである。

この調査は主に、携帯電話をかけ、耳に当てて話している人がどれくらいいるかをもとにしている。

しかし、各種デバイスが爆発的にパワーアップしているため、リスクは高まる一方だった。テキストメッセージは一九九九年以前からやりとりされていたが、その年、日本のNTTドコモがiモードというネットワーキング標準をつくり、モバイルデータの交換を可能にした。シリコンバレーのコンピュータ歴史博物館によれば、二〇〇二年には三四〇〇万人以上がインターネットやEメールにiモードを利用していた。

そして二〇〇六年は、スマートフォンが大きく成長した重要な年である。『ビジネスウィーク』誌のある記事は、二〇〇六年を「統合型《コンバージド》デバイスの年」と呼んだ。この記事によると、スマートフォンはすでに八〇〇〇万台売れていた。なぜ「スマート」かというと、電話以外にもテキスト送受信、Eメール、ネットサーフィン、ゲームなど、いろいろなことができるからだ。「いまや二〇〇ドルを切るものもあり、この賢い電話は法人ユーザー以外に消費者市場のアーリーアダプターにも広がりはじめている」と、記事は指摘する。

それでも、ほとんどの人はまだスマートフォンを持っていなかった。レジーもそうだ。だがスマートフォンは、たんなるテキストメッセージを送るために必要とされているわけではなかった。それなら昔の携帯、いわゆる「ガラケー」でも可能である。二〇〇六年には、米国で送信されるテキストメールは月間一二五億件ほどだった。相当な数に思えるが、これはまだ序の口にすぎなかった。二年後、その数は月間七五〇億件に増加する。送り手の半分は三五歳未満。新しいテクノロジーはたいていそうだが、これも若年層に浸透した。リンドリスバーカーはテキストメールについて表面的な知識しか持っていなかった。

でも、何かがおかしい。彼はそう感じた。

州警察官のリンドリスバーカーをいらだたせたのは、レジーの供述書である。〈車が左へ滑り、中央で別の車とぶつかりました〉

まるで責任の一端をなすりつけているように聞こえる。〈中央でぶつかった〉。相手にも非があると思わせたいのではないか。

レジーが多くを語らないのには理由があったが、リンドリスバーカーはそれを知る由もなかった。ひとつには、何が起こったのかをレジーは本当に思い出せなかったのだ。すべてがあっという間だった。

もうひとつは、事故から一時間とたたないうちにかけられた電話と関係があった。レジーの母親が現場に到着してまもなく、長男のフィルにかけた電話である。

電話が入ったときはフィルも車を運転していた。場所はカリフォルニア州ウェストサクラメント。弁護士の彼は、ステートファーム保険の代理店に仕事で向かう途中だった。こんな時間に母親から連絡がくることに驚き、電話に出た。

母親の話を聞いて、フィルの心はふたつのあいだで揺れた。「兄貴モードと弁護士モード」と、のちに彼は表現している。ふたりの男性が死んだということ以外、事実はわからない。レジーとその家族が負う民事責任について彼は考えていた。

ショー一家は仲がよかったが、フィルとレジーは一一歳も離れている。フィルが知るレジーは憎めない男の子、フットボールとバスケットボールのライバル、そしてテレビゲームのリモコンを奪い合う相手だった。この弟はテレビゲームが大好きだった。それから、父母の言いつけを素直に守る子、自分の後始末ができる子という印象をフィルは持っていた。

そんな弟が事故に巻き込まれている。死者がふたり出たという。

レジーはどうすればよいか、と母親はフィルに尋ねた。

「誰にも何も言わないほうがいい」

病院に着くと、メアリー・ジェーンはレジーに伝えた。「あまりしゃべらないで」。レジーは母親にそう言われたと述べている。全容の解明は警察にまかせればよい。彼女はレジーにこう指示したという。「警察にとりあえずまかせて、それから考えましょう」


約一時間後、緊急治療室の前で、リンドリスバーカーは質問に答えてもらうのを断念した。レジーを治療室に連れて行き、血液検査を受けさせる。結果は問題なし。もう自分にできることはなさそうだった。「センターラインオーバー」の交通違反切符を切ることもできた。そうすれば事は片づいていただろう。多くの警察官がきっと同じことをしていたはずだ。それで責められる筋合いもない。

「最後まで徹底追及したくなることがあるんです」と、リンドリスバーカーは自分のことをふり返って言う。そして笑いながらこう付け加える。「完璧を求めすぎる、と同僚の一部には思われています」

その執念深さが市民の苦情を招くケースもあった。一度、ある女性から家族をストーキングされていると訴えられ、内部調査の対象になったことがある。幸い潔白が証明された。ストーキングをしていたのではない、と彼は言う。妙な嘘をつく輩《やから》がいるので、それを探していたらしい。始まりは他愛もないできごとだった。屋根にくくりつけたクリスマスツリーが落ちそうになっていた車を停止させたのだ。運転手は男だった。

数週間後、偶然にも同じ男をスピード違反で捕まえた。前回とは車が違う。リンドリスバーカーの興味をそそったのは、どちらの車もアイダホ・ナンバーだったことである。男が持っていたのもアイダホ州の免許証だ。自分はアイダホ州に住んでいる、と男は言い張った。でも、リンドリスバーカーが男の車を止めたのは、二回ともユタ州のローガンだ。ちょっと調べてみたところ、彼には覚醒剤所持による逮捕歴があった。他州に住んでいると主張しながらユタ州に長期間居住すると、税金関連の犯罪に問われる。

だが男は、自分の住まいはアイダホだと言いつづけた。どうもおかしい。

そこでリンドリスバーカーは、自分の目で確かめることにした。アイダホ州でなくユタ州に住んでいることを証明するため、数週間おきに彼の住まいへ車を走らせ、写真を撮った。リンドリスバーカーの説明によると、男の妻はラスベガスのある警部の娘だった。その警部が娘に、ユタ州警に電話して苦情を申し立てろと助言。彼女はそのとおりにした。「ストーキングされてます」「ばかばかしい苦情を言うものです。自分の行動の責任をとろうとしない」とリンドリスバーカーは言う。無責任な輩を見ると本当に頭にくるのだ。「だから私は言うんです。『本当のことを言えば何も問題はない』と」

レジーは何かをごまかしている、とリンドリスバーカーは確信した。だが、どうやって真実にたどり着けばよいのか？　もう一度レジーに訊いてみるのがよいだろう。何日かたてば、なぜセンターラインを一度ならず越えたのか、もっときちんと説明してくれるかもしれない――。

3 神経科学者

「これはミッキー・ハートの脳です」

ミッキー・ハートはグレイトフル・デッドのドラマーだった。彼の脳の画像が二四インチのコンピュータモニターに映し出される。その右にはしゃれたデザインの三二インチのＭａｃがあり、Ｅメール、ニュースサイト、作業計画などの画面が表示されている。

ミッキーの脳は上部が赤く、下部は青が目立つ。

「赤は大脳皮質です」

ミッキーの脳にかぎらず人間の脳全般について、モニターを指し示すこの男ほど詳しい者はそうそういない。彼の名はアダム・ガザリー。神経科学の博士号を持つ神経学者だ。カリフォルニア大学サンフランシスコ校（ＵＣＳＦ）に新しくできた神経画像研究所を率いている。ここは世界でも指折りの科学研究所である。

ガザリー博士の研究所は、二〇一二年五月に開設された五階建ての研究施設（広さは二万平米以上ある）、サンドラー神経科学センターのなかにある。サンフランシスコ中心街からものの数分、サンフランシスコ・ジャイアンツの本拠地からも目と鼻の先の距離だ。人間の脳の働きを知るために新しくつくられた専門拠点のひとつである。その研究自体はもちろん、きのうきょう始まったものではない。だがいまや、新世代の強力なテクノロジーのおかげで、研究者は文字どおり脳のなかを見て、その働きを観察することができる。

ガザリー博士の研究所には、およそ一〇〇〇万ドル相当の機器がそろっている。研究者が使う略語によれば、fMRI（機能的磁気共鳴画像装置）、EEG（脳波記録装置）、TMS（経頭蓋磁気刺激装置）など。こうした機器を使って脳の血流を調べ、電波パターンをチェックし、神経組織の超薄切片の画像を作成する。さまざまな技法を駆使することで、脳のどの領域がどんな機能をつかさどっているのか、たとえばマルチタスクを行おうとするときに、組織やタスクがどんな影響を受けるのかを理解できる。

ミッキー・ハートの脳は、ガザリー博士が画像化してきた数多くの脳のひとつである。ミッキーがドラムをたたいているときの脳の様子をガザリー博士が説明するという、ポップサイエンス（大衆向けサイエンス）のプロジェクトにふたりは携わっていた。ロックスターの、それも高齢ロックスターの脳の働きを解明しようとの試みである。ミッキーがドラムをたたき、その頭に着けられたセンサーを使って、彼の脳の画像をアダムがリアルタイムで示す。

ガザリー博士自身、いまふうのミュージシャンで通るかもしれない。四五歳ながら若々しく、銀髪（白髪ではない）を短くカットしている。注意を引くために染めたのかとも思えるが、三〇代前半に早ばやと変色して以来、ずっと同じ色らしい。右手の人差し指に蛇紋石の指輪をはめている。

ややタイトなブラックジーンズにシルクのシャツというでたちが定番だ。愛車はスポーツ仕様のＢＭＷ Ｍ３コンバーティブル。彼はミッキーだけでなく、ロックバンド、シーヴェリー・コーポレーションのリードシンガーや、毎月第一金曜日の夜中に開いているパーティーに来るＩＴ長者たちとも知り合いだ。

何カ月か前、ガザリー博士はあるカンファレンスで講演するためにドイツへ行った。ベルリンの空港で入国管理官の女性に仕事を尋ねられ、科学者だと答えた。

「本当に？」と彼女。

「ええ」

「そうは見えませんね」

ガザリー博士は旅が多い。年に二五万キロ近くは飛行機で移動している。講演は五〇回を超える。

「ときどき自問します。どうしてこんなストレスの多い状況に絶えず身を置いているのか、と。べつに義務でもなんでもないのに」と彼は言う。

こうして犠牲を払わなければならないのは、果たすべき責任がたくさんあるのが主な原因だ。一三人の部下、恒常的な資金集め、マスコミ対応……。立体駐車場のどこにＢＭＷを停めたのか思い出せないことがしょっちゅうある。車を出て仕事に向かいながら、ほかのいろいろなことを考えているからだ。あるいはｉＰｈｏｎｅをいじっているからだ。一度など、歯を磨くときに考えごとをしていて、歯磨き粉ではなく保湿クリームを歯ブラシにつけたことがある。

とくにぼんやりしているわけではない。多くの人が日々感じているプレッシャーを自分も経験しているだけだ、と彼は考えている。つねに前進しつづけ、成果を出さなければならないというプレッシャーを。

「自分たちの脳から単位時間当たりにできるだけたくさんのアウトプットを絞り出そうとして、誰もが同じような負担を感じています」

私たちはみんな己の注意力を最大限に発揮しようともがいている。

そう、注意——。

ガザリー博士は「アテンションサイエンス」の世界的大家である。私たちがいかにものごとに集中するか。いかに集中力を失い、注意散漫になるか。それが関心の対象である。彼の名を初めて広く知らしめた二〇〇五年の論文は、人が何かを無視するとき(あるいは無視しようとするとき)、脳回路の主要部分が関与していることを明らかにした。注意力について語るさいには、その「無視のしくみ」がカギになる。私たちは生き残るため、無視したいと思うもの、無視しなければならないものをちゃんと無視できるだろうか? 博士は次々に実験を重ねながら、人がいかに集中するか、集中すべきものに集中できなくなるか、そして注意力の限界がもっと拡大する可能性があるかどうかを探っている。四年を費やしたある実験では、科学的な設計を施したテレビゲームを使って、六〇歳以上の人の注意力や記憶力を改善できるかを調べてきた。この実験の結果が有力な科学ジャーナル『ネイチャー』に掲載されるのを願って、最近の彼はちょっとぴりぴりしている。

そして彼は、そんな諸々を一般人にもわかりやすいフォーマット――ポップサイエンス――に昇華させようとしている。たとえば、ニューオーリンズで開催された全米退職者協会（ＡＡＲＰ）のイベントでミッキー・ハートの脳を初めて見せたとき、ガザリー博士は「注意力」や「注意散漫」という切り口に絶えず話を戻すよう意識した。

ぶかぶかのシャツを着て、オレンジがかった眼鏡をかけたハートは、頭に無線センサーを装着。それが彼の脳波をコンピュータに送る。次いでそのシグナルがステージ上のふたつの巨大スクリーンに投影される。

ガザリー博士のほうはワイヤレスマイクに向かって話し、ゆっくり歩く。ｉＰａｄを手に、どの画像をスクリーンに出すかコントロールしながら。

「これはシータ波です」と聴衆に語る。「注意力や集中力と関係があります」

サンフランシスコのオフィス――。博士は脳の白いプラスチックモデルを取り出し、右脳と左脳を切り離す。左脳部分を左の手のひらに載せ、その外側を右手でなでる。前のほうに近い皺の部分。ミッキー・ハートの脳で示したことがある赤い場所だ。

これがおなじみの灰白質、最も進化した部位です、と博士は説明する。われわれを人間たらしめている部位といえる。「意識的な行為をつかさどります」。抽象概念、言語、意思決定、時間管理、集中力……。

彼は脳幹へ向かって指を下へ滑らせる。ここは下部領域です、文字どおりの意味でも、比喩的な意味でも。高度に進化した霊長類にかぎらず、たいていの動物に見られる、俗にいう爬虫類脳。

われわれの祖先はこの部位の指示によって、ライオンを見かけたときに逃げるかどうか判断したり、食べ物になりそうな鳥のさえずりに耳をそばだてたりした。

「ここはものごとに対するすばやい反応をコントロールします。生殖などのベーシックな機能を担います。進化のあいだもずっと失われませんでした」

ガザリー博士の数ある研究分野のひとつが、この比較的根源的な領域と、前頭葉など進化した領域のあいだの緊張関係である。つまり、爬虫類的な感覚による短期的要求（「逃げろ！」）と、脳の進化した部位で扱おうとする欲望や目標、約束との緊張関係をどうバランスさせるか――。

二〇一二年一二月初旬のこのどんより曇った日に、私が彼のオフィスを訪ねたのはそういうわけだ。なぜふたりのロケット技術者が亡くなったのかを、もっとよく理解したい。レジーがなんらかの理由で集中力を失ったせいなのか。彼は何かに気をとられていたのか。彼の脳のなかで何が起こっていたのか。ここで行われている研究、新世代の神経科学者たちによる研究は、同じような悲劇を防ぐことができるだろうか。科学はキースとジムの遺族に慰めや希望を与えられるだろうか？

そしてもっと根本的な疑問――注意ないし注意力とは何か？

ガザリー博士は微笑む。

「注意とは何か？　それはとても複雑なものです」。少し言葉を切る。「下位概念がいろいろあります。それは認知のひとつに分類でき、処理すべき情報の選択と関係があります」

注意というテーマについてよく引き合いに出されるのが、一九世紀末の哲学者・医師のウィリアム・ジェームズである（弟は小説家のヘンリー・ジェームズ）。ウィリアムは一八九〇年に注意について次のように書いている。「注意というものが何であるかは誰でも知っている。それは同時に存在するように見えるいくつかの対象や一連の思考から、ひとつだけを心がはっきりと手に入れることである」

注意というものが何であるかは誰でも知っているかもしれない。でもガザリー博士が言うように、ジェームズ博士から一世紀以上を経て、そこにはたくさんの「層」があることがわかった。知っているようでいて、じつはとても複雑なのだ。

注意は「あらゆる高次機能にも欠かせません」とガザリー博士は言う。「人間とは何か」の要の部分である。注意力があれば、たとえば脅威に対応したり、チャンスを認識したりして生き延びることができるけれども、博士が言っているのはただそれだけではない。彼が言うのは、注意力のおかげで「人間だけ」が目標を立て、まわりの刺激や雑音に惑わされることなくそれを追求できるということだ。

「そのおかげで私たちは周囲の環境に流されることなく、目標を通じて世界と交信することができます。社会や文化、言語の創出など、あらゆる目覚ましい成果をあげることができたのです。それもこれも、みずからの目標達成に集中できるかどうかにかかっています」

注意力の働きを説明するため、ガザリー博士にはひとつアイデアがある。彼が主宰する次の第一金曜日のカクテルパーティーに来ないか、と私は誘われた。

パーティーで注意力について学ぶ?

「『カクテルパーティー効果』をお目にかけますよ」

4 レジー

「ママ、これからどうなるんだろう?」とレジーが尋ねる。

「何も心配ないわ、レジー」

メアリー・ジェーンは興奮すると声が少し力むことがある。

彼女とレジーは家族のなかでもとくに、よくふざけ合う関係だった。彼が母親をやさしくからかったりするのだが、それでもレジーはつねに聞き分けのよい、思いやりのある息子だった。

彼は母親のシボレー・ブレイザーの助手席に座っていた。事故からまだ数時間。病院から自宅へ向かう途中だった。メアリー・ジェーンは脇道を使うことにした。バレー・ビュー・ドライブはほとんど使わず、事故現場のそばを通る必要がないように。現場ではまだ事故の後処理が続いていた。

車は丘の頂上に達し、トレモントンへ向けて下りはじめる。ビーバーダムという小さな町を通過する。空はもう明るいが、雨が降っている。

自宅では父親のエドが待っていた。まだ心配で悶々とするほどではない。レジーが最初に道路わきから電話してきたとき、エドは仕事へ向かうところだった。事故に遭ったらしいが、それほどひどくはなさそうだ、とメアリー・ジェーンはエドに言った。誰かの車がこちらの車線にはみ出してきた、でもケガはない、とレジーは言った。それでメアリー・ジェーンはエドを仕事に送り出した。彼は機械加工工場の工場長をしている。

だが、現場へ駆けつけ、死者がふたりいることを知ったメアリー・ジェーンはすぐエドに電話した。彼はただちに帰宅し、息子たちの帰りを待った。レジーに落ち度があると決まったわけではなかったが、息子のためにそばにいてやりたかった。

「これからどうなるんだろう?」と、レジーがまたしても母親に訊く。「牢屋には入りたくない」

何も心配ない、とメアリー・ジェーンは自分に言い聞かせた。レジーは礼儀正しい子だ。それに、いくつかの難題をすでに乗り越えてきた。フットボールでの脳震盪《しんとう》、間抜けで憎めない不器用さ、そして難産。彼が生まれた一九八七年一月下旬、メアリー・ジェーンの担当医師は出産に立ち会いたかったが、家族と休暇を過ごすため早く帰りたい気持ちもあった。それでメアリー・ジェーンの卵膜をはがし、陣痛を誘発した。数時間後、エドは彼女を病院へ急いで連れて行く。さらに数時間後の一月二八日早朝、ようやく赤ん坊の姿が現れた。最終的には吸引分娩になった。

「出てきたときはコーンヘッドでした」メアリー・ジェーンは笑って話す。「まだだから、なかに戻してと言いましたよ」

彼女とエドはまだ名前を考えていなかった。分娩室の隅に吊り下げられた白黒テレビに、ヨハネ・パウロ二世が映っている。イタリア語ではジョバンニ・パオロ二世。レジーと聞こえなくもない。「ちょっと不謹慎だったかもしれません」ローマ法王にちなんで命名したことについて、この敬虔なモルモン教徒は話す。「でも、ぴったりだったんです」

レジーは六人きょうだいの下から二番目だった。上からビッキ、フィル、ジェイク、ニック（レジーより一八カ月年上。仲のいい兄貴かつ永遠のライバル）。一九九九年になってホイットニーが生まれた。レジーが一三歳になろうかというころだ。彼らが運転するシボレーはけっして高級ではない標準モデルだった。しかし当時の「標準」には、かなりの安全装備が施されていた。一九六〇年代に開発されたアンチロックブレーキ（停車までの時間が早まる）、パワーステアリング。いずれも車や道路をもっと安全にしようとする取り組みの一環である。エアバッグもそうだし、道路の拡幅や改良には多額の資金が費やされてきた。だがそれでも、交通事故による死者は後を絶たなかった。

彼らの車にナビゲーションシステムはなかった。まだあまり一般的ではなかったのだ。トムトム社の最初のナビゲーションがオランダに登場したのが二〇〇五年である。しかし、それはたちまち普及した。テクノロジーの変化・拡大とはそういうものだ。

母と息子はほとんど口をきかずに病院から帰宅した。赤レンガの自宅に着くと、レジーは自分の部屋に直行した。向こう側の壁際に置かれたツインベッドに横たわり、ドアから離れたところで横向きになる。携帯電話をベッドの上、自分の後ろのほうに置く。疲れていたし怖かった。安らぎがちっとも得られない。病院でリンドリスバーカーが予想していたとおりだ。

「レジーはたぶんなかなか寝つけないでしょう。必要なら手を差し伸べてあげてください」

この部屋では頭をすっきりさせるのが難しかった。うるさいからではない。むしろ静かすぎるのだ。この時間は、車や人がほとんど通らない。鳥さえ見かけない。細かい雨が降っている。ベッドの横の窓から、裏庭の、緑の滑り台がついた木製ジャングルジムが見える。その隣には、ワンベッドルームのレンガ小屋。昔、地元の宣教者が滞在していた。

レジーは寝返りを打った。天井、クローゼットのドアの赤い縁どり、ベッドにかかったメガホン、ドアに貼られたラジオ局のステッカーを見る。電話が鳴った。彼は反転し、相手が誰かも確認せずに留守電にセットした。また電話が鳴る。一定の間を置いて鳴るようになった。噂が広まっているのだ。レジーは祈った。どうかやり直させてください。そのためならなんだってします——。

何が起こったのかを彼は理解しようとした。衝突の前、最後に覚えているのは反対車線にいたことである。でも、自分からそこへ進入したのか、それとも何かに当たって、あるいは押されるようにしてそこに行ったのかどうかはわからない。どうがんばっても車の衝突音は思い出せなかった。

その後、最初にはっきりと覚えているのは、自分の車から降りてサターンへ向かっているところだ。カイゼルひげをはやした恰幅のいい男が、九一一にかけた電話を切ろうとしていた。

「何があったんですか？」とレジーは訊く。

男は蹄鉄工のカイザーマンだった。彼が答える。「あんたがあの車にぶつかったんだ」

ATKローンチ・システムズのアドバンストエンジニアリング担当マネジャー、トム・ヒッグスは、ブライアン・アレンが部屋の中央部へ歩いていくのを見た。クリーム色のパーティションで区切られた、一〇余りあるデスクスペースのちょうど真ん中あたり。深刻そうな顔をしている。「あの事故――キースとジムが巻き込まれたんじゃないかと」ブライアンは言った。彼はキースの親友のひとりだった。

トムをはじめとするグループの面々は、なぜキースが出社しないのだろうと思っていた。またそれとは別に、バレー・ビュー・ドライブで事故があったとも聞いていた。トレモントンとブリガムシティのあいだあたりの砂漠にぽつんと建つこの拠点へ通うのに、ATKの多くのスタッフが使っている道だ。辺鄙《へんぴ》な場所でないとロケットブースターの開発や実験はできない。スペースシャトルだけでなく軍事ミサイルにも使われるブースターである。

ブライアンにそれ以上の情報はなかった。電話のところへ戻り、何があったのかを知ろうとする。似たようなデスクスペースが並ぶなかで、彼の席はキースの席に近かった。でも、キースのスペースはひときわ目立っていた。理由はふたつある。ひとつは、シニアアナリスト兼リードエンジニアという立場上、スペースがみんなより広いこと。それから、なにやら雑然としていること。書類や学術雑誌、参考資料などがあちこちに積み上げられている。床の上にも、キャビネットの上にも。どれも高さが七、八〇センチはある。キースに何か相談しようと思ったら、これらの書類を避けて通らないといけない。

実際、みんなはそうした。キースにアドバイスをもらいにきた。もちろん工学関係の相談がメインだが、物理や、ときにはソフトウェアのコーディングに関する質問もあった。彼がサイエンス全般に深く広く通じているからだ。ATKの製造グループは社内でも独特の部署で、ときどき、腐食がないようにブースターロケットのOリングの溝を点検する機械にトラブルが発生する。スタッフは実際、そのソフトウェアの修正をキースに頼むのだった。

しかし、彼の主任務は次世代ロケットの設計である。政府や防衛関連企業が入札の募集をすると、エンジニアリングチームはコンピュータを使って新しい設計をシミュレーションする。物理や数学の限界を押し広げ、既知の資源や生産能力をもとに、強力で安定した次世代ロケットをつくろうというのである。

関係先は、科学・知財、金融、そしてあまり話題にならないが、軍事など。ATKと社員たちは、NASAやスペースシャトルとの関係を鼻にかけていたふしもある。実際、シャトルのブースターを設計し直すうえで、彼らは欠かせない存在だった。だが一方で、国防契約に基づく戦略ロケットの設計にも時間を費やした。あまり大っぴらに宣伝できない分野である。具体的には、トライデント・ミサイル、大陸間弾道弾（ICBM）、ミニットマン。そして核兵器。世界で最も破壊力の大きい危険な代物だ。

数カ月前まで、ジムはキースと同じエリアで働いていた。その後、同じビル内の別の場所へ移り、スペースシャトルのブースターをさらにパワーアップさせるという重要プロジェクトのマネジャーを引き継いだ。

キースの親しい友人、ジムの友人・同僚であるブライアンは、自分のデスクスペースへ戻って電話をとった。そして一分もたたないうちにまたオープンエリアへ行き、最新情報を伝えた。信じたくないという気持ちの表れか、それともそれがエンジニアたちのコミュニケーションスタイルなのか、ほとんど事務的に。

ジムとキースが死にました。


ヴァン・パークは書類をいじりながら教壇に立っていた。五時間目が始まるので、生徒たちが入ってくる。ある少年がやって来た。

「パーク・コーチ、レジー・ショーがどうなったか聞かれましたか?」

ヴァンは首を振った。

「ひどい事故に遭ったみたいです」

九月二二日の午後早い時間。レジーの車がセンターラインを越えてから何時間かたっている。

ヴァンはカーキズボンにゴルフシャツ、テニスシューズといういでたちだった。身長一八〇センチ、体重八〇キロ強。健康で、頭にはたっぷりのブロンドヘア。教室の壁には、ユタ州立大学のスポーツチーム「アギーズ」の旗がふたつ掲げられている。それから、ドラッグや性感染症の危険を生徒たちに警告するポスター。額装された自然の写真が三枚。それぞれに「挑戦」「決断」「成功」の文字が見える。

ここはベアリバー・ハイスクールの一五七教室。たまたま、レジーが二年のときに自動車教習のクラスを受けた場所でもある。

ヴァンは深呼吸をひとつした。ベテランの保健科教師、バスケットボール代表チームのコーチである彼は、校内を噂が駆けめぐるのをときおり耳にした。誰それが事故で片方の腕をなくしたらしい、誰それが逮捕されたらしい――。そのたびに、実際にあったことを知るまでは過剰な反応をしないよう心がけた。

ヴァンはふたつのことを考えた。レジーが無事でいてほしい。また、バレー・ビュー・ドライブは雨が降ると滑りやすい。ひどい路面状態だったにちがいない。

ヴァンにニュースを伝えた少年はそれ以上の情報を持っておらず、レジーが無事なのか、誰かけが人がいるのかはわからなかった。ヴァンは窓の外の神学校をちらっと見る。生徒たちは毎日一時間、ここでモルモンの教義を学び、神学校卒業へ向けた単位を取得することが認められている。

校内ではその日ずっと噂が流れつづけていたが、ヴァンはレジーについて考えるのをよそうとした。とはいえ、レジーが卒業してまだ一年半しかたっていない。それに、ここは広さ、人口、文化、あらゆる面で小さな町である。人々は互いを見知り、互いに助け合う。だが、あまり話題にされない後ろ暗い秘密もいろいろある。それから、インターネットやテキストメッセージに劣らぬスピードでいい加減な噂話を広める「ゴシップ市場」も。

トレモントンは、ドイツ系の人たちがイリノイ州トレモント経由で一八八八年に住み着いて以来、人々の結びつきが強い町だった。周辺地域はモルモン教徒が多かったが、この定住者たちはほとんどがプロテスタントだった。一九〇三年に正式に町として認められると、住民はこの新しい故郷をトレモントと呼んだ。だが、ユタ州の郵便当局がフレモントとの混同を危惧したため、トレモントンになる。

トレモントンは、ソルトレークシティから各地へ散らばったモルモン教徒を数多く受け入れた。彼らは二〇分ほど先にある山々の麓の町、ブリガムシティや、大きな神殿を持つ地域の中心の町、ローガンに重要な拠点を設けた。この神殿は日常的に通う教会とは違い、結婚式や洗礼式などを行う場所である。

ローガンも山々の麓にあった。さまざまな点でユタ州の象徴となる山である。預言者ブリガム・ヤングはワサッチ山脈の麓にたどり着いたとき、「ここだ」と宣言したとされる。山々は結果的に、ある種の自然の国境のような役割を果たした。だからコミュニティは緊密さを強め、家々は相互依存性を高め、人々の考え方はある意味で閉鎖的になった。こちらからにせよ、あちらからにせよ、山を越えるのは簡単ではない。人の移動も思想の移動もままならないのだ。

トレモントンは谷底に位置していたため、農業にはもってこいだった。この付近は昔からよい香りがする。甘くて、ほんのちょっぴりかび臭い。町の北方三キロほどの場所にあるテンサイ畑のせいである。その匂いはわずかな風にも乗って漂ってくる。レジーの母方の祖父、ウィルフォードがかつて耕していた三〇〇ヘクタールの農場もそうだが、このあたりではテンサイを中心にトウモロコシや小麦をつくっていた。牛の牧場や酪農を営む人もいた。

全員が顔見知りといってもよく、レジーの両親の場合は文字どおり互いに見知った間柄だった。メアリー・ジェーンとエドはトレモントンの同じ学校に通い、彼女が一八歳、彼が一九歳のときにメイン通りの小さな交流センターで結婚した。メアリー・ジェーンの父、ウィルフォードはのんびりした社交的な男で、地域や家庭の中心人物だった。

エドはもっと厳しい家庭環境で育った。母親は彼が一一歳のときに脳卒中で倒れた。子どもは七人。エドより上の四人は実質的に家を出ていたから、しゃべることも歩くこともできない母親、アルコール依存症の父親といっしょに、エドは家にとどまった。父親は酒をがぶ飲みするわけでも、飲んでからむわけでもなかったが、四六時中飲んでいた。毎日、仕事にはどうにか出かけて行った。町の裕福な実業家の運転手兼雑用係である。そして夜帰宅すると、さっそくボトルに向かう。

飲むのはウイスキーだ。車にボトルを隠していた。「ちょっと車に行ってくる」と毎晩のように、数えきれないほど言いつづけた。自分ではこっそり飲んでいるつもりでも、だまされる者は誰もいない。

父親の気がかりはウイスキーで、エドには目もくれなかった。エドは夜、友人たちと過ごして家を空けることも多かったが、本人に言わせれば、気づかれたことはない。煙草を吸い、酒を飲んだ。学校には行ったが、ほとんどはスポーツをするためだった。

その後、メアリー・ジェーンと出会い、結婚。彼女は妊娠する。エドは、自分の父親のように子どもをほったらかすことはすまいと決心。煙草と酒をやめると誓った。

メアリー・ジェーン、エド、六人の子どもたちは、親切でスポーツ好きの一家として知られていた。子どもたちがプレーするのを、みんなが見守り、応援した。一家はユタ州立大学のフットボールの試合を見に行ったり、ラスベガスまで足を延ばして、当地のバスケットボール選手権を観戦したりした。テレビのチャンネルはいつも何かの試合に合わされていた。レジーの試合は絶対に見逃さなかった。

レジーはスター選手ではなかったものの、スポーツが盛んな地域でそこそこ評判になる程度の運動能力をそなえていた。

だからたぶん、九月二二日の朝、レジー・ショーが大きな事故に巻き込まれたというニュースがまたたく間に広がったのだろう。レジーはみんなから好青年だと思われていたのだ。

実際、かつてのバスケットボールコーチ、ヴァンにとって、レジーは特別だった。積極的にリバウンドをとる強力なガードであることに加え、じつに礼儀正しい人間だったからだ。ヴァンは、同じハイスクールでフランス語を教える妻のリサ（彼女の教室は夫の真上だった）とともに、娘にレジーみたいな結婚相手がいたらなあ、とよく話していた。リサにとってレジーは模範的な子どもだった。人なつこくて誰からも好かれ、頭の回転が速いのに、注目を浴びようとする様子はない。フランス語の成績は中の上。勉強は得意なほうではないが、「授業中に当てられても平気」

である。リサは彼を「いかにもアメリカ的な少年」だと思った。

五時間目の生徒が入ってくるのを待ちながら、ヴァンは二年近く前のことをふと思い出した。その日は州のトーナメントに参加するため、バスケットボールの学校代表チームが、大きな期待を胸にバスでソルトレークシティに向かっていた。期待するだけの理由があった。有力な人材がそろっていたのである。ジェイソン・ズンデル、ダラス・ミラーなどの大柄で屈強な選手。また、レジーのように献身的で粘り強いディフェンダーもいた。彼はシュートをアシストするパスや、リバウンド後のシュートを好み、ズンデルやミラーなどのスター選手とも親しい（彼らの影にちょっと隠れた）ガードだった。ヴァンが思うに、レジーはせっかく才能があり、努力もしているのに、それにふさわしい自信を持てていなかった。

優秀な選手がそろっているにもかかわらず、チームはトーナメントで早々に敗退し、その日のうちに帰るはめになった。数時間後、みんな引き揚げただろうと思ってヴァンがロッカールームに行くと、泣き声が聞こえてくる。

レジーが両膝に肘を載せた恰好でうなだれていた。ヴァンに気づくと顔を上げた。

「終わったなんて信じられません」

「それでこそきみだよ、レジー。バスケットボールに一生懸命だ」

だが、レジーが言っているのが試合のことだけでないのは、ヴァンにもわかっていた。シーズン最後のトーナメントでの敗北は、すなわち、メンバーどうしの関係や気持ちのつながりに終止符が打たれることを意味する。その日のレジーを思い出して、ヴァンは次のように言う。

「まるで最愛の人を失ったかのように打ちひしがれていました」

事故の日、何かよくないことがレジーに起きたのではないかという考えを、ヴァンは頭から追い払うことができなかった。学校が終わって帰宅すると、ショーの家に電話をかけた。メアリー・ジェーンが出た。レジーは大丈夫だという。死亡者が出た、と彼女は言った。メアリー・ジェーンがその意味で使ったのは、dead（死人）という露骨な言葉ではなく、fatalities（死亡者）だった。

レジーは二階にいた。その日はまだ階下《した》に降りていなかった。食事もとっていない。兄のニックと父親という、ふたりの訪問者をもてなしただけだった。会話はあまりなかった。

ヴァンは最後に尋ねた。「ほかにこのあたりの人が事故に関係していますか？」

「いいえ」メアリー・ジェーンは答えた。「キャッシュバレーの人たちです」

その夜、彼女とエドはリンドリスバーカーの質問について話し合った。なにやらレジーに非がありそうな口ぶりだった。心配でしかたない。エドは妻のように、それを口に出しては表現しなかった。でも、新聞か何かで読んだ話が頭のなかを駆けめぐり、いまにもおかしくなりそうだった。

話というのは、アイダホ州のある少年にまつわるものだ。ユタから二時間、多くの点で政治的・文化的にユタのきょうだい分といえるアイダホ。数カ月ほど前、一八歳かそこらの少年が逮捕されたニュースをエドは思い出す。重罪を犯したのではなく、愚かな軽犯罪に手を染めたにすぎない。だが警察は彼を逮捕し、父親に電話して少年を引き取らせようとした。父親はこう言った。「牢屋で一晩過ごさせてください。そうすればちょっとは懲りるでしょう」

「その晩、少年は牢屋で男たちに殴り殺されました」とエドは言う。当時、頭のなかで考えていたことを思い出して、彼は涙ぐむ。そして涙が頬をつたわる。彼は歯を食いしばる。「『レジーを一晩たりとも牢屋で過ごさせたりしない』それしかありませんでした。『必要なら家を売るし、なんだってする。でも牢屋に入れさせはしない』と」

ジャッキーは仕事がまったく手につかなかった。父親に何が起きたかを娘たちに告げなければならない。事故の知らせを受けてからも、彼女は午後三時まで職場に残っていた。それから、お父さんっ子の長女、ステファニーを迎えに学校へ行った。ジャッキーの同僚のロイが、トーマス・エジソン・チャーター・スクールまでジャッキーの車を運転してくれた。

ジャッキーは校長とステファニーの担任教師に事故の件を伝えると、娘といっしょに車まで歩いた。ジムと同じサターン。ネイビーブルーの実用的な車だ。ステファニーはカーキ色のズボンにポロシャツという制服を着ていた。体操の日なので、ブロンドの髪は三つ編みにしている。

ステファニーは母親の同僚のロイを見て訊く。「体操に行くの？」

「ねえ聞いて。お話ししなけりゃならないことがあるの」

ジャッキーは助手席に座り、七歳の娘を膝に乗せた。ステファニーは死というものをよくわかっていないようだった。チョコレートポイントのシャム猫、サンディを二年前に安楽死させたことを除けば、そういう経験があまりない。

「パパは自動車事故に遭ったの」

ステファニーは濃いブルーの目で母親を見つめた。ブロンドで青い目の女の子が生まれるとは、ジャッキーも思っていなかった。

「助からなかったわ」

ステファニーは泣きだし、ジャッキーも泣きだした。ステファニーは母親の腕のなかで体を丸くした。「私はあの子を抱いていました。あの子を隠していました」。世間から、すべてのものから。

「パパは天国へ行ったのよ」

ふたりはしばらくそのままじっとしていた。ステファニーは何もしゃべらない。質問もしない。ジャッキーとロイは彼女を後部座席に座らせた。あと何カ月かで四歳になるキャシディを保育所へ迎えに行く。途中、ステファニーがついに質問した。「週末は予定どおり？」

これはロイを驚かせた。その質問が意味するのはつまり、いつもどおりの暮らしが続くのかということだ。数時間後、ファーファロの家には人が集まりはじめていた。電話が鳴る。ジャッキーの母親がとる。地元紙の記者だった。「私たちがどういう気持ちでいると思ってるの？」と母親は言い、電話を切った。

ジャッキーは悲しみを人に見せまいとした。食事をとろうとする。でも食べられない。震えまいと思っても震えが止まらない。「ひとりぼっちでどうやっていけばいいのか」と考えてしまう。

玄関を開けてキャシディをリビングルームに連れて行ったときは、もう暗くなっていた。大きなテレビが部屋の隅にある。それから、シャーパーイメージ製のマッサージチェア。二一〇〇ドルもしたが、ジムがときおり悩まされる片頭痛の解消には役立った。

ジャッキーとキャシディは、焦げ茶色の布製カウチの上で丸くなった。お母さんっ子のキャシディは、ジャッキーの胸の上で寝るのが好きだった。パパはいつ帰るのと訊かれていたので、ジャッキーはタイミングを計っていた。

カウチの上で静かに説明する。パパは事故に遭って、天国へ行ったの。「おうちには帰ってこないのよ」

キャシディがどの程度理解したのかはわからない。それに正直いって、自分でも信じられないような気がする。「心のどこか片隅では、『これは何かの間違いで、彼は帰ってくる』と思っていました」

そのころローガンでは、テリル・ワーナーという女性が「エアバウンド」と呼ばれるジムの前に青いミニバンを停めた。ドアが開き、六年生になるテリルの娘が乗り込んでくる。外でしばらく待っていたから体が冷えている。

「ねえママ、信じられる？」と、娘のジェイミーは切り出した。「セシリーに聞いたんだけど、ステファニーのパパが自動車事故で死んだって」

テリルは一呼吸おき、話についていこうとした。セシリーというのは体操のコーチである。

「ステファニーって？」

ジェイミーは説明した。ほら、体操でいっしょの、ステファニー・ファーファロ。ジャッキーとジムの子どもよ。テリルは少し思い出した。それほどつきあいはなかったが、感じのいい人たちだった。そう、三カ月ほど前、エアバウンドで開催されるユタ州体操大会の前夜、テリルの夫のアランはジム・ファーファロといっしょに、マットの下にグラスファイバー製のスプリングを設置していた。ふたりはグラスファイバーで手を切ったため、仕事を終えるのに手袋をしなければならなかった。

一方、テリルは大会用のポスターをつくろうとしていた。ポスターには炎の絵を描いたが、あまりにへたなので採用されなかった。実際問題、かなりのひどさで、ジャッキーはそれを見てぷっと吹き出した。やさしさの感じられる笑いに、テリルは感謝した。変に気に病まずにすんだからだ。

事故の知らせを聞いて、テリルはもちろんショックを受けた。でも、悲報を耳にするのには慣れていた。日常的に、恐ろしい事態には数多く出合っている。彼女はキャッシュ郡（ローガンは郡庁所在地）で被害者の支援活動にかかわっていた。犯罪の少ない地域ではあるが、レイプや児童虐待などの陰惨な犯罪もそれなりに発生する。テリルはそのような犯罪者を激しく憎んだ。検察官のあいだでも、容赦なく正義を追求する女性と評判だった。

テリルは悲劇の犠牲者にごく私的に連絡をとる。自分の体験をもとに話をする。彼女自身、子どものころにひとりの犠牲者となり、つらい目に遭ってきた。そして、やられっ放しではなく反撃することを学んだ。自分のために、他人のために。

娘から衝突事故のことを聞いても、職業的な視点では考えなかった。結局、たんなる事故らしい。それに、事故があったのは近隣のボックスエルダー郡にちがいない。トレモントンもATKシステムズもそこにある。彼女の管轄ではない。

テリルが主に考えたのは次のようなことだった。「ジャッキーはシングルマザーになる。なんて悲しいできごとだろう」

5 テリル

一九八〇年六月。ハイスクールに通う少女が、シーツをカーテン代わりにした部屋で眠りこけていた。茶色の髪、華奢な体つき。いきなり叫び声がして目が覚める。たしかこんな声だった。

「ベッドから出てこっちへ来い！　これを見るんだ」

テリル・ダニエルソンが九年生の夏だ。場所はカリフォルニア州ダウニー。コンプトンに近く、ロサンゼルスからも遠くない。治安の悪い地域だが、その、スリーベッドルームの家のなかで起こった事件のほうがよほど恐ろしかった。前庭にはツタがうっそうと生い茂り、テリルと母親のキャシー、兄のマイケルは、家をきれいにすることなどとっくにあきらめていた。

「こっちへ来い！」まだ寝起きでぼーっとするなか、テリルは父親がそう叫んでいたのを覚えている。手には357マグナム銃が握られていた。

「おまえの母親のどたまを吹き飛ばしてやる」

そもそもの発端は一九六二年の八月までさかのぼる。まだハイスクールを卒業したばかりの、ぽっちゃりとしてかわいらしいショートブロンドの少女だったキャシーが、マイケルを産んだ。彼は大柄だが、なにかと受け身の子どもだった。それから一年とたたずに、キャシーはまた子どもを産んだ。今度は双子――テリルとケリルの姉妹である。

ケリルは生後数カ月で亡くなった。肺炎のせいだとされた。

父親はバイロン・ロイド・ダニエルソン。地元の自動車修理工場でドライブシャフトを組み立てていた。身長一八五センチ、体重一〇〇キロの巨漢で、ひげをきれいに剃り、茶色の髪を短く刈っていた。なかなかのハンサムだし、本当は思いやりのある男だった。あるとき、彼とキャシーはたくさんの友人たちとエルビス・プレスリーのコンサートを見るためロングビーチに出かけた。全員分のチケットは手に入らなかったが、彼はキャシーのある親友のために、グループ内のほかの誰よりもいい席を確保してやった。ダニー（家族は彼をそう呼んだ）にとっていろいろなことが変わりはじめたのは、仕事で背中を痛めたときである。彼は鎮痛剤を飲むようになった。酒も飲んだ。すると人格が変わる。酒や鎮痛剤を飲んだときの彼は「ジキル博士からハイド氏、ミスター・ナイスガイからろくでなし」に変化した。「とても同じ人とは思えません」と、家族ぐるみのつきあいがあったナンシー・スミスは回想する。彼女の記憶では、ダニーはいつも銃を持っていた。車の運転席の下に置いてあったのだ。

テリルは小さいころから怖い思いをしてきた。幼稚園に入る前の年、リンウッドにあった家の、兄のマイケルとシェアしている黄色い壁の部屋で眠っていると、真夜中にベッドから引きずり出された。「母の顔は血だらけでした」。彼らは向かいの家へ駆け込んだ。「それが最初の暴力の記憶です」

家族はバイロンを、姓のダニエルソンにちなんで「ダニー」と呼んだ。パパと呼ぶこともあったが、たいがいはダニーだ。狭い家ながら、テリルたちは彼からできるだけ距離を置くようにしていた。

表にはギャングなどろくでもない連中がうろついているから、ほかに行くところがない。テリルは本の世界に逃げ込んだ。手に入るものは片っ端から読んだ。『ボブシーきょうだい』がお気に入りだった。

キャシーはモルモン教徒で、子どもたちをときおり近くのモルモン教会へ連れて行った。だが、モルモン教徒でないダニーはそれが気に食わず、キャシーのチョコレート色の古いキャデラックの配電器《ディストリビューター》キャップを外しておくこともあった。

キャシーはリンウッドの家の外観をきれいに保とうとした。隣人から芝刈り機を借り、テリルとマイケルの三人で前庭を手入れした。

テリルが四年生のころのある午後、キッチンにオレンジジュースのカップが置かれていた。すすってみると、ただのオレンジジュースではない。オレンジジュースとウォッカを混ぜた、父親がスクリュードライバーと呼ぶ飲み物だ。彼の人格を変え、暴力へと走らせるものだ。彼女はウォッカのボトルを捨て去った。クラスの女の子でいちばん小柄なテリルがどうなったか――。

「彼は何ごとかわめきながらやってくると、私の腕をつかみました。私を部屋まで連れて行き、ベルトでお尻をぶちました。かんかんでした」彼女はそう述懐する。とても痛かった。だがそれでも、彼女はやめなかった。

「チャンスがあるたびにウォッカを捨ててやりました」

テリルは早いうちから他人との関係を断ち、心を閉ざすようになった。父親にぶたれても泣かなかったという。兄のマイケルは泣いたが、テリルは泣かなかった。

毎朝毎晩、テリルはベッドのわきにひざまずいた。毎晩、同じ祈りを唱える。「両親が愛し合っていて、子ども思い。そんな家庭にどうして生まれなかったのでしょう?」

母が父から逃げられるよう手をお貸しください、と彼女は祈った。

キャシーは別のプランを考えていた。新しい家へ引っ越せば状況が改善すると思ったのだ。それでテリルが小学校を終えようとするころ、一家はウィッティアのスリーベッドルームのアパートへ移った。ここも物騒な町で、彼らはそのなかでも危ない地域に住んだ。そしていまや、数ブロック行かなくても、アパートの真向かいに酒屋がある。

テリルとマイケルはそれぞれ自分の部屋を与えられた。彼らにはミッチェルという弟もできていた。子どもたちはギャングが怖いので家を出なかった。テリルは父親が怖いので自分の部屋を出なかった。さらに本の世界に引きこもった。少女探偵ナンシー・ドルー、少年探偵ハーディー・ボーイズ……。

家にはちょっとした謎があった。テリルは電話に出るなと言われていた。それについて深く考えたことはない。たんなるルールだった。「電話に出てはだめよ、テリル」。そして彼女は言われたとおりにした。ルールには従ったほうがいい。微妙なバランスをわざわざ壊すようなことはしたくない。

そのころ、彼女は日記をつけていた。直立した丸っぽい筆記体の文字で。中身は、年頃の女の子らしいありふれた興奮や戸惑いと、ダニーと暮らす恐怖とが同居していた。銃の一件の三年近く前、一九七七年一一月一六日の日記にはこうある。「きのうグレッグ・ハーツバーグと話した。彼と話すのは楽しい！　彼のことが好き！　きょうは数学のテストでしくじったけど、あすのテストはがんばろう」。その少しあとには、「ミッチェルは九カ月でもう歩ける。今夜、彼が歩くところをビデオで撮った。昨夜は四時間しか寝られなかった。パパが酔っ払って、マイケルのサックスをずっと吹いていたから。みんな起こされた。真夜中にサックスを吹くのは、自分を理解してくれる者（物？）がそれしかないからだと言っていた。ママは、そういうものがあってよかったと言った。今夜は、サックスは私のベッドの下に隠してある」

数カ月すぎた。もめ事は絶えない。一月のある日の日記は、次のように走り書きしてある。「真っ暗ななかで書いている。明かりがついているのを知ったら、パパが何をするかわからないから」

マイケルはドラッグをやるようになった、とテリルは説明する。マリファナが手に入るときはマリファナを。手に入らないときはガソリンを嗅いでいた。大量に嗅ぐと意識を失った。依存症の気が出はじめていた。テリルにはほかにも不名誉なことがあった。たとえば、ときどきだが、学校へ行っても昼食が食べられない。

「何か残してない？」と、食堂でクラスメートに尋ねたものだ。「そのポテト、ちょっともらえる？」

テリルとマイケルは祖父母から一ドル硬貨をもらうことがあった。そんなときは近所のコンビニエンスストアに朝食や夕食を買いに行った。たいていは「ホステス」のドーナツだ。

新しいアパートに住んでいたころ、ダニーがある晩、酔っ払って帰ってきた。猛烈に怒っている。彼はキャシーとマイケルを家から追い出した。そしてテリルに向かってきた。

「なによ、この酔っ払いの役立たず！」そう叫んだのを彼女は覚えている。父親に追いかけられ、つかまる。蹴ったり殴ったりして抵抗した。「私はそう簡単に放り出されないわよ！」

でも腕力ではかなわない。血を流しながら、彼女も追い出された。テリルは日記に書く。「あんなやつ、父親じゃない。私はあんな悪魔の子なんかじゃない」

兄にも腹が立った。

「やり返してよ！」とマイケルに頼んだという。彼は体格がよかった。ダニーほどではないが、年齢のわりには大きかった。「今度追いかけられたら、やり返してよ」

マイケルとキャシーは目立たないようにおとなしくしているタイプだ、とテリルは感じていた。それに母親のキャシーのほうは、また環境を変えれば状況を変えられると思っているふしがある。彼女の新しいプラン、それはダウニーという新しい町に引っ越して、新しいスタートを切ることだった。

テリルが九年生を終えようとする夏のこと。シーツをカーテン代わりにした彼女の部屋には、つくりつけの机、たんす、祖父母からもらったレコードプレーヤーが置かれていた。スティーブ・ミラーのアルバムを持っていたが、音楽にはあまり没頭しなかった。

彼女はますます読書に熱中した。おかげで初めて、ちょっとまずい立場に追い込まれることに。というのは、本をたくさん借りすぎたのだ。お気に入りは、迫害に遭う孤児の女の子の物語『ディダコイ』や、少女と病気がちの少年が美しい庭へと逃げ込む『秘密の花園』。ミステリーも好きだった。ティーンロマンスは嫌いだった。スティーヴン・キングにいれこむようになった。ダウニーの図書館からひと抱えもある本を一度に借りてくる。一五冊、いや二〇冊はあるだろう。いつも期限どおりに返すとはかぎらない。三〇〇ドルの罰金を科されたが、彼女には払えなかった。

読書が気持ちの逃げ場になったとはいえ、それで物理的な脅威から守られるわけではない。その夏の夜、ダニーが銃を持って彼女の部屋に飛び込んできたときもそうだった。

「こっちへ来い。これを見るんだ!」

テリルは寝間着を着ていた。マイケルといっしょにダニーの命令に従った。自室から出てきたマイケルは泣きはじめた。まだ小さなミッチェルはマイケルの部屋でずっと寝ていた。それが習わしのようになっていた。テリルとマイケルはダニーのあとについて、両親の狭い寝室に入る。派手なピンクの壁。キャシーがベッドに横たわっていた。顔にマスカラの筋がついている。ダニーは彼女に歩み寄った。テリルとマイケルは入り口のところに立っていた。いまはテリルも泣いている。

「お願いだから銃を下ろして」

ダニーはキャシーを見下ろすように立ち、彼女に銃を向けている。口に銃を押し当てる。

「やめて」テリルとマイケルは懇願した。キャシーがすすり泣く。

ダニーは一歩あとずさりし、銃を下ろした。

6 被害者

痛ましい一日が終わると、リンドリスバーカーはそのことについて話すのを習慣にしていた。包み隠したりはしない。妻のジュディの機嫌はまずまずだ。結婚生活には思うように注意を払ってこれなかった。軍隊やら出張やら、なんやかやで家を空けがちだった。子どものうちふたりはもう独立して家を出ている。だがその夜、彼は一七歳になる娘のアリソンといっしょにいた。

「スピードは控えめにね。シートベルトをして。運転中は冷静に」

その夜は、一日のうちに起きたいろいろなできごとを思い出して、心臓がどきどきしていた。レジーを病院に連れて行ったあと、彼はカイザーマンとその妻を現場まで送った。それからクラウン・ビクトリアを一〇分運転して、キャッシュ郡の保安官事務所へ行った。地元の警察が入った新しいビルで、隣は刑務所だ。三階のオフィスで、リンドリスバーカーは目撃者の証言を入力した。自分のカメラから写真を読み込み、現場の様子を再確認する。ジムの顔が上を向いている。両目は閉じられている。頭部に十字形についた赤い血は、悲惨な事故というよりもバーでのけんかを思い起こさせた。茶色の髪を短く刈り、やぎひげを生やしている。リンドリスバーカーには、安らかに眠っているように見えた。

キースは違った。カイザーマンの積み荷の衝撃をもろに食らっていた。写真では座ったまま前かがみになり、頭頂部が少しはげている。そしてサターンの後部座席には、ピンク色のねばねばしたものが大量にへばりついていた。キースの脳である。

その夜、床についたときもリンドリスバーカーはあれこれ考えていた。衝突の前にレジーは何度かセンターラインを越えていた、というカイザーマンの証言。病院へ向かう車中でメールを打っていたレジー。センターラインを越えたことについてちゃんと説明できないレジー。

「疲れていたとでも言われれば、それっきりにしていたかもしれません」と、リンドリスバーカーはふり返って言う。「嘘をつくこともできました。そうすれば私に反論材料はなかったでしょう」


「夫に会わせて」

「ミズ・オデル、まずはこの書類をお願いします」と葬儀屋が言った。事故の翌日。前の晩は午後一一時ごろ睡眠薬を飲んだのに、レイラはほとんど眠れなかった。昼間はずっと悲しみに暮れていて、親族の誰かが来ても話などできなかった。娘のミーガンといっしょにずっと泣いていた。

ミーガンは夜に外出した。翌朝の州マラソン大会で沿道の警備を担当することになっていたのだが、その夜も、主にランナーの持ち物が盗まれないよう見張るために出かけなければならなかった。

それでも、レイラは翌朝、アレン・ホール葬儀場へ着くと、ミーガンに会いたいと思った。しかし娘はまだ寝ていた。マラソンがないときでも、遅くまでゲームをして朝は遅いのが常だった。レイラはキースの遺体と対面する決心をした。だが、スタッフは明らかに彼女を引き止めようとしている。別のことに気を向けさせようとさえしていた。訊かれたとおり、キースの社会保障番号、さまざまな日付や名前などをすらすらと答える。柩《ひつぎ》は落ち着いた色のオーク材のものを選んだ。天然の木が好きだったキースも気に入ってくれるだろう。花はバラやカーネーションではなくヒマワリを選んだ。そのほうがたぶんキースらしい。

葬儀はいつにするかと尋ねられた。その日は土曜日。葬儀は水曜日ということになった。共通の友人や同僚がたくさんいるので、ジムの葬儀も同じ日になった。

レイラは再度、遺体に会いたいと言った。それができない理由を誰かが説明した。彼女の最愛の夫、キースの体は事故の衝撃で想像を絶するほど傷んでいるのだ、と。

レイラはフリーザーバッグをひとつ渡された。なかには壊れた携帯電話、GPS装置、腕時計、車のキー（と小さな方位磁石がついたキーホルダー）、茶色い革の財布（キースがハイスクールの授業でつくって以来、ずっと使っていたもの）が入っていた。もうひとつ受け取ったバッグには、彼の黒いひも靴と黒っぽい靴下。

「眼鏡はどこに？」

眼鏡はない。遺品はそれだけだった。

家へ帰ってもレイラは何も食べる気がしなかった。祈りもしなかった。まるで抜け殻のようだった。また訪問者が来る。

ミーガンが起きてきた。彼女の暮らしはすでに安定を欠いていた。そこへ父親も亡くしてしまった。まだ小さかったころ、彼女はキースといっしょによくジオキャッシング*を楽しんだ。キースが真夜中に娘を起こし、「ディープ・スペース・ハンター」という大きな望遠鏡で彗星などを見ることもあった。庭でソフトボールを投げ合ったりもした。ふたりでゲームも楽しんだ。最初は初期の「スター・ウォーズ」。キースがその才能を活かしてふたつのコンピュータをつないでからは、直接対決が可能になった。いわば初期の即席マルチプレーヤーゲームである。

ミーガンは父親を尊敬した。「パパのようなロケット技術者になりたかった。オリンピックに行けないのなら、ロケット科学者になりたかった」

だが、ハイスクールのときにものごとは悪い方向へ向かいはじめた。両親との関係もそうだ。たぶん大きな学校へ転校したせいだろう。それとも、初めてボーイフレンドができたからだろうか。成績はBまで下がり、さらに悪くなった。泳ぐ頻度も減った。するとあるとき、大きな教会の近くに住む男の子にレイプされたと彼女は言った。ビールをしつこく勧められたのを覚えている。ただ、記憶の細部ははっきりしなかった。結局、申し立てたところでどうにもならなかった。両親は力になってくれない、と彼女は思った。

成績はますます悪くなった。肩をけがしたせいもあり、水泳はやめた。ハイスクールを卒業した日の夜（バレー・ビュー・ドライブでの事故のそれほど前ではない）、あるキャンプ場でボーイフレンドが片膝をついて彼女にプロポーズした。ミーガンは家に帰ると両親に指輪を見せた。母親は

＊　GPSを使った宝探しゲーム

うんと言わなかったらしい。その一方、関係が悪化していたせいで、ミーガンは母親に卒業式には来てくれるなと言っていた。婚約に関しては、ミーガンによれば、父親はおおかた賛成の様子だった。「両親はどちらも彼のことが好きでなかったと思います。父はまあなるようになれという感じでした」

ミーガンにとって父親は、自分をつなぎ止めるある種の鎖だった。その父親がいなくなった。

葬儀に着ていく服が必要だった。彼女はあまりお金を持っていない。レイラがキースの財布を調べると、思ったとおり二〇ドル札で一〇〇ドル入っていた。いつもそうだ。それをミーガンに渡して、モールに黒い服を買いに行かせた。ミーガンのおばが付き添ってくれた。

訪問者のなかにキースの上司、トム・ヒッグスがいた。職場でいろいろな質問に答えるのはキースだったから、いちおうの上司とでも言うべきかもしれない。トムがオデル家に着くと、レイラがリビングで震えていた。

「焦点が定まっていませんでした」と、彼は思い出して言う。話しかけても、はたして次の瞬間に息をしているだろうかという状態だった。

「あの子に会えますか?」と、ジム・ファーファロの母親は尋ねた。ジムの遺体に、という意味だ。

葬儀屋は険しい顔でうなずいた。

ジムの母親はジャッキーの後ろに立っていた。場所は同じアレン・ホール。ファーファロの家族はオデル家のすぐあとにやって来た。

ジャッキーはすでに引き締まった顔つきになっていた。無表情にも近い。悲しみは表に出さなかった。ユタ州立大学の教室で警官たちに事故の件を知らされたときは、取り乱し、ヒステリーを起こしたが、いまは表向きは平静を取り戻している。

「結局、人前で取り乱したのが恥ずかしくて。私には似合わないんです」

キャシディに話をすると、ジャッキーは長女のステファニーを寝かせつけた。二階の自室で、ステファニーは気持ちを強く持ち、なんとか眠ろうとした。階下から、親戚たちが事故について話す声が聞こえてくる。彼女は耳を強くふさいで、すべてを忘れ去ろうとした。

その後しばらくしてジャッキーはベッドに入り、ジムの厚手のローブを上からかけた。結局は眠ることができず、ナイキル*を飲む。するとパタパタという足音がして、ステファニーがベッドに潜り込んできた。そのあと、ふたりはジムの匂いがするローブの下でちょっぴり眠った。

朝になってジャッキーは、弔問に訪れ、彼女を葬儀場へ連れて行こうとする親戚たちから離れ、バスルームへ行った。シャワーを浴びながら泣きじゃくる。壁にもたれて悲しみを吐き出した。ふたたび姿を現したのは三〇分後。くたくただったが、少しだけ自制心を取り戻していた。

葬儀場のスタッフは、ほんの一時間前のレイラのときと同じようにジャッキーに対応した。彼女は書類に必要事項を記入し、柩を選んだ。

「あの人に会えますか?」

ジャッキーはとくに信心深いわけではなかった。ジムは堅信の儀礼を受けたカトリック教徒

＊ 風邪薬兼睡眠薬

だった。でも、ふたりとも組織立った活動には参加していなかった。ジャッキーはごく一般的な信仰心は持っていたが、科学者としての世界観も失わなかった。たいていの場合、頼ったのは自分自身である。彼女は岩のようにタフで頼れる存在だった。いつもそういう役割を引き受け、ある種楽しんでもきた。

「自分がしっかりしなきゃ、といつも思っていました」

ジャッキーは対面室に入った。ジムがストレッチャーに横たわっている。布団がかけられていた。シーツではなく、花柄の淡い色の布団だったのを覚えている。係員が布団をめくる。片方の耳から流れた血が乾いていた。右目がない。ジャッキーはジムの胸、頭、髪に手をふれた。冷たかった。「思ったより大丈夫そう」と彼女は思った。

そして、ささやいた。「さよなら」

7 神経科学者

「私は木が好きでね」

ガザリー博士の住まいのメインフロアには、高さ六メートルのミツヤヤシが真ん中にそびえている。そのヤシがキッチンとリビングを仕切る。リビングには、黒光りするカウチと、隅のほうに小さなイロハモミジの木。

カウチの前にはガス暖炉があり、ライトブルーの炎が燃えている。その上方には「スリー・オークス」という題の、光沢のある絵。黄色の背景をバックに、三本の木が宙に浮いている。どの木もふっくらとしていて、脳のように見える。

オルタナティブロック特有のビートが部屋に鳴り響く。

「メトリックというバンドです」とガザリー博士。新しい曲だ。音楽に関しては、発表から一年以上たったものは聴かないのが彼のルールだった。「新しいバンドに目がありません」

ガザリー博士が暖炉のボタンを押すと、スクリーンが降りてきて「スリー・オークス」、さらに暖炉の上半分を覆う。部屋の反対側の天井から吊るされたプロジェクターから、高画質の映像が映し出される。このスクリーンは「プレイステーション3」にもつながれており、博士はガールフレンドのジョー・ファンとゲームを楽しむことができる。最近のお気に入りは「アサシンクリード」だ。

床からほぼ屋根の高さまでの格子窓があり、空気が冷たい晴れた夜にはサンフランシスコのダウンタウンが見渡せる。眼下の通りはにぎやかだ。二〇代の若者たちがマティーニで酔っ払っている。ここはミッション地区。寿司やタパスの店、おしゃれなメキシコ料理店、高級家具店などが並ぶ。

ガザリー博士の部屋も徐々にヒートアップしはじめる。今夜はパーティーがスタートして四年の記念日。たとえそれまで大忙しだったとしても、ホスト役の博士がキャンセルするはずがない。

忙しさの始まりはきのう、フロリダでのこと。「神経精神薬理学だったかの大学」の人たちに講演をした。疲れていても無理はない。目が覚めたのはカリフォルニア時間の午前三時。西海岸に戻ると、NBCのテレビクルーと会った。同局の番組『デートライン』『トゥデー』のために、さまざまな作業を一度にこなすマルチタスカーの脳をスキャンしてほしいとの依頼だった。

「いつもバタバタしてますよ」とガザリー博士は言う。しかも彼は中途半端な仕事をしない。「ちゃんとできない仕事を引き受けるのはどうもね」

本人いわく、サイエンスへの情熱がやる気の源だという。たとえば子どものころは、ニューヨーク・クイーンズの労働者階級が多い土地(彼の母親は簿記係、父親は交通局の職員だった)から、世界一流とされるブロンクス・ハイスクール・オブ・サイエンスまで、バスで往復二時間かけて通学した。成績はよかったし、大学進学適性試験（SAT）のスコアも高かったのに、第一志望の大学には進めなかった。それでいっそう、いまに見てろというやる気が高まった。ただおかげで、「やりたいようにやれる」ようにもなった。「システムに裏切られたのだから、自分にシステムは必要ないと判断したのです」

携帯電話が鳴る。メールのようだ。ブラックジーンズから取り出し、読む。「おや、これを見て！」彼は携帯のディスプレーに書かれた文面を見せてくれる。〈いまから行きます。お楽しみに！〉

フィリップ・ローズデールからだ。「『セカンドライフ』の制作者ですよ」とガザリー博士。セカンドライフといえば、インターネット上につくられた最大規模のバーチャルワールドである。

博士はキッチンカウンターのところへ行き、早めに来てプロシュートや醤油チキン（ホールフーズ・マーケットで調達してきた）を食べている少数の客人にそのテキストメールを見せる。「さて、いよいよだ」と博士は言う。ローズデールのほかにも、たくさんのヒップスターやロッカー、起業家が来る予定である。カウンティング・クロウズのギタリスト、シーヴェリー・コーポレーションのリードシンガー、「ディグ」（ユーザーの投票でランクを決めるソーシャルニュースサイト）の制作者、近くのしゃれたレストランのオーナーたち、「ガザリー博士の脳に恋してる」と公言するカリブ出身の美女、リオ……。

パーティーが盛り上がる前に「カクテルパーティー効果」の説明をしておきたい、とガザリー博士が言う。アテンションサイエンスのなかでも最も基本的な教えである。彼はしゃべりながら、早めに来ている数人のうちのひとりに視線を移して見せる。「バーニングマン」というアートイベントの主催組織で人事責任者を務めるキャットという女性だ。妊娠しているらしい。

これがカクテルパーティー効果だ、と彼は説明する。

「私はキャットを見ながらでも、皆さんのどなたかの話を聞くことができます」博士はそう言ってから、視線を私に戻す。「あるいは、皆さんのどなたかを見ながら、注意をキャットのほうへ向けて彼女の話を聞くことができます」

「選択的注意というやつです」

つまり、人はみずからの注意力を制御する、優れた、いや並外れた能力を持っているということだ。同時に、と博士は言う。カクテルパーティー効果は注意力の限界を示すものでもある。なんだかんだいっても、一度にふたつの会話に注意を払うことはできない。実際、目の前の人の話を聞いているとき、もうひとつの会話から拾える情報はふたつくらいしかない。しゃべっている人の性別と、自分の名前（それが会話のなかに出た場合）である。

「全領域に注意を払えると思ったら大間違いです」とガザリー博士。現実に注意を集中できるのは、視野に入るすべてではなく、何か特定のひとつだけである。この原則をどう解釈するかは自由だ、と博士は言う。私たちは注意力を制御・選択できるという見方もできれば、注意の対象を広げるのは相当難しいという見方もできる。注意力というのはレーザー光線のようなもので、けっして天井の照明ではない。

それはよいことなのか、悪いことなのか？　「あなたが楽観主義者か悲観主義者かによります」と博士は言う。

要するに、注意力はきわめて強力で、きわめて限定的なのだ。カクテルパーティー効果によって示されるこの考え方は、いまでは基本的な常識とされるが、一九世紀半ばには大変な驚きをもって迎えられた。それまで、脳の力は「無限」だと考えられていたからだ。

自分の足にさわると、それがすぐ感じられる。だから――。

一九世紀半ばまで、人間のニューラルネットワーク（神経回路網）に対する一般的な考え方を象徴するのが、この論法だった。簡単にいえば、人間の反応時間は計り知れないほど速い、と科学者たちは考えていた。無限、果てしないという言葉を使う者もいた。ちくりと感じたらとっさに後ずさりし、ヘビを見たら跳び上がり、ひづめの音が轟いたら道をよける。それが人間である。

反証材料はあるだろうか？　「検流計」を考えてみよう。これは電流を検知・測定するための、昔からある機器だ。電流がどれくらいのスピードで流れたかという速度を測るためにも用いられた。いろいろなタイプがあるが、基本的にはねじった金属コイルを使って電気信号を検知する。信号を検知した検流計は磁場をつくる。すると磁力が小さな針を動かす。それによって、電流が最初にいつ発生し、いつ消えたかがわかる。昔の研究者は弾道学の分野でこれを利用し、弾丸の速度や軌道を測定するなどした。

ヘルマン・フォン・ヘルムホルツは検流計を使って、カエルの反応時間を調べた。

ヘルムホルツはケーニヒスベルク大学の助教授で、当時を代表する科学者のひとりだった。彼はカエルのふくらはぎに電流で刺激を与え、検流計を使って、電流が坐骨神経を流れる時間を測定した。そしてその発見は、人間の脳に対する科学者たちの見方を一変させた。つまり、外からは瞬時に見えた反応も、光の速さにはほど遠いことがわかったのである。電流が脳に達するには時間がかかるということだ。

ヘルムホルツは人間でも同じ実験をして、同じ発見を得た。彼の大まかな見立てによれば、「神経伝導時間」は一秒につき約一〇〇メートル。脳からふくらはぎに情報が達するには二〇ミリ秒（〇・〇二秒）かかる（ちなみに光は秒速約三〇万キロ）。

ヘルムホルツによる検流計の使用は、研究者たちが人間の能力をどのように測定していたかのみならず、なぜ測定していたかを表す、ひとつの象徴といえる。彼らは、人間のつくる機械――生産性向上や戦争や科学技術のツール――がきわめて強力で、人間以上のスピードがあることに気がついた。これは決定的な瞬間であった。科学者たちが人間の脳の能力と限界を知るために新しいテクノロジーを利用しはじめたまさにそのとき、そのテクノロジーが脳の限界を浮き彫りにしつつあったのである。

「人間の反応が遅いことが明らかになったのは、一八五〇年代です。機械が使われるようになって、ようやくわかってきました」と、オレゴン大学名誉教授（神経科学）のマイケル・I・ポスナーは言う。アテンションサイエンスおよびその歴史研究における、現代のパイオニアのひとりである。人間の反応時間が比較的遅いという事実は「人々にかかるプレッシャーが増加しはじめるまで、明らかではありませんでした」。

一九世紀にテクノロジーは急速に進歩した。一八三七年、アメリカのサミュエル・モールスは初の電信機を発表。五年後には「議会を説得し、電信線敷設費用の三万ドルを提供させた」と、マサチューセッツ工科大学（MIT）編纂の歴史資料にある。この資料によれば、一八四四年五月、モールスはワシントンからボルティモアの列車車庫に電文を送るという公開デモを実施している。メッセージは「What hath God wrought（神のなせる業）」という聖書の一節だった。

MITの資料によると、一八五四年には約三万七〇〇〇キロの電信線が張りめぐらされていたという（電信事業を扱うウエスタンユニオンの設立は一八五一年）。一八六六年には米国とヨーロッパを結ぶケーブルが敷設された。機械のおかげで、それまでよりずっと速くデータを送れるようになった。

モールスが電信の普及に努めているころ、ヨーロッパでは、一七九一年に銀行家の息子として生まれたもうひとりのイノベーター、チャールズ・バベッジが初期の計算機の開発に取り組んでいた。バベッジは、人間に代わって数学の方程式を処理できる、プログラム可能な計算機を考案・設計して名を馳せ、のちに「コンピュータの父」のひとりに数えられるようになった。

だが、このテクノロジーはしだいに相反する役割を担うようになる。人間をパワーアップさせる道具（機械）がコンピュータによってもたらされる一方、人間そのものはむしろパワーダウン（少なくともスピードダウン）しているように思われたのだ。

画家のゴッホと同じ町出身のひとりの少年が、そのスピードの遅さをやがて実証しようとしていた。

ティルブルフはオランダ・北ブラバント州の工業都市。ゴッホが子ども時代に通学した町として知られている。だが、それより数十年前の一八一八年、ティルブルフではF・C・ドンデルスが誕生している。ドンデルスは小さいころに「注意を払う」ことを覚えた。姉が八人もいたため、いろいろ気を配る必要があった。その後、彼はそれまでになかった正確さで注意の研究を進めた。

ヘルムホルツと同様、ドンデルスも研究者としてさまざまな関心事を持っていたが、最初のころは眼科学の分野で名を上げ、一八五八年にオランダ初の眼科病院をつくったことが知られている。一八六〇年代半ばに、ドンデルスの関心は人間の反応時間に向けられた。彼は「フォノートグラフ」の前に人をふたり座らせる実験を思いつく。フォノートグラフとは、あるフランス人が一八五七年に特許を取得した初期の録音機で、音声を記録し、それを機械的なアームで紙の上に転写することができた。ドンデルスの実験では、ひとりの被験者が一音節の言葉を発し、もうひとりがそれをできるだけすぐにくり返す。フォノートグラフを使って、彼は自身が言う「心のタイミング」「メンタルアクション」を測定しようとしはじめていた。

どんな状況のときに反応時間が長くなったり短くなったりするのかを知るため、ドンデルスは三つの簡単なテストを行った。まず、被験者は電球がいくつか並んだパネルの前に座り、どれかひとつが点灯したらボタンを押す。ふたつ目の実験はもう少し複雑になり、被験者は各電球に対応したボタンを押さなければならない。三つ目の実験では、電球がどれか点灯したらボタンを押すのだが、それをすばやくできなければ別の電球がつく。

彼の結論はどうやらはっきりしている。すなわち、シンプルなタスクのほうが時間がかからず、タスクが複雑になると時間が長くなる。たとえば、被験者がなんらかの選択をしなければならないときや、特定のボタンを押すといった運動技能が求められるときは、反応時間が長くなる。

ドンデルスは実験をさらに拡張した。左手（あるいは右手）で反応してもらう、色、言葉、音を識別してもらうなど、さまざまな要求事項や刺激方法を採り入れた結果、タスクが複雑になると時間がかかるだけでなく、エラーの数も増えることがわかった。

脳はどれくらいすばやく機能できるのか？　どれくらいの情報をどれくらいのスピードで処理できるのか？　ドンデルスは「単純なメンタルプロセスに要する時間」を計るための道具を用意した。「彼が計っていたのは」とポスナー博士が解説する。「思考に要する時間です」

「注意力研究の歴史をひもとくとき、一番の発見は認知処理のスピードでした」

当時のドンデルスの文章は非常に勢いがいい。たとえば認知処理の定量化という課題については次のように述べる。「だがそうなると、認知プロセスの定性的処理はことごとく論外ということになるのか？　とんでもない！」

彼の発見には不吉な注釈もついていた。一八六八年に発表されたその注釈のなかで、彼はこう述べている。「刺激が起きているあいだに注意をそらすと、その罰として認知プロセスが長くなる」（ドンデルス脳認知行動研究所による伝記より）

一方、コンピュータ技術は（現在に比べればお粗末な水準とはいえ）しだいに高度化しつつあった。ただ当時のコンピュータは、たとえ最先端のものでも、人間の注意力を損なうようなことはなかっただろう。あまりの大きさに目が釘づけになるという話は別にして。たとえば、ホレリス計算機というのがあった。見た目はアップライトピアノみたいで、パンチカードを使用する。コンピュータ歴史博物館によれば、一八九〇年にはこのマシンを使ったおかげで、国勢調査データの計算が七年から三年に短縮されたという。当時、『エレクトリカル・エンジニア』という雑誌は、この計算機は「神速」にも勝ると書いた。「この機器は神のひき臼のように正確だが、スピードではそれをはるかに上回る」*（コロンビア大学の歴史資料より）

ホレリス計算機をつくったのはハーマン・ホレリス。彼は一九世紀末にタビュレーティングマシン社を設立した。同社は一九一一年にコンピューティング・タビュレーティング・レコーディング社となり、一九二四年にはインターナショナル・ビジネス・マシン（ＩＢＭ）に改名された。コンピュータはまだ揺籃期にあり、これを使うのは企業や軍隊、政府機関などに限られたが、それらの分野ではコンピュータは大きな力を発揮していた。

これとは別に、通信技術にもめざましい進歩が見られた。「話す電信機」（電話）の開発に取り組んでいたアレクサンダー・グラハム・ベルは、一八七六年と一八七七年に重要な特許を取得。七七年にパートナーとともにベル電話会社を設立した。ＡＴ＆Ｔの社史によれば、一九〇四年には全米に三三〇万台の電話機があった。そして一九二七年には、双方向無線技術を使って欧米間の通話が可能になった。三分間の通話料は七五ドルだった。

＊「神のひき臼は回転が遅いが、確実に粉をひく（天網恢恢疎にして漏らさず）」ということわざを下敷きにしている

二〇世紀も半ば近くにさしかかると、それぞれ別々に進化してきた感のあるコンピュータ技術と通信技術がひとつに統合されはじめる。これはけっして軽視できない、きわめて重要な動きである。コンピュータと通信の融合は私たちの暮らしに大いに役立ったが、同時に、人間の脳に対して厄介な(そしておそらくは未曾有の)課題を突きつけることになった。しかも私たちはその課題を見逃し、過小評価しがちだった。言い換えれば、テクノロジーは日に日に進歩したのに、人間の脳はおおむねもとの場所にとどまったままだったのだ。

午後一〇時になると、ガザリー博士の家は大にぎわいだった。みんなから背中を軽くたたかれたり、来客から酒の差し入れを受け取ったりしていた博士は、人々のあいだを通り抜け、ガールフレンドのそばに寄り添う。すると彼女は、ひとりの男に話しかける。三日分くらいの無精ひげを生やし、グレーの中折れ帽をかぶった、笑顔が人なつこい男。カウンティング・クロウズのギタリスト、ダン・ヴィックリーだ。バンドのヒット曲もいくつか共同で書いている。ツアーから戻ったばかりのせいか、顔が赤らんで血色がよい。最近のバンドはツアーで稼ぐ、と彼は言う。曲をつくっても(たとえヒットしても)儲からないらしい。それというのもインターネットによって昔ながらのビジネスモデルが壊され、聴き手の注意が持続しないからだ。エンターテインメントの選択肢はじつに多く、時間はじつに少ない。

今回のツアーでは、テクノロジーがらみのいかす経験をしたとのこと。あるコンサートで、白いあごひげを生やした丸ぽちゃの男性が最前列に座っていた。ダンはそれがアップルの共同創業者、スティーブ・ウォズニアックだとは気づかなかった。だがコンサート終了後、ウォズニアックは楽屋に顔を出し、いつか食事でもどうかと誘ってくれた。それでダンは感激したというわけだ。

「ね、クールでしょ!」

「見てください!」とガザリー博士が叫ぶ。

その視線の先には、すぐ近く、ごった返した部屋の真ん中あたりに立つ三人組。そのうちのひとりがなかでも注目を集めている。短い髪がぼさぼさの長身の男で、鼻先には妙な感じの眼鏡が載っている。なんだか自転車乗りがかける、スリムなラップアラウンド型サングラスのようでもある。

「グーグル・グラスです。世界にまだ一〇個しかない!」

この眼鏡は外界を見やすくするための製品ではなく、かけている人に情報フローを見せるのがねらいである。レンズの隅の一点にちらっと目をやると、データフィードをスキャンして、たとえば受信メールを確認することができる。いまはまだ試作品で、かけているのはやはり地元の有名人、セカンドライフ創業者のフィリップ・ローズデールだ。

グーグル・グラスを目撃したガザリー博士、ガールフレンド、ギタリストのダンはそれぞれ携帯電話を取り出した。博士は顔を上げて、何かに没頭する他のふたりを見る。「こいつはおもしろい。シャッターチャンスだからね」。彼の推測によれば、各自がこの件をツイートするなり、フェイスブックに投稿するなりしようと考えていたようだ。

博士はさまざまな報道機関から連絡を受け、グーグル・グラスに関するコメントや、それが注意力に及ぼす影響を訊かれたらしい。

「注意力をそぐ、と何度も言っています。でも耳を貸そうとしない。筋書きがもうできていて、彼らはそのとおりにしか報道しないんです」

いまや、シリコンバレーのエリート、「デジタル知識人」のあいだでは、「注意」の定義が拡大しているように思える。人間の集中力のすごさと限界を実証するカクテルパーティー効果だけの話ではない。対面コミュニケーションやバーチャルコミュニケーションが入り混じって喧《かまびす》しいいま、もうひとつ重要なピースが残されている。それは他人の注意を引きたいという私たちの願望である。

ツイートやフェイスブックの更新、Eメール、ユーチューブの動画、テキストメッセージ……いずれもひとりでに創造されるのではなく、私たちがつくり出している。もちろん、テクノロジーのおかげで可能になるのだが、それらを推進しているのは、わずかなりともスポットライトを浴びたいと思って携帯やPCを操作する人間である。現代生活においては、カクテルパーティーの場合と同じく、ノイズはけっして偶発的な産物ではない。それはあらゆるところに存在し、それぞれの必要に迫られた数多くの人間によってつくられる。

実際、個人がみずからメディアをつくって発信できるので、人々が消費する情報の質と量は以前とは様変わりした。カリフォルニア大学サンディエゴ校の研究者によれば、二〇〇八年に消費された情報の量は一九六〇年の三倍にのぼる。そして、われわれが消費する情報の三分の一は（テレビやラジオのように一方通行ではなく）インタラクティブ、すなわちだ双方向だという。

二〇一三年の春、この「第一金曜」のパーティーの数カ月後、ツイッターは一日当たりのツイート数が四億であることを発表した。一年前の三億四〇〇〇万から一七・六％の増加である。それでも、米国で一日に送信されるテキストメッセージの数（六〇億）に比べればまだまだ少ない。さらに、一日当たりのＥメールの数は全世界でざっと一五〇〇億にのぼる。フェイスブックも忘れてはならない。二〇一二年夏の発表によると、ユーザーの一日当たりの投稿コンテンツ数（情報更新、写真、動画、コメントなど）は二五億だった。

職場にも影響は及ぶ。カリフォルニア大学アーバイン校のグロリア・マーク教授の調査によれば、一般的なオフィスワーカーは三分ごとにさまざまな媒体による刺激を受け、仕事を中断されていた。二〇〇四年のデータだから、まだインスタントメッセージやフェイスブックが広まる前である。二〇一三年には、中断の間隔が二分になった。その原因は、新しい刺激に対する反応（受信したメールへの返信）、またはタスクを変更したいという内的衝動（メールを書いて気分転換）である。

ほかにも副作用がある、とガザリー博士は考えている。オンライン医学誌が次々に登場しているため、新しい動向をもれなく把握し、どれが妥当でどれがそうでないかを見きわめるのが難しくなっているというのだ。

「医学誌がどんどん出てくるので、そこに掲載される論文に追いつくのが難しい。いえ、多すぎてほとんど不可能です」。博士は研究者として論文を発表し、講演を行い、マスコミにも登場する。もう「過飽和」状態だという。

パーティーの席で、ガザリー博士は古風な美人客の注意を引く。タイトスカートをはいた長い黒髪の女性が、敬愛のこもった視線を彼に送ってよこす。お近づきになるのはあとにして、と彼は言う。「注意力の働き、そして現代社会でそれがいかにもろいかについて、もうひとつ説明する方法があります」。ディストラクション（人の注意をそらすもの）の持つパワーを私に教えてくれるようだ。

ミッキー・ハートの紹介でパトリック・マーティンという男性に出会った、と博士は説明する。パトリックはマジシャンだ。モハメド・アリやダイアナ妃のほか、「各国首脳の前でマジックを披露しました」。

ガザリー博士いわく、このマジシャンは人の注意力を操作する名人である。まわりをぐるりと聴衆に囲まれた部屋で、自分の思う場所に全員の注意を向けさせ、彼らが集中しているつもりのものから注意をそらすことができる。

最近、博士はこのマジシャンの影響でディストラクションについてよく考える。それは必ずしもアテンション（注意）の反意語ではない。だが、手強い敵ではある。ディストラクションというレンズを通してアテンションサイエンスを見るのは大いに意味がある、とガザリー博士は考えている。パトリックも交えて食事でも、と博士は私を誘ってくれた。その目で確認しなさいとのはからいだ。

「ディストラクションはじつに強力な武器です」と彼は言う。

8 テリル

テリル・ダニエルソンが一〇年生のころのある晩、寝室のドアが勢いよく開いた。真夜中だ。これも恐ろしい体験として鮮明に覚えている。父親がまたドアのところに立っていた。今度はサックスを抱えている。

真っ赤な顔でサックスに息と唾を吹き込むが、キーキーやかましい音がするだけで、とても音楽には聞こえない。とんでもなく酔っ払い、とんでもなく怒っていた。

「やめて。みんな寝てるのよ！」

「うるさい！」

彼は家のなかをうろうろしはじめた。テリルはドアを閉め、騒音を遮るためにレコードをかけた。

テーマは変わらないものの、物語が新しい章に入った。そんな状況だった。敵はますます強力になっている。このころのダニーは毎日、朝から飲むようになっていた。みんなが寝るのを待ち、マイケルの金色のサックスを取り出して吹きはじめる。ときには何時間も。

テリルはバスタブや食器棚、自分の寝室にサックスを隠した。ダニーは彼女を起こし、サックスを出せと迫った。娘を非難し、脅した。このころの彼女は父親につかみかかるのをやめていた。いまや神経戦の様相を呈している。ダニーがサックスを見つけることもあったし、テリルがどうにか眠れることもあった。学校でよい成績をとろうなどとは思わなかったが、学校生活を乗り切るには睡眠が欠かせない。それでも成績はなんとかAやBをキープした。

日記のなかで、彼女はそれぞれの日に評点をつけていた。たいていはDとかFだ。でも、どうしようもない。ダニーがはっきり言ったのを覚えている。キャシーが出て行ったら、ミッチェルがどうなっても知らないぞ、と。「ダニーがミッチェルを誘拐するんじゃないかという恐怖が私たちの頭を離れませんでした」とテリルは言う。警察は役に立たなかった。ときおり電話をしたが（近所の人が電話をすることもあった）、彼女は絶望的になり、ダニーと同じように話をうやむやにした。彼は警察に「家族の問題だ」と説明するのだった。

テリルはまた、母親のキャシーに非難されているような気がした。娘の私がダニーをそそのかしている、と。テリルはほとんどのルールを守っているつもりだった。家のなかを散らかしてはだめ、外にいなさい、電話に出ないこと……。なぜ電話をとったらいけないのかわからないが、それがルールだった。

あんたがあの人を敵に回すから事態が悪くなる、と母親に責められているような気がしていた。それから、銃撃の恐怖。父親はときにマグナム銃をちらつかせた。そのほか、鎮痛剤がたくさん入った茶色い袋も持ち歩いていた。彼はそれをウォッカで胃に流し込んだ。

ダニーは酔うとときどき、テリルとマイケルに自分は本当の父親ではないと言った。朝になって母親にそのことを尋ねると、酔っ払ってたんだから無視しなさいと言われた。

テリルは当然、友だちを家に招くようなまねはしなかった。だが一度、母方の祖父母を訪ねたおり、地元教会のビショップの娘を自宅に誘った。泊まりがけの訪問だったが、そこにも邪魔が入る。真夜中に泥酔したダニーが現れ、ミッチェルをどうにかしてやると脅迫した。まただ。少なくともテリルにとっては。だがビショップの娘、ジュリーは壁とピアノのあいだに隠れてすすり泣いていた。翌朝、予定より一日早く少女は家に戻り、その後は二度とテリルに話しかけなかった。

テリルが最初に逃げ込んだのは本だったが、一六歳のときにはもっと具体的な手を打った。地元ダウニーの若者雇用プログラムに参加し、小さな会計事務所を紹介してもらったのである。

ダウニーの小規模なオフィスプラザ、マーク・マンデルとミリー・マンデル夫妻が所有する地味な二階建てビルにその事務所はあった。夫妻はともに公認会計士、ともに再婚だった。子どもは八人いたが、みんな成人し大学を出ていた。テリルは時給二・五ドルで電話対応や書類ファイリングの仕事をし、ミッチェルに新しい靴やときにおもちゃを買ってやった。インパネが合板の、赤い中古のフォード・ピントもただ同然で購入した。

会計事務所では静かに仕事をした。にこやかに、でも目立たないように。ハイスクールと同じだった。授業中、あからさまに眠らないよう気をつかっていたから。成績は平均三・二ポイント（B程度）をなんとか維持したが、自分は「学校一くだらない女の子」だと思っていた。

最上級生のとき、チアリーディングチームの入団テストを受ける。ある夜、昔から家族ぐるみのつきあいだったナンシー・スミスの家へ行き、練習していたチアダンスを披露した。テリルはとてもうきうきしていた。そこへダニーが現れる。酔っているのか鎮痛剤を服用しているのか、テリルを口汚くののしりはじめた。「徹底的にこきおろしていましたね」とナンシーは回想する。「小さな虫を押しつぶすみたいに」

この酔っ払いがテリルのあとを追ったのは、彼なりに娘におびえていたからだろう、とナンシーは考えた。「あの子は父親よりも賢くて頭が回ります。いつも二歩くらい先を行っていました」。それでダニーは「あいつは屈服しない。言葉で征服できない」といらだつことになった。ナンシーによれば、父親の酒を捨てるのはテリルの役回りだった。キャシーにはできなかった。ダニーが空のボトルやコップを見つけたら何をするか知っていたからだ。「それはもうとんでもない事態になるわ」と、キャシーに言われたことがある。

キャシーがダニーと別れなかったのは、家族が金銭的に養われていたからだろう、とナンシーは考えている。ダニーがしらふのときは何も問題がなかった。「かつかつの暮らしというわけではありませんでした」。それに、「キャシーはいい人でしたが、自立するだけの学歴がなかった」。いまとは違って、妻が不意に夫のもとを去るなんて考えにくい時代だった。また、ダニーは基本的に人前では誰も虐待しなかった（少なくとも肉体的には）から、家族が何を言っても説得力がない。チアリーディング事件のように、彼が人前であれだけ悪態をつくのは珍しかった。「そんなふうに、けっこう抜け目ない人でした」

卑劣なだけだ、と考える人もいる。やはり家族ぐるみのつきあいがあったパトリシア・ダイアン・ハウザーによれば、ダニーは午前一〇時には酔っ払ってわめき散らし、暴力を振るうぞと脅しをかけていた。「キャシーは私の家で何度も取り乱していました」。ダニーがミッチェルを人質にとっていたのも覚えている。こいつがどうなってもいいのかと脅したり、妻が逃げようとすると、ミッチェルは連れて行かせないと言い張ったり。

テリルの兄のマイケルはダニーに逆らえなかった、とパトリシアは言う。だがテリルは違った。「テリルは反撃しましたよ。小さいのに気が強くて」

テリルの弟、ミッチェルの記憶はずいぶん違っている（当時はまだ赤ん坊だったとはいえ）。自分が覚えている父親は偉大な男だった、と彼は言う。「僕のヒーローでした」。たしかに「問題もあった」ような気がするけれど、それは夫婦喧嘩などに起因するもので、父親がひどい人間だったわけではない――。

結局、テリルはチアリーディングチームに合格し、ふたつの褒美を手に入れた。ロイヤルブルー、ゴールド、ホワイトの各色で構成されたチーム衣装と、図書館の本とは別の逃避先である。早朝と放課後に練習があった。家にいる必要はない。フットボールやバスケットボールの選手を応援した。ひたすら明るく振る舞おうとした。

テリルがハイスクールの最上級生だったとき、母親はとうとうダニーに嫌気がさし、ノーウォークの裁判所で正式に離婚を申請した。彼女はテリルも裁判所へ連れて行った。テリルはピーター・パンみたいな襟の白いブラウスでおめかしをした。母親の勇気を誇りに思うと同時に、うれしい驚きを感じていた。ところが、法廷ではもっと大きな驚きが待ち受けていた。

審理の途中で裁判官がキャシーに尋ねたのを、テリルは覚えている。「生物学上の父親はこの未成年の娘さんの養育費を支払っていますか？」

テリルのことだ。

母親を見る。「生物学上の父親って？　生物学上の父親って何よ！」

こうして彼女は、ダニーが実の父親ではないことを知った。

母親に詳しい事情をしつこく尋ねたが、ほとんど教えてもらえなかった。父親の名前もわからない。わかったのは、ハイスクール時代のボーイフレンドで、とっくの昔にいなくなったということくらいだ。

「あの人は子どもを望まなかった。父親になることに興味がなかったの」キャシーはテリルにそう言ったらしい。

ダニーの血を引いていないと知ってテリルはほっとした。自分の価値はあの男に左右されるわけではない。ただ、彼女は怒ってもいた。父親なのに「子どもを大事にしない」男がもうひとりいたことに対して。

それでもハイスクールの卒業式の日までテリルは泣かなかった。何年も泣いたことなどない。よく晴れた日だった。ガウンと角帽というでたちのまま、彼女は感情にまかせて泣きじゃくった。悲しさ、ではない。決意だった。

「あの人たちには二度と会わない、そう思ったんです」彼女はふり返って言う。「あんなに泣いたのは人生で数えるほどしかありません」

ごみ箱にごみがたくさん入っている。上下逆さまの女性も。死んでいる。血ですべすべした脚がごみの頂上から突き出ている。

「靴の広告だというのに、これはいったいなんなのでしょう？」とテリルが問いかける。

サイプレス・カレッジの小さなステージの上。彼女は二年生になった。背後のスクリーンに、その死んだ女性の画像が映し出されている。犯罪の現場ではなく、靴の広告である。所属する討論クラブを代表して、テリルは広告のなかの暴力が与える悪影響について論じていた。

ハイスクールの進路指導教員は大学ではなく職業学校に行くよう勧めたが、テリルは会計事務所の雇い主だったマンデル夫妻に励まされて、あるコミュニティカレッジを見つけた。環境を変えてみせるという向こう見ずな信念にも後押しされた。

サイプレス・カレッジでは、パット・ゲイナーというコミュニケーション論担当教授からも激励を受けた。テリルはこの女性教授について、体格のよい、おしゃれとは無縁の、厳しい年配者という印象を受けたが、じつはまだ三〇代で、人材発掘に長けた面倒見のよい指導者だった。

「テリル、討論クラブに入ったらどう？」

そうゲイナーが勧めたのは、テリルがサイプレスに入学して数カ月たったころだ。教授はこの若い女性、みずからを律することができる熱心な読書家のなかに、強い意志の力を見てとった。

そのような励ましに飢えていたテリルは、一も二もなくこれを受け入れた。ゲイナー博士のオフィスに何時間も入りびたっては宿題を手伝ってもらった。討論クラブと競技会にはもっと時間を割いた。ある競技会の「説得」分野で、児童支援を訴える主張を展開したこともある。彼女は生まれて初めて、自身の経験を前向きに活かすことができた。これまでは自分の家庭生活をひた隠し、そこから逃げてきた。いまはそれがやる気の素、インスピレーションの源にさえなっている。

ゲイナー教授にダニーについて少しだけ話した。翌年、広告の暴力表現について話をしてみてはどうか、と教授に持ちかけられる。テリルはそれに飛びついた。プレゼンでスクリーン上に示す事例をありったけ集めた。たとえば、夫が四つんばいになった妻の首にひもをつけて引っ張っている画像。あるデパートの広告だった。

テリルはディズニーランドで乗り物係のアルバイトをしていた。持ち場はスペース・マウンテン。赤、白、ターコイズブルーのポリエステル製ジャンプスーツを誇らしげに着て働いた。たくさんの若者に出会った。近くの南カリフォルニア大学（ＵＳＣ）の学生が多い。休憩室では冗談を言い、笑い合った。宣伝どおり、ディズニーランドはテリルにとってこの世で最も幸福な場所だった。

　ゲイナー教授やディズニーランドで出会ったUSCの若者たちに背中を押され、テリルはサイプレスに二年通ったあと、いくつもの大学に願書を出した。ジョージ・ワシントン大学、ジョージタウン大学、ケンタッキー大学、カリフォルニア大学ロサンゼルス校（UCLA）、それにUSC。そして、そのすべてに合格した。自分でもよくわからないのだが、たぶん貧しい人向けの枠があったのだろう。それでもうれしかった。なかでも、ディズニーランドのあの幸せな仲間たちが通うUSCから通知がきたときは。

　USCでは犯罪心理学の授業をとった。単位がとれればいいくらいの気持ちだったが、結果的にはこれに深く心を動かされた。ダニーと何年も暮らしてきたから、「悪いやつら」の行動はお見通しである。検事になるのはどうだろう、と思いはじめた。アンネンバーグ・コミュニケーション学部のクラスを受講した。内容はおもしろかったが、実務的な印象だった。ロースクールへ行く経済的余裕はないだろう。でも、広報的な仕事をすれば食べていけるのではないか。テリルは楽観的で、ものごとに動じないたちだった。

　奨学金をもらって寮に住んだ。ルームメートは音楽専攻だったから、テリルも音楽イベントに出かけるようになった。USCのスポーツイベントなどで笑顔で人々を迎える「ヘレンズ」というグループにも加わった。自分の過去、家庭のことは誰にも話さなかったし、誰も気にするふうはなかった。テリルは心休まる思いだった。寮には守衛もいる。家にいるときのように片目を開けて眠らなくてもよかった。

しかし、ダニーは彼女をちっとも自由にさせてくれなかった。

ＵＳＣに入って一年が過ぎたある夏の日の午後遅く、テリルは弟のミッチェルを映画に連れて行った。行き先はセリトスのモール。ミッチェルは六歳のかわいらしい男の子になっていた。映画が終わって裏口から出ると、外はもう暗かった。彼女の記憶は鮮明である。いわく、ダニーの姿は見えなかったが、気づいたときにはもう遅かった。いつもの青い作業ズボンとシャツというでたちで、ふたりのすぐ横に立っていた。酒のにおいをぷんぷんさせている。

「テリル、弟にさよならを言え」

彼女は父親を見た。どういう意味だ？

「二度と弟には会えないぞ！」ダニーはミッチェルの腕をつかんだ。

「ノー、ノー！　誰か！」テリルは叫んだ。

ミッチェルのもう片方の腕をつかむ。テリルが引っ張り、ダニーも引っ張る。でも体格ではかなわない。ダニーがミッチェルを奪い取った。

「ミッチェルを失ったのはそのときです。それ以上つかんでいられませんでした。ダニーは彼を奪い、トラックに乗せると、その場から走り去りました」

テリルは自分が乗ってきたピントのところまで駆け、運転席に乗り込んだ。でも体がまひして言うことを聞かない。涙があふれ出る。興奮状態にあった。携帯電話がまだ普及しておらず、母親に電話することもできない。警察に連絡すべきだろうか。でも彼らに何ができる？　いままで何をしてくれた？

長いこと車のなかでじっとしていた。まだ興奮が収まらない。こんなに泣くのはハイスクールの卒業式以来だろう。その状態のまま、彼女は家まで車を運転した。怒りと無力感で何が何やらわからない。その代償はあやうく高くつくところだった。身も心もくたくただったため、高速のままカーブでハンドルを切り、ピントが横滑りしたのである。車はコントロールがきかなくなったが、最後の最後になんとか体勢を立て直した。

ミッチェルは無傷で帰還したが、テリルの心には新しい傷跡が残された。くり返し見る悪夢の種がまた増えた。自宅で寝るときは必ずその夢を見た。ダニーがミッチェルを連れ去り、おまえは弟にもう会えないと脅す。そして夢のなかでは、たしかに二度と会えなかった。

この事件についてミッチェルの記憶は違っている。父親がやってきたのは、テリルが遅くまで自分を連れ出していたからだ、と彼は言う。父親は車から出なかったし、テリルが自分を引き渡そうとしないから腹を立てたのだ、と。「姉さんは口が立つから」とミッチェルは言う。つまりテリルがダニーを怒らせたというわけだ。その日は父親といっしょに、キャシーが待つ家へすぐ帰ったという。子どもたちの両親に対する見方、家庭内の不和に対する感じ方が少々違うことがわかる。ただ、家庭に問題があったことはミッチェルも認めている。だから、三年生か四年生のときに両親が離婚すると、一年間はベビーシッターと暮らしたいと頼んだそうである。

「子どもなりに精いっぱい反抗して、『パパともママとも暮らしたくない』と通告しましたね」

テリルの兄のマイケルは、彼が五歳、テリルが四歳のときに暴力が始まったのを覚えている。ダニーは「僕が一八歳のころまで襲いかかってきた。ある晩、解体工場にいたときだけど、酔った彼が僕に暴力を振るいはじめたので、強く押し返したんだ（そのころは僕のほうがちょっと大きかったから）。……彼は銃を持ってくると言ったよ。……それは許せなかった」テリルに宛てたEメールで、マイケルはそう回想している。解体工場では相当ひどいけんかになったらしい。別のメールでは、自分とテリルが「おれはおまえらの父親じゃない」としょっちゅう言われた話を書いている。「それを言うときはたいてい僕を壁にたたきつけ、酒のにおいをぷんぷんさせながら目の前でわめくんだ」

大学四年生だった年の感謝祭の日、テリルはキャシーと海岸へ散歩に出かけた。キャシーから話があった。あなたの実の父親から連絡があった、と。彼の新しい奥さんも交えて三人で夕食をとったらしい。キャシーはテリルとマイケルの写真を彼らに見せた。子どもたちがどんなふうに成長したか、彼は知りたがったが、彼らの父親にはなりたがらなかった。そう聞かされた。テリルは母親に腹を立てていた。私と無関係でいようとする男に写真を見せるなんて――。

この生活から逃げ出す方法はあるだろうか？　夢のなかでさえテリルはそのことを思った。恐怖と孤独から解き放たれ、陽気で楽天的な暮らしを手にするにはどうすればよいだろう？

ひとつ確かなことがある。家族を持たない、結婚しない。かつては日記に、モルモン教の寺院で結婚式を挙げて家庭を持ちたいと書いた。でも気が変わった。自分と同じ経験を子どもにさせるおそれがある。自分自身でコントロールできないことが多すぎるのだ。

9 レジー

州警察官のリンドリスバーカーは、蹄鉄工のカイザーマンとレジーにもう一度話を聞こうと考えた。

事故の数日後、レジーの母親のメアリー・ジェーンに電話をする。午前九時ごろ。彼女はその日の郵便配達に出かけようとしているところだった。

「弁護士がいないとちょっと困ります」と彼女はリンドリスバーカーに言った。

会話が険悪な雰囲気になったのを彼女は覚えている。「何か知ってるだろうと、あの人は私を責めはじめたんです」ふり返って彼女は言う。

事故のとき、レジーはメールをしていたのかとリンドリスバーカーは尋ねた。

メアリー・ジェーンによれば、こちらを非難するその中身にも態度にも腹が立ったという。リンドリスバーカーは「じつに不愉快」な男だった。「あんなひどい扱いを受けたことはいままでありません」

この警官はけんか腰だと彼女は思った。いったいなんなんだ？　警察というところに敬意を払ってきただけに、よけいいらいらした。

質問の中身に関しては、事故の原因は天候、つまりはハイドロプレーン現象だと本当に信じていた。「死ぬほど怖くて」涙を流しながら電話を切った。

それでもふたりは、レジーの追加インタビューについていちおうの合意をみた。

数日後、リンドリスバーカーはトレモントンの市庁舎に出かけて蹄鉄工のカイザーマンに会った。彼は事の詳細を絵にして教えてくれた。悲劇の一端を担ったことに困惑し、苦しんでいた。

次はレジーの番だ。リンドリスバーカーの電話が鳴る。ショー一家に雇われた弁護士からだった。レジーはインタビューに応じない、質問にはすべて私が答えると弁護士は言った。

リンドリスバーカーはいらだちを覚えた。「弁護士か。自分は何もしゃべらないつもりだな。隠し事があるからだ」


メアリー・ジェーンはベッドルームの扉を開けた。レジーは前見たときと同じくベッドにいた。壁のほうを向いている。携帯電話が彼の後ろ、ベッドの上に投げ出してある。

「レジー」

彼は半分ほどふり向いた。やはり心休まらぬ夜だった。ずっと事故のことを反芻し、亡くなったふたりの男性とその家族について考えていた。これからどうなるのだろうと思い悩んだ。母親がベッドに腰かける。

「誰かと話をしたほうがいいわ」

母が何を考えているのかはわかった。ほんの数ブロック先に、ゲイリン・ホワイトという心理カウンセラーのオフィスがある。その裏手には、教会のリーダーも務める夫のラッセル・ホワイトの歯科医院があり、レジーも歯の治療にはそこへ通った。

「いやだ」

「胸のつかえを下ろすだけよ」

何かが明らかにおかしかった。事故から二日たつが、レジーはほとんど部屋から出ていない。家からは一歩も出ていなかった。そして母親は息子の胸の内をよく理解していなかった。「表へ出て何かをする資格などないと感じていました」とレジーは言う。「自殺願望というのではなく、人生を楽しむ資格がないというか」

あの車に乗っていたふたりは、もう人生を楽しむことができないのだ。

メアリー・ジェーンが去る。レジーは考えた。他人の助けを借りるなんて正気の人間がやることじゃない。

男のなかの男、スポーツマンがやることじゃない。トレモントンでそんなことができるもんか。

「『フライデー・ナイト・ライツ』*を見たことがあるなら、あれがまさに僕たちでした。同じような場所に、同じような問題」と、レジーの親友、ダラス・ミラーは言う。運動部の連中はだいたい大きな顔をしていたが、少なくともダラスに言わせれば、スポーツ重視といういかにもアメリカ的な虚飾の陰には大きな恥部が隠されていた。頻繁な飲酒――週末の夜に野外で「キース

* ハイスクールフットボールを題材にした映画およびテレビドラマ

トーン」ビールをがぶ飲みする。家まで酔っ払い運転で帰ることもあった。婚前交渉や妊娠もしょっちゅうだった。「自分たちの町を不当におとしめるつもりはないけれど、スポーツ選手はみんながみんな信仰に忠実だったわけではありません」

それは一般的な見解とはまったく違っていた。自分は舞台裏を知りやすい立場にあったからだ、とダラス自身は考えている。小さいころから反抗的だった彼は教会を拒絶した。言うこととやることが違う偽善者のいる場所だと思ったからだ。両親とは折り合いが悪く、レジーの部屋で夜を過ごすことが多かった。飲みすぎて正体を失うこともあった。

実際、ダラスなら何かしら悲劇に巻き込まれても不思議はなかった。でも、レジーは? 事故の件を聞いたとき、ダラスは思った。「やつにだけはこんなこと起こらないと思ってたのに。いつも正しい選択をし、正しいことをする男だったから」

レジーはダラスを落ち着かせることができた。ハイスクールの最上級生だった一月、身長一八五センチ、体重九二キロのダラスはバスケットの練習中、チームメートの顔にボールを投げつけ、それが直撃した。ふたりはにらみ合いになり、いまにも殴り合いのけんかが始まりそうな雰囲気だった。「レジーは僕をつかんでロッカールームへ連れて行きました。長いこと話をしました」とダラスはふり返る。それからこう言い足す。「僕がアドバイスをもらうのはレジーだけでした」

「彼は聞きじょうずでした。聞き役を終えると、僕のいちばんためになりそうなことを言ってくれるのです」

もちろん誤った判断をして、ふたりの男性を殺すような人間ではない。きっと恐ろしい事故だったのだ、とダラスは思った。誰も悪くない。でも悲劇は起きた。

「僕は乱暴者だったけど、彼は穏やかなやつでした。聞きじょうずで」

レジーの最初にして最大のライバルは兄のニックだった。みんなはレジーとニックが双子だと思った。レジーは年のわりに大きく、ニックは年のわりに小さかった。レジーのほうが年上だと思われることもあった。ふたりは「競争の文化」にあおられ、何ごとにおいても競い合った。

「僕が子守をするときは、クラッカーをめぐって争わせたもんです」と、ふたりの兄、フィルは冗談めかして言う。「勝った者だけが食べられるわけです」

ふたりは外でバスケットボールや野球を、家では床やカウチに座ってフットボールのテレビゲームをした。

初めてのゲーム機、ニンテンドー・エンターテインメントシステムを手にしたのは、一九九〇年代初頭のクリスマス。四角いグレーのボックスで、長方形のコントローラーにはシンプルなボタンがいくつかついていた。彼らは「テクモスーパーボウル」というフットボールのゲームをした。レジーがまだ五歳そこそこのころだ。数年たつと、セガ・ジェネシスに移行した。一六ビットのプロセッサを使っていたので、八ビットのニンテンドーの倍の処理能力がある。このころからゲーム機は、世代とともに急速にパワーアップしはじめる。グラフィックスやサウンドが向上し、もっと複雑な課題やデータを扱えるようになった。

次いで、同じく一六ビットのスーパーニンテンドー、レースゲームの「マリオカート」へ進んだ。ライアンという名のフィルの友人がショー家の裏手のワンベッドのアパートに住んでいた。夏の朝には、ニックとレジーは裏口をノックするライアンに起こされ、いっしょに「マリオカート」をした。

「何時間もやっていました。野球やフットボールの練習があるときは一息入れ、練習後に帰宅してまたやりました」とレジーは回想する。

レジーが育った時代にはテクノロジーの並々ならぬ発展が見られた。彼が生まれる少し前の一九八三年、『タイム』誌はパーソン・オブ・ザ・イヤーをもじってパーソナルコンピュータを「マシン・オブ・ザ・イヤー」と名づけた。表紙に書かれた文句は「コンピュータがやってくる」。

レジーがテクノロジーを使うようになったのは、全米でテクノロジーの導入が進んだ時期と重なる。カイザーファミリー財団が一九九九年にいち早く実施しはじめた一連の調査に、その現象を見てとることができる。調査結果からは、若者による各種メディアの利用が爆発的に増えたことがわかる。

最初の調査（一九九九年）では、子どもがメディアを使う時間は一日平均五時間二九分だった。内訳を見ると、八〜一八歳の子どもは幼児の倍近い時間を使っていた。また、男の子のほうが女の子より、マイノリティのほうが白人より、使用時間がわずかに長い。

一九九九年にはテレビが最もよく利用されており、一日に二時間四五分。これに対して、音楽

（テープ、CD、ラジオ）は八五分、読書や読み聞かせは四四分だった。一方、コンピュータで楽しむ時間はわずか二一分、テレビゲームは二〇分。インターネットはほとんど使われていなかった。

二〇〇四年の第二回調査ではそれが一変し、五年前には主流でなかった新しいメディアの台頭が見られた。たとえばインスタントメッセージは、五年前にはほぼゼロだったのが、二〇〇四年には子どもがいる家庭の六〇％で使われていた。インターネットを使う家庭の割合は、一九九九年の四七％から七四％に増加した。

二〇〇四年の調査によれば、八～一八歳の子どもの約四〇％が携帯電話を持っていた（主には一八歳かそれに近い年長者）。前回調査では携帯電話の保有者はほとんどおらず、データすら残っていない。

二〇〇九年の第三回調査では、若者によるメディア利用がさらに拡大した。八～一八歳の子どもがメディアを使う時間は一日平均一〇時間四五分である。

どうしてそんなことが可能なのか？　起きている時間にも等しい長さではないか。答えは「マルチタスク」である。調査によれば、その年齢層の子どもは「娯楽メディア」にだいたい七時間三〇分使っていたが、その多くはマルチタスク、つまり一度に複数のメディアを使っていたため、その時間がダブルカウントされた。

メディアの分野でも、一日のかなりの部分、子どもたちの注意力が分散された恰好である。

この変化の大部分は、ｉＰｏｄや携帯電話などのパーソナルデバイスの利用拡大によるものだ。八～一八歳の携帯保有率は五年前の倍には届かないものの、約六六％になった。

注目すべきは、これら新しいメディアが増えたぶん、テレビの視聴時間が減ったことだ。子どもが昔ながらのテレビを見る時間は、二〇〇四年から一日二五分短くなった。だが、よく見ると落とし穴がある。子どもたちはいまや、携帯、インターネットなど、コンピュータ上でテレビ番組にアクセスしているのだ。その結果、テレビのコンテンツの総視聴時間はじつは伸びている。二〇〇九年の段階で、子どもが一日にテレビ番組を見る時間は、前回調査の三時間五〇分から四時間三〇分に増えた。そして、動画視聴時間のうちおよそ一時間は、テレビ以外のデバイスで行われていた。

ちなみに二〇〇九年の調査レポートでは、携帯電話でのメールや通話はメディア利用の定義に含まれず、別途集計されている。ハイスクールの生徒は平均で一日一時間三五分、テキストメッセージを利用していた。その他のメディアに加えて、これだけの時間が上乗せされるわけだ。

ハイスクールの生徒にかぎらず、運転中に携帯電話を使う人が相当いる。二〇〇七年にネーションワイド・インシュアランス社が行った調査によると、七三％の人が運転中に携帯で話すと答え、なかでもティーンエージャーのドライバーの利用率がいちばん高かった。

レジーの成長と合わせてティーンエージャーのメディア利用が急増し、それにともなってマルチタスクも拡大したのである。

レジーはソーシャルテクノロジーを必要としていたわけではない。彼は十分にカリスマ性をそなえていた。ごく静かなカリスマ性ではあったが。注意を引きたいと望むわけでもないのに、みんなから好かれた。女の子にももてた。起きているときは彼女たちのことをよく考えた。初めてどうしようもなく気になったのは、カミである。友だちの紹介で会い、強く惹かれ合った。

友だちや家族は詳しい事情を知らなかった。たとえば最初、ダラスはカミのことが好きでなかった。レジーが親友の自分より、この背が高いブルネットの女とたくさんの時間を過ごすことにがっかりした。まあ、そこそこかわいい娘だとは思ったが。レジーとカミはいつもいっしょだった。人前で軽くキスを交わしたり、手を握り合ってカウチに腰かけたり。

ダラスはその後、レジーとカミが互いに夢中であるという事実を認識するようになった。「初めは彼女につらくあたりました。でも、とてもやさしい娘だったんです」

レジーの母親の考え方は違った。

「町の人はみんな、彼女がカミを好きでないことを知っていました」ダラスはメアリー・ジェーンについてそう述べる。「息子が本気になって、町に縛りつけられるのを望んでいませんでした」

メアリー・ジェーンはその点を隠そうとしない。「見た目はかわいらしいのに、個性というものがまったくありませんでした」と、歯に衣着せずに言う。「ひどい女でしたよ」

なぜこれほど激しい物言いになるのか？　メアリー・ジェーンは、カミがレジーの伝道活動の邪魔になると考えていたのだ。この若い女は情熱を武器に、レジーの夢を置き去りにしようとしている――。

その正否はともかく、メアリー・ジェーンが考える陰謀論は、家族がレジーの伝道活動――本人も公言する強い願望――にいかに思い入れを持っているかの表れである。

ハイスクール卒業後、レジーはバージニア州の大学に一年通い、バスケットボールに精を出した。チームの一員に選ばれるほどの実力だったが、奨学金をもらえるだけの学力はなかった。レジーは知らないのではないかと父親のエドは言うが、家族が少なからぬ授業料を支払ったのは、レジーをカミから引き離しておきたかったからだ。

もちろん、彼の恋愛や結婚を家族も望んでいたが、優先すべきは布教活動で、すべてはそのあとのことだった。

バージニア時代のレジーは、まずまずまじめな学生として楽しい時間を過ごした。ジャンプシュートにも磨きをかけ、いくばくかの自信をつけた。

五月に学期が終わると、彼は伝道へ出るために家に戻った。六月、事故の数カ月前、ヴァン・パークと夫人のリサはガーランド・タバナクルで開かれたレジーの送別会に出席した。ガーランド・タバナクルは正面両脇に尖塔を配した、赤レンガの質素な教会である。なかに入ると、天井から吊るされた円筒照明の下に、ダークウッドの座席。レジーは短いスピーチをした。その後、一行はショー家へ場所を移して、簡単なお祝いのランチを食べた。

その日の午後、レジーはパーク家を訪ねた。ハイスクールからほんのワンブロックの場所にある、二階建てのファイブベッドルームの家だ。彼らは家の外で話をした。パーク夫妻が、がんばってとレジーに声をかける。娘と結婚させてもよいと思っているほどの子である。

「彼がカナダへ行くのは、私にとってもすばらしいニュースでした」とリサは言う。

そのほんの数日後、レジーはきまり悪い思いで帰郷した。

「彼のことを知っていましたから、ちょっと問題があっただけで、またちゃんと任務に戻るはずだと思いました」とリサは言う。「『がっかり』なんて全然思いませんでした。本当のクリスチャンなら、そんなふうには考えません」

そして、九月二二日がやってくる。その夜、リサはヴァンから事故の件を聞いた。だが何日かたつまで、事の重大さがわからなかった。その日、彼女はいつものようにトレモントンの小さなネイルサロンを訪れた。透明なマニキュアを塗り、フレンチチップをつけてくれた女性スタッフは、シャンテル・グベリ。カミの兄の結婚相手である。

「レジーの件、信じられる?」とシャンテルに訊かれたのを覚えている。

シャンテルの話を聞けば聞くほど、リサは心が痛んだ。路面が悪かったか、それとも不慮の事故だったにちがいない。レジーに非があるはずがない。「彼は子どもじゃありません。もっと責任感がある人間です」

「亡くなった男性の家族についてシャンテルが教えてくれました」とリサは言う。「遺族はレジーを許せないだろう、と思ったのを覚えています」

10 レジー

事故から三日後の午前、レジーは久しぶりに外出した。雪が降っていた。外は明るいな、と思う。シボレーのイグニッションにキーを差し込み、ひとりで車を出した。車とすれ違うたびに怖さを感じる。そう、死の恐怖。ふと思い立ち、結局はカウンセラーに会うことにした。

階段を上ると、母親に勧められたカウンセラー、ゲイリン・ホワイトのオフィスが見える。レジーは態度を軟化させていた。オフィスは小さく、壁のひとつには天井まで届く書棚が設置されている。ゲイリンはデスクの向こうに座っていた。ラップトップPCが載った簡素なデスクである。レジーはデスクの前に置かれた椅子のひとつに腰かける。ゲイリンが何よりも先に気づいたのは、レジーの悲しげな目だった。前から彼を知っているが、思えば、おおらかで明るい人間なのにいつも悲しそうな目をしていた。でも今回は、その悲しげな目の奥に楽しげな雰囲気は何も感じ取れない。

もちろん、彼女は事故のことを知っていた。その件についてレジーがどう言うのかを聞いてみたかった。彼は事故の日の朝のことを話しはじめた。目覚ましが鳴っても気づかなかったので母親に起こされたのだ、と。そのときには彼は泣いていた。すすり泣きながら、デスクの上のティッシュの箱を引き寄せる。彼は打ちのめされていた。この物語の恐ろしい結末を知っていたのだから。でも、記憶の細部はかなり抜け落ちている。何が起きたのか、思い浮かべることができなかった。

SUVで丘を上り、反対側へ下ったことを彼は話した。天気が悪かった。

「センターラインを越えました。少しだけ。それで車にぶつかったんです」

彼は泣いていた。

「レジー、なぜ起きたことを思い出せないんだと思う?」

彼は肩をすくめた。心のなかで考える。〈僕にとって細部が重要ではないからだ。本当に大切なのは、あのふたりの男性が亡くなったということ。遺族はこれからどうするのだろう?〉

ゲイリンは耳を傾け、ラップトップにその内容をタイプした。いつものようになるべく静かに入力したから、レジーが気をとられることはない。だが、タイプする量はいつもより少なくした。レジーがいずれ罪に問われることになったとき、法的な資料として使われる可能性も考えて、メモはあまりとらないほうがよいと早い段階で気づいたからだ。医師と患者のあいだの守秘義務があるとしても、文章に残す内容については慎重を期したかった。

彼女はレジーに、なぜ事故のときに起きたことを思い出せないのだろうと尋ねた。わからない、と彼は言う。ゲイリンは推測してみる。「ショック状態に陥ったんじゃないかしら。だから覚えてない」

レジーはうなずく。そうかもしれない。「こんなことをしでかすなんて信じられません」

何も思い出せなかった。たんなる事故のはずじゃないか。でも、だったらどうして、何かしら後ろめたい気持ちになるのか？

ゲイリンはレジーにちょっとした課題を与えた。運動、日記、瞑想。また会いましょうと言うと、レジーは同意した。キースとジムの家族に手紙を書いてみなさい、と彼女は言った。送らなくてもいい。まずは自分を表現すること。

彼は自分の部屋へ戻り、さっそく手紙を書きはじめた。ジムとキースの家族への手紙。そこには何度もこう書かれていた。〈ごめんなさい。ごめんなさい。ごめんなさい〉

面会後、ゲイリンはレジーの人生そのものについて考えないわけにいかなかった。彼は厳しい状況に置かれ、伝道から戻ったばかりだった。ゲイリンはレジーを裁くつもりはない。だが、本人がそんなふうに考えていないことも理解できた。彼は自分自身や家族、地元の人たちをがっかりさせたと感じ、苦しんでいるのではないか。「やむなく帰郷するなんて想像できないことです」伝道活動の途中で意気消沈して戻ってくるということについて、彼女はそう話す。そのような人は雑音を避けるため、しばらく場所を変えて生活するほうがよいのかもしれないが、どうなのだろう。「地元へ戻ってくるというのは驚きです。なかなか考えられません」

一〇日後の一〇月五日、レジーはまたゲイリンを訪れた。今回は気分がいい、と彼は言った。

「見た目は大丈夫そうでした」と彼女はふり返る。前回ほど不安げではなかった。彼女のノートにはこうある（レジーの許可を得て引用）。「何よりも、あのとき道路にいなければよかったのに――そんなふうに彼は言う」

レジーの気持ちが落ち着いたとも、不安や息苦しさがなくなったともゲイリンは考えていなかった。一時間六五ドルのカウンセリング料（保険はきかない）が家族の負担になることを、レジーはわかっているのではないか。彼は誰かを、とくに家族を困らせることを嫌う。伝道から戻ってきたばかりのいまだからこそ、親きょうだいを失望させてはならない。法律違反、投獄など、自分のトラブルで家族にさらなる不名誉を背負わせてはならない。そんなたくさんのプレッシャーが彼にかかっていた。

ゲイリンは彼に話して聞かせた。過去はわれわれの背後にできた道であり、これからたどる運命の道ではないことを理解しなければならない、と。

もちろん、もう一度彼に会うべきだと思ったが、それがかなうとも思えなかった。

事故と伝道の失敗とのあいだにどういうつながりがあるのか、考えてみた。詳しいことはわからないが、伝道に出る前の何かしら不適切な行為について、彼がプロボの宣教師訓練センターの誰かに打ち明けていた可能性はある。

それは立派な心がけだ、と彼女は思った。結果的に真実を述べたのだから。しかし、そもそも訓練センターへ行ったのだとすれば、それまでのどこかで嘘をついたことになる。伝道への参加を妨げるような問題（婚前交渉など）は何もない、と言わざるをえなかったのだろう。

ゲイリンは考え込んでしまった。レジーは事故のせいで本当にショックを受けたから、何が起きたかを思い出せないのだろうか？　それとも、もっと狡猾な企みがそこにあるのか？

「事故をめぐる彼の葛藤が本物なのか、また別の嘘なのか、私は測りかねていました」


伝道活動についてはゲイリンの言うとおりだった。レジーは伝道に行くまでの過程で何度か嘘をついた。セックスについてビショップを欺いた。

べつに大きな嘘、ありえない嘘というわけではない。若者が婚前交渉について両親や教会関係者に嘘をつくのは、まあよくある話だ。それに、レジーが狭いモルモンコミュニティの一員として感じた文化的圧力がなくても、彼らはそういう嘘をつく。トレモントンの人たちが使う言葉そのものが、その圧力の強さを物語っている。レジーが帰郷したとき、メアリー・ジェーンが恐れたのは「不名誉」である。ゲイリンは、伝道に失敗した人たちはどんなふうに帰ってくるのだろうとも考えた。このような環境だから、レジーはさらしものにされているような気持ち、家族に恥をかかせたというつらい気持ちを味わったかもしれない。

オフィスでレジーと向かい合っているとき、ゲイリンは考えていた。最初の伝道の失敗で、レジーの立場は厳しさを増しただろうか。彼はすでに、家族を一度がっかりさせたと思っていた。そして今度は、帰還後まもなく、死亡事故にかかわる車の運転者となった。彼にもし何か誤りがあったとしたら？　この若者は二度目の失望に耐えられるだろうか？

そして、ゲイリンは事の顛末をすべて知っているわけではない。いくつかの嘘のせいでレジーがいかに苦しんでいたか、困難な真実に直面したときの自分の振る舞いにいかに辟易していたかを。

バージニア州で大学一年生だったころの感謝祭の休暇中に、レジーは家族やカミ、それからビショップに会うため、トレモントンに戻った。ビショップのデイビッド・ラスリーはレジーの実家のすぐ近くに住んでいた。

ビショップは重要な仕事であるが、モルモン教以外の人たちが思うほどのものではたぶんない。ビショップは各地の「ワード」（高度に階層化されたモルモン組織の小さな、しかし重要な構成単位。いわば地方支部）を束ねる、在家の指導者である。各ワードには五〇〇人くらいの人がおり、だいたい一〇のワードが「ステーク」を構成する。ステークの指導者はステーク会長である。

レジーは人生の大目標である伝道活動について、ビショップのラスリーと話し合う場を設けた。ビショップの質素なオフィスで、どれほどの情熱、関心、志があるかを尋ねられた。婚前交渉をするなど、教義に反する行為をしていないかも尋ねられた。していない、とレジーは請け合った。

それは真実だった。ただし、長くは続かなかった。

数週間後、レジーはクリスマス休暇にまた帰郷する。ある午後、彼は気がつくとカミの家にいた。ふたりはこうなることをずっと話してきたのだ。カミの寝室へ行く。クイーンサイズのベッドが置いてある。

カミはレジーに愛していると言った。レジーも彼女に愛していると言った。そんなせりふを吐くのは、相手が誰であれ初めてだった。

ふたりは交わった。とてもよかったし、楽しかった。「一九歳でした。本当に大切だと思っていたのはひとつだけです」。愛、それともセックス？　「たぶんセックスです」と、レジーはふり返って言う。「愛だと思っていました。でもいま思えば、愛と欲望、当時はそのふたつがとても近かった」

そして、そこに罪の意識が入り交じった。童貞を失った数日後、彼はいつものように教会へ行った。でも祈ることができない。

「いつもの日曜日のように振る舞い、教会へ入ろうとしたのですが、何かしっくりこない。場違いな感じでした」

数日後、レジーはフォローアップミーティングのためにビショップのオフィスをまた訪ねた。

「女性関係はまだ大丈夫ですか？」とラスリーが訊く。

「はい、問題ありません」とレジーは答えた。ビショップの目をまっすぐ見ようとする。

数時間後、彼はカミと会った。彼女が尋ねる。「話したの？」

「ああ、うん、話したよ」。一度だけ大目に見ようと言われた。そう彼は説明した。「大丈夫、行儀よくしてれば伝道に出てもいいって。もうやらないようにすればね」

カミにも嘘をついた。

もし彼女に本当のことを話せば、彼女がビショップか誰かに話すと思ったのだ。彼を伝道に行かせず、この町にずっととどまらせるため。

「カミは私が行くのを望んでいませんでした。ずっと家にいて結婚してほしかったのです」

カウンセラーのゲイリンのところでは、その話は出なかった。でも、その件はレジーの心にずっと重くのしかかっていた。これはある意味で原罪みたいなものだ、と彼は思った。自分のなかの後ろ暗い部分にまつわる、恐ろしい何ものか――。

「私の人生の大きなポイントでした。そして私は、人々の目をまっすぐ見て嘘をつくことを選んだのです」

ゲイリンとの面談の合間の九月二八日、レジーは二度目の外出をした。父親のエドが紹介してもらった弁護士のジョン・バンダーソンと、昼ごろに会う約束だった。バンダーソンのオフィスは車で二〇分ほどのブリガムシティにある。エドもその町の機械工場で働いていた。

メアリー・ジェーンがレジーを乗せてトレモントンを出発し、ブリガム・インプリメント社でエドをピックアップする。エドの会社は農機具を販売していたが、機械加工工場も併設され、彼は一〇年近くそこのマネジャーとして事業規模の拡充に貢献した。金属製作、航空機の搭乗用ブリッジや自動車のエアバッグの部品製作、さらには自転車の修理、灌漑用水路の部品製作など、ちょっと変わった仕事もこなした。

いずれにせよブルーカラーである。工場はトタンで覆われ、大型加工機械の周囲の床は金属の削りくずだらけ。その機械の立てる音がつねに工場内に響く。建物の前には、修理待ちのローダーやトラクターがずらっと並んでいる。だが、立地環境には文句のつけようがなかった。西を見れば、ロッキーの山々が街並みのはるか向こうに屹立《きつりつ》している。

一家はバンダーソンのオフィスに車で向かった。郡庁舎近くの一階建てのビルにオフィスはある。すべてに無頓着で、なにやら見苦しい印象の建物だ。ピンクのだらしない外装に、大量生産された郵便受けの上にはワシの姿。荘厳な郡庁舎や、手入れの行き届いた周辺の高いビル群とはまったく対照的である。ここは一八七七年にブリガム・ヤングが最後の説教をした、歴史ある町なのだ。

バンダーソンのオフィスに入ると受付スペースがあり、緑の縞模様の壁紙が貼られていた。けっして豪華な内装ではないが、レジーはすぐにバンダーソンは信頼できると思った。小柄な男性で、年齢は五〇代後半くらい。口ひげを生やし、スーツとネクタイを着用している。声は少ししわがれており、静かな意志を感じさせる。威厳と知恵をそなえているように思えた。事故の朝起こったことについて、彼は基本的な質問をした。レジーは覚えている内容を話した。涙ぐみはしたが、カウンセラーのゲイリンに会ったときほど感情的ではなかった。彼が口ごもると、両親が代わりに答えた。

レジーは最後に、事故は濡れた路面のせいだと思うと言った。

「その日の天候はよく覚えています」と、バンダーソンも同意した。そういう悪条件のもとで何か悲劇が起こるのは驚くべきことではない、と彼は言った。

彼はレジーに尋ねた。事故の直前ではなく、事故のさなかに携帯電話を使っていたか、と。いいえ、とレジーは答えた。

電話の請求書のコピーをもらえるかとバンダーソンが尋ねると、レジーの家族は「もちろん」

と言った。

バンダーソンはレジーに安心しろと言い、いくつか指示を与えた。ジム・ファーファロ、キース・オデルの遺族とは接触しないこと。レジーになんの非がなくても、「謝れば罪を認めることになる」。

「大丈夫、レジー」とバンダーソンは声をかけ、次いで家族全員に「進展があったらお電話します」と言った。

レジーは少しほっとし、牢獄行きは遠のいたと安心した。事故についてすっかり打ち明けた気持ちになった。ふり返って彼は言う。「知っていることすべて、覚えていることすべてを話したと信じつづけていました」


それから数週間後の一〇月二一日、マイケル・テイラー・ウィックという名前の一七歳の少年がキャッシュ郡の九一号線を南へ向けて走行していた。同乗者はやはり一七歳のクリストファー・リー・ドリアス。ふたりはキャッシュ郡でローガンに次いで大きな町、スミスフィールドにあるスカイビュー・ハイスクールのフットボール選手だった。時間は午後六時一五分。

ハイウェイパトロールによると、ウィックの車は横滑りして道路からそれ、あわてて戻そうとしすぎたために反対車線に入ってしまい、向こうから来るピックアップトラックと高速で衝突した。ふたりの若者は即死した。

仮報告書では、この不可解にも思える事故の原因を特定できなかった。ティーンエージャーがまた自動車事故を起こしたのだろう、くらいの認識である。

「彼は四年間、チームのメンバー、それも主力メンバーでした」と、コーチのクレイグ・アンダーはウィックについて言う。「ショックです」

最終的に、考えられる説明がひとつだけあった。事故のさい、ウィックが携帯電話を手にしていたという情報が地元の検察に寄せられたのである。だが、ふたりの少年がすでに死んでいたため、検察はそれ以上深追いしなかった。

11 神経科学者

ヘルムホルツとドンデルスが人間の脳の能力を測ろうとしはじめたのは、一九世紀のことだ。そして次なる先駆的な脳科学者たちは、第二次世界大戦からインスピレーションを得た。驚くほどパワーを増した機械や戦争の武器に人間のオペレーターがついていこうとする、その苦労ぶりに着目した。

そうした先駆者のひとりがアン・テイラーである。第二次大戦が始まり、爆弾が雨あられと降り注いだときは、まだ五歳かそこらだった。彼女は耳をつんざくようなサイレンの音を聞いた。母親か父親に妹のジャネットとともに抱きかかえられ、じめじめしてかび臭い地下室に連れて行かれた。飼っているトラネコのティンクルもいっしょだ。そして彼らは待った。鉛筆と要らなくなった紙を持ち込んで、時間つぶしに絵を描いたりもした。

アンが少し大きくなっても、ドイツ軍の戦闘機は頭上を飛んでいた。彼女はそんな戦闘機の絵も描くようになった。

警報が解除されると、家族は家の一階に戻った。イングランドのケントにある小さな家だ。

ケントは、フランスのナチスの飛行場とロンドンのほぼ中間地点に位置している。母親は専業主婦、父親はメドウェイ地域の町、ロチェスター、ギリンガム、チャタムの主任教育官だった。リビングの壁には地図が貼ってあり、父親のパーシーは小さなフラッグピンを地図上で動かして、前線がどうなっているかをわかるようにした。

英国のみならず全世界で戦火が激しさを増した。機械化された戦争だった。戦闘機や戦車に乗った人間、銃や大砲、高性能兵器で武装した人間が、何百万という兵士や市民の体を引き裂いた。同時に、これと関連して、機械は重要な科学的用途にも供された。高度な兵器を扱うパイロットや兵士がどのくらい集中力を維持できるのか、研究者たちが測定しようとしていたのである。パイロットはコックピットの計器をチェックし、無線を聞き、対空砲火を避け、敵機と空中戦を展開しながら、時速何百キロも出る戦闘機をどう操縦しているのか？　地上の兵士はまわりに爆弾が降り注ぐなか、正しい空爆ポイントをどうやって知らせるのか？　航空管制官は激しい戦闘のなか、レーダースクリーン上の輝点《ブリップ》をどう追跡するのか？

「彼らはこういうスクリーン、こんな旧式の画面とにらめっこしながら、ドイツ機接近などのシグナルを探していました。そしてしょっちゅう見落としていました」と語るのは、ブリティッシュコロンビア大学でコンピュータサイエンスを担当するアラン・マックワース教授。計算知能分野のカナダ・リサーチ・チェアという肩書も持っている。

マックワースは一九四五年生まれで戦争を知らないが、「戦争の科学」については詳しい。みずから研究を重ねたし、父親もその真っただ中にいたからだ。ノーマン・ハンフリー・マックワース、通称「マック」は英空軍に勤めていた。理論的研究をしていたのではなく、パイロットやレーダーオペレーターが大量の情報にさらされても注意力を失わないよう支援し、生命を救おうとしていたのである。

「危機レベルは並大抵ではありませんでした」とアランは言う。もしレーダースクリーンを見誤ったり、ほかのことに気をとられたり、うとうとしたりすれば、たくさんの命が失われる。村々が燃やされる。大袈裟でもなんでもなく、戦いの勝敗が左右されるのだ。

ドナルド・ブロードベントという、一七歳で英空軍に志願した少年がいた。彼はのちに、先輩のマックワースとともに、アテンションサイエンスの草分けとなる研究を行うことになる。ブロードベントの関心も戦争に端を発していた。パイロットが集中力を切らさないよう努めながら、ごく基本的な課題に日々直面しているのが彼にはわかった。「ニュー・ワールド・エンサイクロペディア」で、ブロードベントのかつての同僚が次のように語っている。

「AT6戦闘機には座席の下に同じようなふたつのレバーがありました。ひとつはフラップを上げるためのもの、もうひとつは車輪を上げるためのものです。ドナルドの同僚たちは離陸中に誤ったレバーを引き、高価な飛行機を野っ原に不時着させることを頻繁にくり返していたそうです」

カンザス大学の心理学教授、ポール・アチリーは、第二次大戦中のこの人間と機械のせめぎあいが大きなきっかけとなり、人間の脳をよく理解しなければならないという切迫感が科学者のあいだで高まったと指摘する。

「レーダーオペレーターやパイロット、彼らはとてもやる気に満ちているのに、敵機の襲来を見落としたり、誤った町に爆弾を落としたりしました。なぜ失敗したのでしょう?」

彼らはみずからの脳の限界に突き当たっていた。「テクノロジーがわれわれの認知能力を追い越していたのです」とアチリー博士は説明する。「機械は数値化できても、人間はそうはいきません。認知神経科学はそこからスタートしました」

ノーマン・マックワースはインドで生まれた。父親は英国人の眼科外科医で、地元の人たちに白内障の手術をしていた。一家はその後英国へ戻り、マックはアバディーンで成長して科学者になった。機械いじりが好きで、ピアノの腕前もなかなか。そして彼自身、注意持続時間が短いほうだった。集中するテーマがめまぐるしく移り変わる傾向があったものの、サイエンスの世界では相当の成果を収めていた。あちこち跳び回りたいという衝動を抑えられない人物だけに、第二次大戦中に「マックワース・クロック」を考案したのも、驚くべきことではないのかもしれない。

黒い箱の上に点がひとつあり、それが時計の秒針の先のように円形に動く。基本的には一秒間隔で動くのだが、たまに一気に二秒分など不規則な動きをすることがある。これは周期的に、だが予測のつかないタイミングで起こる。被験者はその異常な動きに気づいたらボタンを押す――という、まあそれだけのものだ。

何分かたつと、被験者の集中力(シグナル検出能力)は目に見えて落ちる。スクリーンの前に一日八時間座りっぱなしのレーダーオペレーターが、生命にかかわる輝点、ドイツの爆撃機を見落としたとしても無理はない。だが、なぜそうなるのか？

地下室への避難中に落書きをしていた幼いアン・テイラーには知る由もないが、この人間と機械とのかかわり――戦時下に生き延びようとする苦闘――は、次なる注意力研究の土台になろうとしていた。ヘルムホルツとドンデルスに始まった探究は次なる大きな転換期を迎えつつあった。そして、のちに結婚してトレイスマン姓となるアンは、その新しいステージの中心を担う研究者のひとりとなる運命にあった。


「アン・トレイスマンはすばらしい」とガザリー博士は言う。「まさしくパイオニアです」

アメリカの定番料理を出す高級レストラン「マーベリックス」。ここは彼の家から徒歩一分と近いので、博士とガールフレンドのジョーが頼めば出前もしてくれる。ふたりがこの店の常連なのは言うまでもないが、新しい体験や新しい刺激が好きなガザリー博士が、ここではいつも同じものを頼んでしまう。南部風フライドチキンのビスケットとグリーン和えである。

ガザリー博士は人を説得するのがじつにうまい。テーブルを囲んだ客は博士以外に六人いたが、そのうち五人にしっかりフライドチキンを売り込んでいた。一流マジシャンのパトリック・マーティンもそのひとりだ。体格がよく、髪は短いカーリーで、革のジャケットを着ている。目をいたずらっぽく輝かせ、何かを注意深く観察しているように見える。

夜が更け、博士の家で第一金曜のパーティーが始まったら、彼はマジックを少し披露してくれることになっている。アテンション（注意）とディストラクション（人の注意をそらすもの）が持つパワーをもっと実証するために。

いまはガザリー博士が、アテンションサイエンスがたどってきた歴史や、現代の研究の礎を築いた研究者を簡単に紹介している。

トレイスマン博士はどんなところがすごかったのでしょう？

「『ボトムアップ型注意』に対するわれわれの理解を助けるうえで、彼女は欠かせない存在でした」とガザリー博士は言う。

アンの一家は戦争を無事生き延びた。彼女は学業成績がとてもよかったため、学校から、ケンブリッジやオックスフォードへの入学が許される数名のひとりに選ばれた。彼女は以前から自然科学への興味を表明していたが、父親は娘に教養がないと考えていた。それでケンブリッジ大学でフランス文学を勉強することになった。

そこでも成績優秀だったので大学院の奨学金を受けられると言われたが、中世の詩だけを三年間学ぶのは窮屈な感じがした。それで、ちょうど注目度や信頼性が高まっていた心理学の学位をめざしてもよいかと大学に問い合わせる。

「向こうはびっくりした様子でした。『ネズミばっかりですよ！』。おもしろいかも、と私は言いました」

当時の心理学が主に焦点を当てていたのは行動主義である。B・F・スキナー、ジョン・ワトソンといった研究者が、ものごとへの反応のしかたで人間の行動を理解できるという考え方に注目していた。脳のなかで何が起きているかは、あまり注目されなかった。当時、それはいわば謎のブラックボックスで、その中身は観察しようがなかったのだ。

指導教官のひとり、リチャード・グレゴリーの影響で、トレイスマン博士は考え方を変えてみようと思い立つ。グレゴリー博士は奇妙な実験や楽しい実験をあれこれ試す人だった。たとえば、首への負担が視力にどう影響するかを示すため、重いヘルメットをかぶって教室中を歩き回る。すると視力の変化が実感できる――。物理的環境によって、頭のなかで起きていることがはたして変化するのか？　この研究はドンデルスやヘルムホルツの研究、脳の活動は測定できるという考え方と響き合う部分があった。

ノーマン・マックワースはケンブリッジ大学応用心理学部門の初代責任者を務めた。その同僚だったブロードベントは一七歳のときに英空軍パイロットのミスを目のあたりにし、その後、認知心理学の開拓者のひとりになる。戦後、彼は聴覚チャネルについて研究し、私たちが何に焦点を合わせるのか、どれくらいの情報を、どんな条件下で吸収・処理できるのかを知ろうとした。それは同じく英国の研究者、エドワード・コリン・チェリーが一九五三年に名づけたカクテルパーティー効果の先駆けだった。

ドナルド・ヘッブというカナダ人研究者は、別の角度から探究を試みていた。中枢神経系の組織や神経回路網は注意力とかかわりがあり、注意力に影響を及ぼすという理論を彼は立てた。行動研究を越えて脳の物理的構造にも目を向けた神経科学者として、彼の名前や研究は広く認識されるようになる。一九四九年のヘッブの著書『行動の機構』*は、脳の注意ネットワークの構造を

* The Organization of Behavior

研究する新しい方法に光を当てるものだった。

この分野で重要な研究者は以上のほかにもいたが、総じて、戦後には新たな「贅沢」が許された。つまり、パイロットやレーダーオペレーターの集中力をいかにして持続させるかという、生死にかかわる差し迫ったプレッシャーから解放されたのである。また、一般的な意味のテクノロジーが日常的に人々の注意をそらすという考え方はまだ存在していなかった。

結局のところ、コンピュータや通信を毎日のように利用する人はまだほとんどいなかった。たとえば、AT&Tは一九四五年に米国のいくつかの大都市圏で、軍用無線技術に由来する一種の携帯電話サービスを開始しているが、これはひとつの都市で同時に二〇人までしか利用できなかった。

一九五〇年にはアメリカの家庭でテレビ――人々の暮らしの一部となった初めてのスクリーン――を持っていたのは約九%である（一九六二年には九〇%の家庭がテレビを持っていた）。

研究者たちは、レーダーオペレーターが居眠りする理由を知る必要に迫られていないこともあり、もっとフォーマルで計画的な新しい実験に乗り出し、人間の「心の能力」を測定しようとした。

「行動心理学は認知革命へと変化していきました」とトレイスマン博士は言う。「脳はどのように、どれくらい情報を処理するのか？　そして彼女は言う。「どんなものごとが脳に過大な負荷をかけるのでしょう？」

一九五七年、トレイスマンは博士号をとるためにオックスフォード大学へ移った。彼女はキャンパス中にチラシを掲示して心理学実験の被験者を募集し、多数の応募者を得た。被験者は背の低い木の机が置かれた小さな部屋に入る。机に置かれているのは、ブレネル社の2チャンネルテープレコーダーとヘッドフォン。被験者がヘッドフォンをつけると、左右から同じ本の違う一節が流れてくる（たいていはジョセフ・コンラッドの『ロード・ジム』）。トレイスマン博士は被験者に、片方の耳（たとえば左耳）に入ってくる一節を聞き取り、すぐにそれを復唱するよう指示する。右耳に入ってくる内容を無視するのがコツである。

そこへ博士は、ちょっとしたひねりを加える。最初の五〇語くらいが終わったところで、左右から流れるフレーズを入れ替えるのである。左耳から聞こえていたものは右耳から、右耳から聞こえていたものは左耳から聞こえるようになる。すると約六％の確率で、左耳で聞いたものを復唱するうち、無視しているはずの右耳から入った言葉が交じるようになった。

トレイスマン博士にとっては、基本的な結論がふたつあった。第一に「注意力フィルターはきわめて効果的である」。だが第二に「フィルターによる遮断効果は完全ではない」。

これは当時としては有力な発見だった。たとえばブロードベントは、フィルターは完璧だと考えていた。人間は望むものに集中し、それ以外のものは遮断することができる、と。心理学に大きく貢献したブロードベントだが、その考え方はやや単純すぎることがわかった。それはヘルムホルツ以前、人間の反応時間が限りなく速いと思われていたのと同じである。

では、どのようなものがフィルターを通り抜けるのか？　ちゃんと集中しているつもりのときでも、どのような妨害や刺激が立ち現れるのか？

すぐ近くの研究室では、ネビル・モレーというトレイスマン博士の同僚が、やはり被験者にヘッドフォンからふたつの違うメッセージを聞かせることで（「シャドーイング法」として知られる）、興味深い発見をした。ひとつのメッセージを聞いている被験者は、反対側の耳から自分の名前が流れても三〇％ほどしか認識できなかったのだ。

トレイスマン博士自身、無視しようとしても聞こえてくる情報について、間接的な発見をしている。それは偶然のできごとだった。あるとき、彼女は『ロード・ジム』ではなく、大作映画でも知られるボリス・パステルナークの『ドクトル・ジバゴ』の一節を流してみた。すると、ひとりの被験者がそれまで見たこともない行動をとりはじめた。両方の耳から流れる『ドクトル・ジバゴ』のフレーズを復唱しはじめたのだ。両方の情報に注意を払えるとは、きわめて異例な能力に思われた。

「あとでわかったのですが、彼はパステルナークの甥でした」と、トレイスマン博士は笑いながら言う。おじさんの作品には精通している、とその被験者は公言した。博士は推測する。たとえ何かを積極的に無視しようとしても、われわれは心の奥底のどこかでそれに注意を払っているのかもしれない――。

「私たちの自覚以上にモニタリングが行われているのかもしれません」とトレイスマン博士は言う。「テーマが重要だったり関連が深かったりすると、予期せぬちょっとしたメッセージでも認識されるのでしょう」

　トレイスマン博士の研究により、注意力フィルターの限界がはっきりした。また、アテンションサイエンスで最も重要な新しい原則をかたちづくる主要素も明らかになった。すなわち、脳内には「緊張」があるということだ。注意をつかさどるシステムのふたつの側面が綱引きをしている状態である。ひとつは「ボトムアップ型注意」、もうひとつは「トップダウン型注意」と呼ばれる。

　トップダウン型注意は、たとえば仕事上のプロジェクト、ヘッドフォンから流れる『ロード・ジム』の聞き取り、車の運転などに気持ちを集中させるときに使われる。そうした行動に目標や照準を合わせるのに有効である。

　ボトムアップ型注意はそれとは違って、自分の名前、鳥の羽ばたき、電話のベルなどにすぐ気をとられてしまうことと関係がある。感覚的な刺激や状況的な手がかりによって、無意識のうちに、自動的に発動される。

　トップダウン型注意もボトムアップ型注意も生存には欠かせないものであり、両者のバランスもまた不可欠である。もしトップダウン型注意がなければ、重要な目標に照準を合わせることができない。だが、ボトムアップ型注意がなければ、危険事態などの新たな刺激に気づくことができない。洞窟に住む人が火を起こすのに夢中になりすぎて、ライオンが近づく音に気づかなかったらどうだろう？

トレイスマン博士らが登場する以前は、たとえ瞬時に反応できないとしても、人は自分の注意力や集中力をコントロールできると思われていた。トレイスマン博士らは、脳のなかで激しいせめぎあいが起きていることを知ったのである。

ガザリー博士の家では、第一金曜日のパーティーが例によって始まろうとしている。パトリック・マーティンのマジックもいよいよ始まる。どなたかお金をお貸し願えないか、と彼は問いかける。ひとりの女性が二〇ドル札を一枚差し出すと、パトリックは許可を得てその札をチェックする。マジシャンならではの演劇センスも少々交えながら。札を伸ばし、二～三度指ではじき、アンドリュー・ジャクソンの肖像が描かれたごく普通の二〇ドル札であることを示す。タネもしかけもありません。

キッチンとリビングを仕切る木の下に彼は立っている。近所のネオンライトが大きな窓から差し込む。フロアのあちこちにあるたくさんのスピーカーから、なにやら新しい音楽が流れる。しかし、早めにパーティーにやって来た五人の目はすべてパトリックに、とりわけその手に注がれている。

右手の親指と人差し指で二〇ドル札をつまんだまま、彼は左手を左のポケットに入れてライターを取り出す。炎を札に近づける。ちょっと皺が伸びたように見える。彼の言葉を借りれば「手の切れる新札」になったように。だが火はついていない。彼は隠し事がないことをにこやかに示す。ライターと札だけ。そしてごく普通の男。ライターをポケットに戻す。どんなごまかしも見逃すまいという全員の視線を感じているにちがいない。

彼はその二〇ドル札を貸主の女性に見せる。何も変わったところはない、と彼女は証言する。するとと彼は札を指の上に載せてバランスをとる。次いで手のひら、それから三本の指の上。次に、彼は手を上下逆さまにする。それでも二〇ドル札は、まるで引力に逆らうように指にくっついている。

「これはマジックではありません」とパトリックは言う。「サイエンスです」

札が落ちないようにする化学物質か何かを手につけているのだと考えざるをえない。

すると彼は二〇ドル札から両手を離した。

空中に浮かんでいるように見える。

五人の聴衆の何人かが息をのむ。

数秒後、パトリックが息を吹きかけると、札はひらひらと落下し、最初にそれを差し出した女性の足元に着地する。あっけにとられている聴衆を彼は見る。女性はかがんで二〇ドル札を拾い、みんなにそれを見せる。たしかに、もとのままのアメリカの古い二〇ドル紙幣。接着剤のような痕跡もなければ、空中に浮いていた原因らしきものも見当たらない。

ガザリー博士が、いま見たものに対する心の葛藤を打ち明ける。その場にいる他のメンバーと同じく、博士も何か魔法のような現象が起きたのではないかと考え、パトリックの芸術的才能に驚嘆している。と同時に、別のレンズ、すなわち科学のレンズを通して彼の技を見てもいる。それはわれわれの「注意システム」のもろさを明らかにする。パトリックは私たちに悟られることなく、その技をやってのけた。私たちのトップダウン型注意の上を行った。いんちきをしているんじゃないかと思わせることなく、これから起きる驚くべきできごとへの期待感を盛り上げた。自分のゴールを私たちのゴールに転換させた。このドラマの結末はどうなるのだろうと。

だが同時に、彼はたぶん私たちのボトムアップ型注意をもてあそんでいる。ちょっとした動きであちこちに注意を引きつけながら、目新しいものに反応してしまう（それはそれで重要なことなのだが）われわれの爬虫類脳に働きかけている。どんぴしゃのタイミングで動けば、私たちの目を巧妙なトリックからそらすことができるのだろうか？　彼は笑いを引き起こして、トリックの徹底解明を難しくしているのだろうか？

この実演は次世代の注意力研究、そして二〇世紀の新しい発見の土台になる種類のものだった。「われわれはどちらも同じことがらに関心を持っています。でも取り組み方は違います」とガザリー博士がパトリックに言う。「ふたりとも注意の働きを理解したい。私はそのために脳のなかをのぞきます」

さきほどのマジックは、なぜテクノロジーが人間の脳や注意システムに強力に働きかけるのかを示唆するものでもある。

二〇世紀の後半にテクノロジーが軍や企業から一般家庭へ入り込むと、各種デバイスは巧みにわれわれの注意を引くようになった。必ずしもこっそり盗み出したとか、だましたとかいうのではない。だが、われわれがそれほど虜《とりこ》になる理由が、研究者たちにはわかってきた。パーソナル通信デバイスは人々のトップダウン型注意とボトムアップ型注意の両方をこれまでにないレベルで引きつけているのだ。それも本人が気づかないうちに。

そうしたデバイスは、マジシャンのパトリックのようにわれわれにある種のストーリーを提供する。答えを知り、タスクを完了させ、あらすじを追おうとするトップダウン型注意に働きかける。デバイスそのものが、われわれの生活、仕事、人間関係の物語なのだ。これからどうなるか？　仕事の具合はどうか？　夫や妻、子どもたちはどうか？

しかも、光や音を出してこちらの気を引こうとするから、人間は自己制御がきかなくなる。新しい情報を持ち込み、チャイムを鳴らし、色やイメージを変えて語りかける。これはわれわれの目標を強化する可能性もあるが（なにしろ重要な情報を教えてくれるので）、こちらが望まぬときでも、あるいは運転中などの危険な状況にあるときでも、あくまで注意を引きつづける。

さらに、とガザリー博士は言う。この魔法のようなデバイスをつくるテクノロジー企業は、私たちの近しい仲間になろうと意欲満々である。

「テクノロジー企業は単位時間当たりに占拠する脳の領域を増やそうとしています。そういうビジネスモデルといってよいでしょう。製品やサービスにお客さんがかかわればかかわるほど、あちらは儲かるしくみです。どうやったらできるだけどっぷり引き込めるかを彼らは考えています」

二一世紀になり、ガザリー博士のような科学者たちは、先人の一五〇年の足跡《そくせき》を受け継ぐように、テクノロジーを利用して人間の注意システムのしくみを突き止めようとしている。彼らは先輩たちと同じく、テクノロジーがこのシステムに大きな圧力をかけており、つくった人間さえもがそれについていけなくなっていることを知っている。

それから、もうひとつ重要なピースがあり、もうひとり重要な科学者がいる。その名は、デイビッド・ストレイヤー。ガザリー博士の友人、協力者だ。ユタ州出身の彼は、一五〇年の歴史を誇る注意力研究を新しい問題に適用した研究者として有名である。すなわち、現代の最新テクノロジーは運転中のドライバーの集中力にどんな影響を及ぼすのか？

12 レジー

一〇月の後半、レジーは仕事に就いた。自宅から二分のマードック・シボレーという自動車ディーラーである。レジーが事故の日に運転していたシボレー・タホを一家が買ったのもこの店だ。ただ、レジーはその事実にあまり思いをめぐらせなかった。

仕事を紹介してくれたのは、子ども時分の野球コーチだったアラン・ウィリアムズ。アランもそのディーラーでセールスマンとして働いていた。タイソンというスタッフが伝道活動で抜けるから、空きができたらしい。

もう冬なのに、レジーは運動用の短パンと、フード付きの安っぽい茶色のトレーナーという恰好だった。フットボールチームでレジーといっしょだったタイソン（ポジションはランニングバック）が要領を説明する。彼らは構内の小さなガレージで、青い布きれを使って販売用の中古車や新車を磨き上げた。ブラシ、ドライバー、スプレーボトルなどが壁の小さなフックにかけてある。

車体洗浄用の古いブルーのパワーウォッシャーがあった。水を加熱するはずなのに、加熱しない。そのうえ九〇キロはあろうかという代物なので、誰も動かすことができない。狭いガレージのなかは水蒸気の逃げ道がなく、いつも湿っぽかった。おかげで天井のタイルが腐食したり、はがれ落ちたりした。真冬でもレジーはガレージのドアを少し開けておき、冷たくて新鮮な空気を入れようとした。

でも、彼はこの仕事に集中していたわけではない。むしろ途方に暮れていた。タイソンがいっしょのときは話もしたが、ひとりになるとラジオを聞きながらぼんやりしていた。同じ場所を五分も乾かしていることもあった。

ときどき駐車場を横切って、フェルドマンズ&ベアリバー・プリンティングという店に行った。経営者は年配の夫婦だった。レジーと仲間たちは、あそこでコピーを頼んだら四〇分待たされる、と冗談で言ったものだ。その間にアイスクリームを注文したら、奥さんがアイスをすくうのに一〇分もかけているから、たまらずカウンターの向こうへ行って手伝いたくなる、とも。最近はレジーもそこに座ってぼーっとしているのが苦でなくなった。

彼の脳はバレー・ビュー・ドライブでおかしくなった。それを機に心の問いかけばかりが聞こえてくる。

「大丈夫?」誰かに声をかけられた。アランか、別のスタッフのひとりだろう。

「もちろん」

忙しくしていよう、と自分に言い聞かせる。いずれ、こんな状態とはおさらばできるさ。

キースの未亡人、レイラはテクノ・エレクトリックという地元の電気工事業者で簿記の仕事に復帰した。この会社にいたジョーという保険代理人が事故について耳にしており、レイラにアドバイスした。弁護士に相談するまでは、いかなる保険金の支払いも承諾してはならない、と。受け取る資格がある、ちゃんとした金額で合意しなければならないというのである。

町には比較的大きな法律事務所があった。その名もヒルヤード・アンダーソン&オルセン。ひとり目の代表者、ライル・ヒルヤードは州の上院議員だった。三人目のハーム・オルセンは腕利きの刑事弁護士として知られていた。

レイラは電話をかけ、住宅を改装した彼らのオフィスに出かける約束をした。ハーム・オルセンは背が高くてやせたごま塩頭の男で、机の向こう側に座ってレイラの話を聞きはじめた。しかし、キースが亡くなった事故について彼女がまだそれほど話していない時点で、オルセンはこう言った。「その件ならすべて知っています」

「知ってるって?」

「ショーさん一家がレジーの代理人になってほしいと頼んできたのです。それも二回」

弁護士の説明によると、事故後まもなく、レジーの両親からアプローチがあったらしい。でも彼は断った。もう一度連絡を受けたが、やはり辞退した。

レイラは混乱した。ただの事故なのに、なぜレジーは弁護士を探しているのか? わけがわからない。

だが、それ以上は深く考えなかった。オルセンはその後も我慢強く耳を傾け、やるべきことはあまりないと告げた。訴訟を起こしてもそれほど意味はないだろう。レジーにお金がたっぷりあるわけではないし、彼に落ち度があるという明確な証拠もない。とりあえずは状況を逐一知らせてください、と弁護士は言った。

数日後、レイラは勇気を奮って事故現場へまた行ってみた。天気がいい。時間は午前。射撃場へと続く脇道に立ってみる。衝突現場からさほど遠くない。事故の残骸はほとんど片づけられていたが、痕跡はまだ残っていた。道路右側の曲がった支柱についた、ジムの車の青い塗料。車が停止した水路には、ガラスやテールランプの破片。スリップ痕。

レイラはなにやら茫然としていたものの、それ以外に気づくことがあった。路肩がほとんどないのだ。歩きやすい場所がない。車がコースを逸脱して安全に走行できるスペースがない。なんとなくではあるが、危ないとの印象を受けた。まあ、ふと思ったにすぎないけれど。

レイラは泣きだした。

セダンに乗った男が車を停める。

「大丈夫ですか?」

「大丈夫です」

もちろん大丈夫ではなかった。数日後の一〇月一九日、彼女は目が覚めるとすぐに吐いた。様子を見にきた娘のためにドアを開けてやるのもやっと、という弱りようだった。ミーガンはレイラをキャッシュバレー専門病院の緊急治療室へ連れて行った。風邪やウイルスではなさそうだ。原因は悲しみである。レイラは立つのにも苦労していた。緊急治療室では生理食塩水を点滴で五リットル投与された。

　それから一週間ほどして、ジムの未亡人となったジャッキー・ファーファロは、彼女なりの象徴的かつ困難な一歩を踏み出した。ナイトエルフ族のハンター「ムーンライズ」を復活させたのだ。

　そのためには地下室へ行き、ふたつのPCのうち自分のものを立ち上げる必要があった。もうひとつはジムのPCである。ふたりはよく並んで「ワールド・オブ・ウォークラフト」というゲームをした。ジムのメインキャラは「ツインガー」、ジャッキーは「ムーンライズ」がお気に入りだった。

　ゲームのなかでは、別々のコンピュータを操作していても、いっしょにぶらついたり、バーチャルな冒険を楽しんだりした。いま、ジャッキーはひとりでここにいる。バーチャルな世界に慰めを求めて。

　その夜、ログインしてまもなく、彼女は別のプレーヤーからメッセージを受け取った。コロラド・スクール・オブ・マインズ時代からのジャッキーとジムの古い友人、ゲイリー・マロニーからだった。彼はジムの結婚付添人を務めた男である。その夜のゲームでは魔術師だったが、現実の世界ではインディアナ州のバイク修理店で働いている。

　調子はどう、とゲイリー。

　よくはない。でもジャッキーはそれを人に言わなかった。いまもひとりのときは悲しみに暮れている。シャワー中、深夜、あるいは朝。彼女は腹をくくりはじめていた。人生への熱意にあふれていたジムのことだ、私が力強く前進することを望んでいるにちがいない。

その夜、彼女はごく自然に、ゲイリーがジムの死にどう向き合っているのかを尋ねた。そのとき、どういうわけか、彼女はちょっぴりガードを下げてしまった。

「ひとりぼっちで寂しい」そう返信したのを覚えている。「とてもつらいわ」

ゲイリーが返信する。「ひとりぼっちじゃないよ」

エンジニアとしてのジャッキーは、納得のいく説明をいまだに求めていた。衝突を避けるためにジムは何かできたのではないか？　横へ逃げることはできなかったのか？

また、ジムに何かしら落ち度があったのではないかという話——まったくばかげた物言い——にもいらだちが募った。一週間ほど前、保安官事務所のトニー・ハドソンが来たさいに聞かされたのだ。彼はこの件で州警察官のリンドリスバーカーを手伝っていた。

ジャッキーは以前、ジムの生命保険の手続きに警察の報告書の写しが必要だったため、保安官事務所に電話したことがある。「どうぞお越しください」と先方は言った。だが、保安官事務所へ行くにはバレー・ビュー・ドライブを通らなければならない。自分の人生を前へ進めると決意はしたものの、最愛の人が息を引き取った場所を通るのはまだ気が引けた。

ハドソンは彼女に同情し、ユタ州の職場まで報告書を届けてくれた。書類を渡すとき、彼はジャッキーに言った。レジー・ショーが弁護士を雇った。しかも、センターラインを越えたのはジムだったかもしれないと述べているようだ——。彼女のなかで何かがくすぶりはじめていた。

レジーはなぜ電話でひとこと謝罪できないのか？

13

正義を求めて

マーク・ロビンソンという名の地元警察の刑事がリンドリスバーカーの近所に住んでいた。事故の数日後、彼はリンドリスバーカーから電話を受けた。

「やあマーク、ちょっと質問していいかな？」

「ええ、どうしました？」

「携帯電話の通信記録を調べたいんだが」

「お手伝いしますが、ちょっと面倒ですよ。なぜです？」

「死亡事故を扱っててね。原因になったドライバーがメールをしていたんじゃないかと」

「やれるでしょう。簡単ではありませんが」


リンドリスバーカーの仕事はこの時点で終わっているはずだった。事件や事故の捜査が行き詰まったり、時間的に州警察官の手に余ったりすると、専任捜査官に引き継がれる。この場合の捜査官はスタン・オルセンといった。

レジーの弁護士、バンダーソンが自分用に書いたメモによると、オルセンから電話があったのは一〇月二五日である。バンダーソンはこう念を押した。「私がレジーの代理人であり、クライアントは警察に何もしゃべりません」

メモにはこうある。〈オルセンは了承した様子だが、州警察官がこの件に首を突っ込んでいるらしい〉

バンダーソンはレジーがメールをしていたのかどうか、一家に尋ねていた。レジーは母親に、電話は使っていないと語っていた。「確信があるようです」と、母親はバンダーソンに言った。バンダーソンの依頼で、彼女は電話代の請求書のコピーを取り寄せた。一一月初旬のことだ。

わかりづらい請求書だった。なにしろ四つの電話が関係している。だが彼女が見たところ、テキストメールの記録はなさそうだった。請求書には通話記録しかないように思える。それこそメールのやりとりがなかった証拠だ、と彼女は考えた。きっと大丈夫――。

「請求書がそれで全部かという疑問は思い浮かびませんでした」と、彼女はふり返って言う。それに、レジーのことを疑う気持ちもあまりなかった。

彼女は請求書をバンダーソンに渡した。とくだん問題点を指摘されなかったので、かなりほっとした。

「親は子どもを信じたいものです」と、彼女は当時をふり返る。

一方、父親のエドはなおも心配でならなかった。ただ、その気持ちを大っぴらにはできない。

不安を抱えて待ちつづけながら、その不安がいつか的中するような気がしていた。

感謝祭の数日前、リンドリスバーカーは堂々たる威容を誇るキャッシュ郡検察局を訪ねた。すでに一度、七人の検事のひとり、トニー・C・ベアードに会いにきたことがある。ベアードは受付の近くに立ち、何かの書類にちらっと目をやっていた。

「やあトニー、ちょっといいかな?」

ベアードは曇りガラスのドアを開け、リンドリスバーカーをオフィスに案内した。ふたつの肘掛け椅子のわきで少し立ち話をする。頭の上には、この荘厳な建物のあちこちに見られる黒っぽい木製のアーチ。

ベアードは身長約一七〇センチで細身だが、ジムで鍛えた筋肉質な体つきをしている。短い髪に角ばったあご、異様に歯並びがよい。いかにもアメリカ人的な顔つきで、その競争本能がほんのわずかに垣間見える。敵の弁護士にしろ被告にしろ、この人物を怒らせたら怖いと警戒するのは間違いない。

服装は彼の定番、デパートで買った黒のスーツと白いシャツ。父親が思って(願って)いるよりもずっと高級品である。

実家はユタとアイダホの州境近くの小さな田舎町、ルイストンで酪農場を営んでおり、ベアードは昔からそこを継ぐよう言い含められていた。「実家の農場を継げと父が迫るので、ちょっと大学にでも行ってみようかなと」。彼はユタ州立大学に通った。すると父親が彼を農場に引き戻そうとする。「それでちょっとロースクールにでも、と」

ブリガム・ヤング大学のロースクールを卒業したベアードは、ユタ州のいくつかの郡検察局で働いたあと、ローガン市の検事を一年務め、一九九七年にキャッシュ郡の検察局に加わった。二〇〇六年には刑事部門の副責任者をしていた。

トライアスロンのトレーニングのためにいつも午前四時半に起きていたベアードだから、リンドリスバーカーの粘り強さには共感できた。「ちょっとばかし有名な男でした」とベアードは言う。リンドリスバーカー本人から聞いたらしい。「なんというか、敵を追い詰めるんですな。でも、仕事に熱心すぎるというふうには思いません」

一一月下旬のその朝、リンドリスバーカーはよくある頼みごとをしにきた。ショーの事故をもっと調べることについて裁判所の承認を得たい、と。とくに、レジーの電話の記録を召喚（記録の提出を要求）したかった。彼はベアードにあらましを説明し、病院へ向かうパトカーのなかでレジーがメールを打つのを目撃したと付け加えた。レジーは嘘をついているのではないか、とリンドリスバーカーは言った。

ベアードは事情をのみ込んだ。召喚を求めるのはよくあることだが、この状況は普通ではない。運転中のメール？　たしかに話に聞いたことはあるが、法的に問題になった例は知らなかった。「扱ったことのない事案でした。初めてのケースです」。ベアードは、リンドリスバーカーがこの問題に注目するのは「興味深い」と思った。無駄骨になりかねないという意味も含めた表現だろう。そもそも本件を追及するための法律があるのだろうか、と彼は考えた。

どうにもならない、というのが直感だった。でもベアードはリンドリスバーカーが好きだった。それに、裁判所に召喚（記録の提出要求）を認めさせるのは法律上それほど難しいことではない。警察の次なる捜査を許可するのだから、大義名分は立つ。

彼はリンドリスバーカーに、供述書に記された事実を整理し、それもいっしょに裁判所に提出するよう助言した。

これで電話の記録、裏づけとなる証拠がきっと入手できるだろう——。

14 神経科学者

さまざまな研究分野がそうだが、注意力の研究も二〇世紀に大きく進展した。研究者は新たなハイテク技術を使って、注意にかかわる物理的構造を細胞レベルまで明らかにした。こうした進歩の一端は、前出のオレゴン大学・ポスナー博士の著作に簡潔にまとめられている。

たとえば一九七〇年代、研究者は微小電極を使って、頭頂葉と呼ばれる脳の部位について調べた。これは注意の変化に重要な役割を果たす箇所である。実際、ポスナー博士ものちにその発見に一役買っているが、この頭頂葉を損傷した患者は状況に応じて注意をシフトするのが苦手だった。

微小電極を使うことで、注意の変化に応じて脳が資源を再配分するための時間も測ることができた。たとえば誰かが閃光を見た場合、この新しい視覚刺激から約一〇〇ミリ秒後に、その人は神経学的な変化を示した。こうした測定により、脳の反応時間をもっと正確に把握できるようになった。ヘルムホルツならびに精神時間測定（脳構造研究の一環）に連なる発見である。

その後、テクノロジーの進歩にともなって、ポジトロン断層法（ＰＥＴ）、ＭＲＩ、ｆＭＲＩ、

EEGなど、画像撮影法も向上した。おかげで研究者は神経ネットワークの細部や全体像を詳しく調べることができた。このネットワークに含まれるのは、前帯状皮質、背外側前頭前皮質、そして肝心要の前頭前皮質など。被験者が何かに神経を集中させようとしたり、情報に圧倒されて注意ネットワークに大きな圧力が加わったりした場合、これらの領域が血流の増減などの変化を示す。

ポスナー博士は自著『社会における注意』[*]で次のように書いている。「いまや注意力というものを、その機能を解剖するように、ひとつの器官系として具体的に見ることができる」

研究者は、視覚や聴覚の能力と限界、反応時間、注意（と学習）およびワーキングメモリー（日々の暮らしに必要な短期記憶）の中心となる脳のネットワークや部位について、それまでになかった知識を得た。注意力を、それぞれ独立しているが排除しあうわけでもない構成要素（サブネットワーク）にまで分解した。すなわち、人はどのように注意力をコントロールするのか、注意力をどう維持するのか、どのように情報を収集・活用するのか、無関係な情報をどう締め出すのか？　また、人間の行動の神経基盤についてもわかってきた。MITでは主にサルを使って、前頭前皮質のいわば強力で多機能なニューロンを特定した。この実行制御にかかわるニューロンは、脳のもっと原始的な部位の専門特化したニューロンとは違って（たとえば視覚野のニューロンは、赤色なら赤色だけを特定する役割を担うとされる）、脳のさまざまな場所からの情報を整理し、方向性や目標、重点を決めるのに役立っているようだ。

プリンストン大学の研究者たちは、画像技術をサルと人間に用いて、ふたつの異なる情報源を

＊　*Attention in a Social World*

考慮しなければならないとき、脳に何が起きるかを詳しく検証した。どうやら脳内には一種の競争状態が生まれるらしい。その人にとって最も気になる視覚刺激に多くの神経資源が投じられるわけだが、同時に、この「気になる」情報に向けられる神経資源が増えると、「それほど気にならない」情報に投じられる神経資源が減少する。当たり前に聞こえるかもしれないが、そこには大きな意味がある。ある重要な問い――デジタル時代にとくに重要な問い――の答えに近づこうとしているからだ。人はあるものに注意を払うとき、ほかのものを自動的に無視するのか、それとも、ほかの刺激にどれだけ注意を払うかをコントロールできるメカニズムのようなものがあるのか？

このプリンストン大学の実験から導かれた仮説は、「注意は有限な資源である」。ある刺激（人、携帯電話、進行方向の道路など）に集中すると、それ以外のことがお留守になるのだ。この仮説が正しければ、運転中に電話に集中すると、とんでもない問題が起きる。われわれは意志の力でその両方に集中することはできない。なぜなら、人間の脳は必要と見なす情報を極端に重視するようにできており、それ以外の情報に向けられる脳活動は制限されるからだ。

しかしながらガザリー博士は、これは完全に結論が出た問題ではないと考えている。脳はその注意力だけでなくマルチタスクの能力も訓練できるのではないか、というのが彼の意見である。それもまた科学の新しい分野のひとつになった。研究者は注意力・集中力の基本的メカニズムを探るとともに、その限界を押し広げようともしはじめた。別の言い方をすれば、集中力は（それに対する理解を再度深めたとき）はたして拡大できるのか？

「私たちの『上達力』に限界はあるでしょうか？」二〇一三年夏のある晴れた午後、ＵＣＳＦの自室でガザリー博士は問いかけた。机の上には本が並んでいる。『老化と認知について』[*1]『注意と時間』[*2]『認知神経科学から見た作業記憶』[*3]。そのそばには、脳を見つめるサルの小さな銅像。机にはふたつのモニターがあり、そのうちひとつの裏側、机の隅に仏像が置かれている。

机の横のホワイトボードには、青や赤のマーカーの殴り書きが見える。さきほど、人の注意配分の神経学的基礎を明らかにするための実験に取り組んでいるポストドクターとブレーンストーミングをした、その名残である。ガザリー博士が説明する。人は比較的狭い物理的空間でものごとに集中するのは得意だが、もっと広い空間に注意を向けようとすると細部がなおざりになる。実験ではビデオゲーム技術を使って被験者に注意を配分してもらい、次いで画像技術を使ってその作業中の脳活動を測定する。はたして、もっと幅広い注意配分のしかたを被験者に教えられるだろうか？

ガザリー博士は黒いシャツとズボン、シルバーのジッパーがついた黒革のブーツという恰好だ。ひげそりあとが白く、少し疲れた表情に見えるが、博士は微笑みを見せる。よいニュースがあるらしい。

四年間手がけてきた研究が、彼の分野ではおそらくナンバーワンのステータスを持つ学術誌『ネイチャー』に採用されそうだという。この研究は、特殊なビデオゲームを使って、高齢者が一度にふたつのタスクをこなせるよう訓練できるか、彼らの集中力の持続を後押しできるかを検証するものだった。具体的には、ドライビングシミュレーターを使って高齢者の注意力の改善をめざす。

＊1　*The Handbook of Aging and Cognition*
＊2　*Attention and Time*
＊3　*The Cognitive Neuroscience of Working Memory*

『ネイチャー』に取り上げられるのは、私にとってはエミー賞をもらうようなものです」と彼は言う。あと数日もすればわかるのではないかという。長年の努力が認められるのだとしたらすばらしい。それはこの新しい研究分野が認められることでもある。『ネイチャー』がまじめに検討してくれるだけでも、この新世代の神経科学が現実の世界に受け入れられたという証になる。

一連の新しい研究は、脳内を見るための頼もしい新ツールと、ポスナー博士らの重要な発見、ブロードベントやトレイスマンらにまでさかのぼる一連のサイエンスとを関連づけた。彼らの研究は航空機に焦点を当てていた。飛行機のコックピットこそ、人間が新しいテクノロジー——われわれの脳にこれでもかという負荷をかける強力なテクノロジー——と直面する場所だったのだ。空の上で失敗を犯せば、その代償はとてつもない。生命の面でも金銭の面でも。

航空機にまつわる注意力研究（その歴史は第二次世界大戦までさかのぼる）の豊かな伝統をもとに、新しい分野が育った。アテンションサイエンスを自動車運転に応用しようとするものだ。なかでもデイビッド・ストレイヤーという科学者は先駆的な役割を果たした。もっとも、研究を始めた当初は猛反発を買ったのだが。

一九八九年、ストレイヤー博士はイリノイ大学アーバナシャンペーン校で心理学の博士号を取得した。専門は、人がどのようにその道のエキスパートになり、スキルを獲得するのか。そのスキルがどのように損なわれるのか。人はどのように情報を処理するのか。そして、どのようにして情報が人を圧倒するようになるのか。

イリノイ大学は、人間とテクノロジーの相互作用の研究（いわゆる「ヒューマンファクター」の研究）にかけては最もよく知られた場所のひとつである。同大学からは、ブロードベントやトレイスマン博士の伝統を受け継いで、航空機や軍事行動におけるテクノロジー利用の最適化について研究する世界的な学者が輩出している。基本的な考え方は、「どうすれば機械は人間に負荷をかけることなく、人間のために最善の仕事ができるか」。

それがストレイヤー博士のやろうとしたことである。一九九〇年、彼はGTE研究所で働きはじめた。通信大手のGTEは、消費者市場だけでなく、軍部を含む政府向けにも多くの仕事を手がけていた。

しかもこれは戦時だった。一九九一年、米国は湾岸戦争でイラクへ侵攻し、サダム・フセインを追い詰めようとした。それまでの戦争と同じく、科学者たちは、兵士や指揮官がテクノロジーにからめとられるのではなく、テクノロジーを最大限利用するためにはどうすればよいかという課題に直面した。だが、テクノロジーの問題はもはやコックピットのパイロットにかぎらず、さまざまな方面に影響を与えていたのだ。

通信ツールやネットワークは成功に欠かせないものになっていた。人が情報に圧倒され危険にさらされるのではなく、情報が人の命を救う——そのためのネットワークやディスプレーの構成を考えるため、ストレイヤー博士のような人間が雇われた。

この仕事は広く応用できると、彼はすぐに気づく。そこでGTEに籍を置きながら、非軍事的な問題にも考えをめぐらせはじめた。ただ、それは彼にとって悩ましい問題でもあった。GTE

の消費者向け事業とかかわりがあったのだ。携帯電話を製造し、それを自動車用に売り込むという事業である（最終的にGTEは世界最大規模の携帯電話事業者、ベライゾンに買収される）。ストレイヤー博士としては、車で電話を使うというのは問題ある行為だった。少なくともこの何十年かの研究で、パイロットの脳にあまりにもたくさんの視覚情報や音声情報、身体的要求で負荷をかけるとオーバーフローすることがわかっていたのだから。

彼はGTEの上司のところへ赴き、自動車電話のアイデアについて、「航空心理学の成果から考えるに、これは問題が多そうです」と言った。「販売を始める前に、よく考えるべきです」

それからまもなく、彼は上司から、経営陣は安全問題への対応に関心がないと聞かされる。

「そんなことを知ってどうなる？　売上の助けにはならない」

おそらく自動車ドライバーは、モバイル通信にとって最も重要な初期市場だった。実際、携帯電話の商業用途として最初に強く推進されたのは自動車電話である。

『ニューヨーク・タイムズ』紙の記事によると、一九八〇年代前半の携帯電話会社は、それをドライバー向けに堂々と売っていた。一九八四年のある広告はこう問いかける。「時速九〇キロで秘書に口述筆記させることができたら？」。携帯電話会社は時間を持て余したドライバーを客にしようと、基地局をハイウェイ沿いに集中させた。これは大成功だった。ケビン・ローという古株の通信アナリストが同紙に語ったところでは、ゆうに一九九〇年代まで、無線通信会社の売上の四分の三以上はドライバーに由来していた。「そういうビジネスでした」と、彼は『タイム』でも発言している。「車のなかでしゃべりつづけてもらうというのが製品設計の基本思想でした」

一九九〇年代前半のこうした傾向を目にして、ストレイヤー博士は決心する。GTEがかかわろうが、かかわるまいが、答えを突き止めようと。

それには答えを追求できる場所が必要だった。結果的にソルトレークシティのユタ大学がその場所になった。彼はそこで准教授のポジションを得、ブロードベントやトレイスマンをはじめとする先人たちの手法を拝借できないかと、いろいろな実験を準備する。基本的には、パイロット向けに行われた実験を自動車ドライバーや自動車電話に応用した。

そうした応用に目新しさはない。まあ常識的な考え方だ。だが社会的なレベルでは、じつに影響力の大きな研究だった。結局のところ、それまでの科学者は長いあいだ、エリート層が使うテクノロジーに焦点を当ててきた。パイロットにせよ兵士にせよ、人知を超えたデバイスを利用できる特権階級である。

しかしいまや、そのようなデバイスは日常生活の一部となりつつあった。あるいは、そうなる準備が整っていた。車のなかのコックピットだ、とストレイヤー博士は思った。

多くの金銭的利害がからんでいることを考えると、ストレイヤー博士が研究費をあまり集められなかったのも無理はないのかもしれない。それでユタ大学での最初の実験は、複数の方面からなんとか必要資金を工面して、原始的なドライビングシミュレーターをつくった。

実験の被験者（ユタ大学の学生）はジョイスティックを持って椅子に腰かける。このジョイスティックでコンピュータスクリーン上の車を操縦するのだ。被験者が指示されるのは簡単なタスクである。(1)曲がりくねった道に沿って進む、(2)赤い光がついたらボタンを押す。すると車にはブレーキがかかる。同時に博士は、携帯電話で話をするよう被験者に指示する。手持ち式の携帯電話を使う者もあれば、ヘッドフォン付きのハンズフリー携帯電話を使う者もいる。それとは別に、ラジオや朗読テープを聞きながら「運転」させることもあった。

被験者が何をしているかによって、結果には大きな違いが表れた。電話で話しているときは、ラジオを聞いているときの倍のエラーが起きた。手持ち式の携帯電話でもハンズフリーの携帯電話でもエラー率は変わらなかった。

博士はこの結果に衝撃を受けたという。「電話での会話には相当な独自要素があるということです」

二〇〇一年、彼は心理科学協会の総会で実験結果を発表した。携帯電話での会話による影響を示す初の研究だった。発表内容は好意的に受け止められた。ストレイヤー博士はアテンション・ディストラクション（注意・不注意）分野の過去の研究と、マルチタスクを行うドライバーが直面する課題とをみごとに結びつけた。

「今回の結果と、航空機と注意力に関する五〇年間の研究には接点があります。パイロットに見られた注意力の限界は車のドライバーにも当てはまります。それは重要な第一歩でした」

だが当時、これは最後の一歩、最後の発表になるかもしれないとも彼は考えた。携帯電話があらゆる層の人たちにあっという間に普及する、そのスピードが予想できなかった。それから、十分な研究資金を提供してくれる人が見つからなかったという。携帯電話の導入を促す文化的トレンドが強く、事業上の利害も大きくからんでいたため、この魔法のような新技術に副作用があるとは誰も知りたがらなかった（お金を払ってまで知ろうとは思わなかった）。

また、研究を進めるにつれてしだいに明らかになったことがある。たとえハンドルを握り、前方を見ていても、ドライバーは携帯電話のせいで道路から気持ちが離れてしまうのだ。

「当時質問を受けたら、視覚（目が道路から離れる）と手動（手がハンドルから離れる）の問題だと答えていたでしょう。でも本当は視覚、手動、そして認知上の問題なのです」

自然科学の分野では、研究者たちが互いの研究内容を知り、協力しあうことがよくある。注意研究の分野、とくに注意とテクノロジーの関係をめぐる研究でも、近年、それと同じことが起きている。関連分野に参入する研究者が増え、予算も増えた。次々に登場するデバイスに取り組むうち、下位レベルの新たな専門分野が立ち上がる。こうした新しいエコシステムのなかで、ガザリー博士とストレイヤー博士も出会った。

ふたりはパロアルトのスタンフォード大学で開催された、一日限りの小さな会合に招待されていた。ホスト役は、社会学者のクリフォード・ナス。彼はニュージャージー州で数学の神童と呼ばれ、もともとはコンピュータ科学者になるつもりだった。だが、全米を旅行中だった兄がユタ州で飲酒運転の車に轢き殺されたことで、ナスの人生は一変した。家族はすっかり意気消沈し、ナスは人生の選択を考え直す。結局はプリンストン大学で社会学を学び、スタンフォード大学の教授になった。

二〇一一年二月、彼に招かれたのはストレイヤーとガザリーのほかに、スタンフォード大学の心理学者アンソニー・ワグナー、UCLAの精神科医ゲイリー・スモール、ロチェスター大学の認知科学者ダフネ・バヴェリアら。それぞれが、テクノロジーの多用（マルチタスク）によって脳がどんな影響を受けるかという研究で名を知られるようになっていた。ナスは彼らにこう書き送った。「皆様をお招きするのは、マルチタスクに関するエキサイティングな研究を行っている方々に、ぜひご参集いただきたいからです」

ストレイヤー博士とガザリー博士は、性格も服の好みもまったく違いそうなのに、すっかり意気投合した。ガザリー博士はスタイリッシュな黒が好みだが、ストレイヤー博士はジーンズとTシャツでOKというタイプである。ふたりは協力してみることにした。ストレイヤー博士は、ドライバーの行動に関する研究内容を紹介する。神経科学者のガザリー博士は、ニューラルネットワークに対する彼なりの理解、脳の内部構造を見るためのテクノロジーを披露する。

「彼の技法は最前線のものです」と、ストレイヤー博士はガザリー博士について語る。「ドライバーの不注意に関する最先端の研究と、最先端の神経科学を組み合わせることができました」

ストレイヤー博士はこの新しい研究分野によって、別の疑問にも答えられるのではないかと期待した。つまり、脳の対応力が限界に達しているのは明らかなのに、人はなぜ困難な、場合によっては危険な状況にあってもマルチタスクを継続するのか？　不注意運転に関する研究を始めたばかりのころは、危険な行動であるとわかれば人はそれをやめるものと思っていた。だが、ドライバーによる電話の使用がなくならないばかりか、むしろ増える傾向にさえあったため、彼は別の結論を導かざるをえなかった。そう、人はテクノロジーの使用をやめない、いや、やめられないのだと。

「いずれ目が覚めるはずだと思っていました」とストレイヤー博士。「でも甘かった。いまだに人々はテクノロジーに魅入られ、テクノロジーの虜になっています。驚くほどです」

過去何十年もの研究を取り込み、行動科学と神経画像を結びつける舞台が整った。それは次のような新たな疑問に答えるためだ。双方向メディアはなぜそれほどまでにわれわれの注意を引きつけるのか――。

15 テリル

秋も深まったころ、ジャッキー・ファーファロは娘のステファニーをローガンのジム「エアバウンド」の体操教室に連れて行った。事故からまだ数週間だが、ステファニーは体操を続けると言い張った。ジャッキーは思った。過去をふり返らず、悲しみに耐えていつもどおり生活するのが一番だろう、と。

途方に暮れていないわけでも、腹を立てていないわけでもなかった。ひとりになると、やはり悲しみがこらえきれなかった。誰も見ていないときは、さめざめと泣いた。

だが、じつは誰かが見ていた。静かに注意を払っていた。

その日の体操教室のあと、彼女は駐車場でジャッキーに歩み寄った。この快活なブロンドの女性をジャッキーは知っていた。その女性の娘もステファニー同様、体操教室に通っていたからだ。

「あら、テリル」

「ジャッキー、このたびは……」

テリルには大きな変化があった。いまは結婚してテリル・ワーナーという。子どももいる。

被害者支援者として厄介な事件を引き受けてきた経歴の持ち主だ。ジャッキーとのこの何気ないやりとりのなかで、彼女はまた次の事案にかかわろうとしているのだった。障害や困難、権威をものともしないでいられるか、その意志の力が試される事案に――。

USC卒業後、テリルはアーバインのあるモルモン教会でエイプリルという女性に出会った。ほっそりとして背が高く、髪は長いブルネット。人を引きつけてやまない美形である。ふたりはちょっとしたおしゃべりをした。そして何日も、いや何時間もたたないうちに、何かぴんとくるものがあった。ブリガム・ヤング大学（BYU）を卒業したばかりのエイプリルは、勤務先のダイエットセンターのモデルをしていた。テリルはエイプリルといっしょだと居心地がよく、親友というものが初めてできた気がした。

しかし、エイプリルも問題を抱えていた。疲れがちで、目の下にくまができている。九月、エイプリルはテリルに電話をした。

「血に問題があるの」

それから何日もたたずに、エイプリルは白血病で入院した。テリルは病院で時間を過ごせるよう、バンク・オブ・アメリカのマネジメント教育プログラムを中退。ロースクールへ行くという遠い夢は捨てず、法律事務所で臨時の職を見つけた。聖ヨセフ病院のがん病棟ではエイプリルとベッドに潜り込み、人生やその目的について、宗教について長いあいだ語り合った。エイプリルの夢はモルモン教の伝道に出ることだった。テリルはそれまでそんなことを考えもしなかったが、考えてみるようになった。

診断を受けたあと、エイプリルはニール・ハリスという同じＢＹＵ卒業生と婚約していた。友だち思いの勤勉な男性だ。テリルはニールのエイプリルへの接し方を目の当たりにした。頭髪が抜け、骨張った婚約者とベッドに潜り込み、化学療法で痛む箇所をなでさする。ピンクの小さなスポンジ歯ブラシで歯を磨いてやる。ブラシといっても柔らかいので、もろくなったエイプリルの歯ぐきに食い込まない。

テリルは深い感銘を受けた。「彼に教えられました。大丈夫、悪い男性ばかりじゃない、と」ふたりは互いに敬意をいだいた。ニールにとって、テリルは活力に満ち、ものごとに動じず、恐れ知らずにさえ見えた。本音をしゃべり、エイプリルの美しさにも気後れしない（女性によってはそういう気持ちになる人もいる）。

「彼女は何ごとにもたじろぎませんでした」とニールは言う。

エイプリルにたっぷり相談したうえで、テリルは一九八九年七月にコスタリカへ伝道に行こうと決心する。自覚がみなぎるのを感じていた。自分がエイプリルの夢の実現を手伝っていることがわかっていた。そして、自分自身の運命を切り開くために一歩踏み出すのだと感じていた。だが、逃避していることもわかっていた。エイプリルが死んだとき、自分はその場にいないだろう。しかし、エイプリルにはそれでよいのかもしれない。彼女はテリルが伝道に行くことを強く望んでいた。

それから、母方の祖父母の死にも立ち会えそうになかった。一家が最悪の状態のとき、テリルの面倒をよく見てくれた数少ない人たちだったのに。彼女は伝道活動をふり返って言う。「神は私を愛してくださる、私のために善きものを望んでくださるということがわかりました。善き人生を送ってもかまわない、他の人たちを助けようと思ってもかまわないのだと知りました」。しかし、「私にとって伝道は防御手段のようなものでもありました。せっかく知り合った親友が亡くなろうとし、親しかった祖父母も亡くなろうとしているのですから」

テリルの留守中に三人とも他界した。

一九九一年一月二日、彼女は伝道から帰還した。もう昔の自分とはまったく違う。残りの人生がその影響を受けることはないと感じていた。いや、むしろ昔の自分を有効活用できるかもしれない。

その女性は三〇代に見えた。黒髪と浅黒い肌。おびえた野生動物のような黒い瞳は涙で濡れている。無理もない。顔には焼け焦げのような穴がいくつか開いている。まるで火のついた煙草を押しつけられたみたいに。いや、それどころではない。黒くて丸い焦げ跡が頬全体に奇妙な模様をつくっていた。

テリルはオレンジ郡庁舎にある被害者支援プログラムの狭いオフィスにいた。一九九二年のこと。被害者はいたたまれない様子だった。その女性は、テリルに会わせるため彼女をここまで引きずってきた友人といっしょに、すすり泣きながら事の次第を説明した。

彼女には四人の小さな子どもと、やきもち焼きで支配欲の強い夫がいた。夫は妻が外出して家を空けるのを嫌った。車を使うのももちろん禁止。妻が仕事でタコベルへ行くときでさえ（たとえ雨が降る夜でも）、夫は車の使用を認めなかった。だから雨が降ったときは、同僚に家まで車で送ってもらったりした。

二日前のこと。彼女がタコベルでのシフトを終えると、激しい雨が降っていた。支配人が、三〇分後に自分のシフトが終わったら車で送ると言ってくれた。土砂降りのなか、彼は彼女を家の前で降ろした。妻の帰りが遅いのに業を煮やした夫は、別の男が彼女を送ってきたのを見て逆上した。

妻の髪の毛をかきむしり、体を縛り上げる。「どんな男もおまえの顔を見たくなくなるようにしてやる」

彼は妻の頬にアイロンをあてた。

彼女は警察に知らせなかった。帰りたい、とテリルに言った。こんなことをして夫と対決したくない。その女性が懇願したのをテリルは覚えている。「私は信心深い女です。そして夫は、あの人は大切な人なんです」。地元のモルモン教会のビショップ、在家の指導者らしい。「あなたを傷つける権利は誰にもありません。誰にも」とテリルは言った。「あなたにも普通の暮らしを送る資格があるんですよ」

テリルは内心、無性に腹を立てていた。どうにか冷静さを保とうとした。その女性は態度を変えようとしない。とうとうテリルは、少なくとも女性を口説くうえでは最も確実な決めぜりふを口にした。それは彼女自身、心のなかで深く感じていたことである。

「あなたが何もなさらなければ、結局はお子さんがターゲットになりますよ」

女性は行動を起こすことに同意した。彼らは保護命令を出して夫が家へ入れないようにし、接近禁止命令を出して夫が妻にへたに近づけないようにした。結局、彼女は離婚した。ひとつの勝利だったが、その向こうにはたくさんの敗北がある。いまやテリルの親友のひとりになったニール・ハリスにとって、これは彼女の快活さの下に隠されたタフさの象徴だった。

「これほどひどい事件は聞いたことがありませんでした」と、彼はふり返って言う。行為そのものもひどいが、それを犯した人間もひどい。「モルモン教のビショップ、妻が信じる宗教の指導者でした。でもそれは問題ではなかった」と彼は言う。「テリルは最初、その男を去勢するくらいの怒りを見せていました。でも基本的に、泣いたりわめいたりするのが目的ではなく、彼が自分の犯した罪に対して罰を受けるようにしなければならないのです」


その数年前のある夜、主にラテン系のギャングが勢力争いをくり広げるロサンゼルス近郊の町ノーウォークで、あるハイスクールのパーティーが開かれ、ついでにけんかも勃発した。ののしり合い、自尊心を踏みにじり、面目をつぶす。一七歳のアラン・ワーナーは大振りのパンチをくり出し、相手の少年のあごを砕いた。

乱闘の経験ならそれなりにあったので、なんの問題もない。育った場所が場所だけに、それくらいやらなければならないと考えていた。だが、それだけではない。お行儀よくしているのがどうも苦手だった。その夜も、それ以外の夜もよく酒を飲んでいた。たいていのドラッグは試した。テリルのような女には見向きもしなかった。

「彼女は堅物で、僕はその正反対でしたから」とアランは言う。

テリルとはセリトス教会を通じて知り合った。彼女の家族のことも少し知っていた。彼女は小柄で、なかなか魅力的だった。

「僕は週末に連絡がとれる相手を探してました」

テリルが伝道に出る前、母親はこのアラン・ワーナーとデートしてはどうかと娘に提案した。それに先立って、「彼のこと覚えてる?」とも訊いている。「引っ越しのときに家具を運ぶのを手伝ってくれたでしょ。お父さんは屋根職人で、六人きょうだいで。モルモン信者の素敵な家族だったわ」。そう、テリルはアランを覚えていた。ぶっきらぼうな感じのフットボール選手。彼女が車の接触事故に巻き込まれたあと、教会の駐車場でそのときのへこみをからかった。

しかし、彼も伝道へ行く予定だった。行き先はアラスカ。悔悛は済み、過去の行為は清算されていた。伝道活動中、アランとテリルは何通かの手紙をやりとりした。

帰還した彼はテリルをデートに誘った。彼女は彼を家庭料理でもてなした。彼はそれをとても気に入った。あとでわかったのだが、じつはテリルのルームメートがこしらえたらしい。でも彼は夢中になった。料理にではなく、この強い意志を持った若い女性に。彼女なら自分を正しい方向へ導いてくれると思った。それに、家庭を持ちたかった。

テリルもそうだった。この点については、もう迷いはなくなっていた。家庭を持ちたい。何もかもうまくいくはずだ。

二カ月後、一九九二年のレイバーデーにふたりは婚約した。そして七カ月半後、テリルが小さいころに夢見たように、ロサンゼルスのモルモン寺院で結婚式を挙げた。ロス・コヨーテス・カントリー・クラブで開かれた披露宴にはダニーが現れてけんか腰の態度をとったが、入り口で待ちかまえていた二〜三人の男に追い払われた。

子ども時代の自分を引きずってくじけないと決意したものの、ダニーはやはり恐ろしい、何をしでかすか予測のつかない存在だった。兄のマイケルはドラッグ中毒も同然の状態になろうとしていた。不運につきまとわれているような気がした。エイプリルの死も含めて。

何か脱出方法があるはずだ。

結婚後まもないある日、アランはいつものように忙しい屋根ふきの仕事から、くたくたになって帰ってきた。担当する家の側面に吐いたという。

「彼女に言われました。『もうやめて。大学へ行って、別の仕事に就くのよ』」

うってつけの大学が見つかった。ローガンのユタ州立大学だ。アランの実家も近くにあった。モルモン教のコミュニティ。美しいところだった。電気技師になろうかな、とアランは思った。

引っ越しの前、テリルは人生最大の課題に直面する。彼女にとってじつに恐ろしい問題だった。一九九四年九月一五日、夫婦に赤ん坊が生まれる。ジェイミーという女の子だ。それはつまり、崩壊した家庭に育ったテリルが母親になり、同じことがくり返されないよう、ジェイミーが同じ目に遭わないよう苦心しなければならないことを意味する。夫はときどきどやしつけないといけない、ちょっと頼りない男。ダニーはまだその辺をうろついていたし、ドラッグにおぼれるマイケルは、彼女の人生にとってますます厄介な存在になりつつあった。どうやってこの悪循環を絶てばよいのか？

仕事面ではまだ気持ちをしっかり持つことができた。ローガンへ引っ越して数カ月とたたずに、テリルはキャッシュ郡の検察局で被害者の支援者になった。仕事に就いて数年たったころ、近くの小さな町で父親が一〇代の娘をレイプするという事件が発生した。当時の郡検事スコット・ワイアットによれば、母親が娘に口止めしたこともあり、はっきりした証拠はない。

テリルを雇ったワイアットは、彼女が粘り強く被害者を支援するのを目にしてきた。被害者支援者として当たり前ではないような仕事も請け負ってきた、とワイアットは言う。被害者に助言するだけでなく、案件に深くかかわり、捜査官や検察官をせっついた。正しい言い分を主張することが多いので、みんなが彼女の話に耳を傾けた。

「いれこみすぎというわけではないのですが、ときおり、『冗談じゃありません。目の前に大きな仕事があるんだから、とにかく前へ進まなきゃ』みたいな調子になることもありましたね」

レイプ疑惑事件では、テリルはさっそく調査を開始し、捜査官並みの役割を果たしたという。ワイアットによれば、彼女は「あの家族にはもっと大きな問題がある」と確信していたようだ。父親は逮捕され、結局は有罪判決を受けた。「テリルがいなければ事件化していなかったでしょう」

とワイアットは言い、こう付け足した。「被害者少女を支援したのはテリルだけです」。事はそれだけで終わらなかった。父親が収監されると、ほかの子どもたちもレイプしていたことがわかったのだ。

「そういうことが何度もありました」とワイアットは言う。テリルはどの事案にも本気でかかわった。ある母親が、娘が男に性的虐待を受けたと通報してきたことがあった。警察はその事実を突き止めることができなかったが、検察局はテリルの直感に従い、盗聴による証拠を使って有罪判決を勝ち取った。

テリルは宗教指導者であるビショップとの連絡会議の設置にも一役買った。何か問題が起きたとき、最初に知らせが行くのはたいていビショップである。家庭内暴力は不名誉なできごとではない、そしてその家庭だけで対処できることでもない――彼女はそう人々に知らせたかった。ワイアットはテリルについてこう述べている。「彼女は考えるのです。『なぜ問題の修復にとてつもない時間を使うのか？　少し時間をかければ、その発生をそもそも予防できるはずなのに』」

テリルは自分の願望や情熱について次のように表現する。「エリン・ブロコビッチ*のように世間をあっと言わせることをやろうとは思いません。でも、やるべきことはやります。ノーと言われようがやります」

テリルはむろん、キース・オデルとジム・ファーファァロが巻き込まれた事故のことは知っていた。ただ、事故が起きたのはトレモントンがあるボックスエルダー郡だと思っていたから、仕事としてできることがあるかどうかは心許なかった。しかし、じつは事故が起きたのはキャッ

＊　アメリカの環境運動家

シュ郡のほうだった。ならばテリルの管轄内である。

それはそれとして、彼女は友人である被害者のためになんとかしてやりたいと考えていた。秋も深まったその夜、娘の体操が終わると彼女はジャッキーに歩み寄り、こう申し出た。

「ジャッキー、このたびは……。何か私にできることがある？」

山が動きだそうとしていた。

第 II 部

審判

16 神経科学者

カンザス州ローレンス郊外。ひとりの男性と二匹の犬が砂利道を歩いている。まわりには何もない。見渡すかぎり広大な空。ビルがないばかりか、農場風の家もそれぞれずいぶん離れている。ニレ、トネリコ、カシなどの木がそちこちに群生している。二匹の犬は、ボストンテリアの「ルパン」と、トライカラー・ウェルシュ・コーギーの「ビバップ」。オレンジ色のフリースのポケットに引き綱を押し込んでいるのは、カンザス大学の心理学者、アチリー博士だ。陸軍大尉だったのが、思うところあって学者に転じた。

彼は聖書について考えている。

二月にしては暖かかったその日、アチリー博士のもとで認知神経科学を研究する学生のひとりが、「インテリジェントデザイン」の科学的な妥当性について博士に尋ねていた。インテリジェントデザインとはつまり、地球や人間の存在は進化よりも、神の意志によってこそ説明できるという考え方である。アチリー博士は最初、インテリジェントデザインは「疑似科学」としては認められると答えていた。だが、こうして静かな開かれた場所を散歩して頭を冷やし、あらためてよく考えてみたかった。

博士にとって、これは毎日の大きな日課である。散歩ではなく、瞑想の時間ともいえる。住まいは、大学のキャンパスから車で一〇分ほどの約一〇万平米の土地。数年前、地下の家をみずから設計した。広さは二三〇平米ほど。片側は茶色の泥土ですっかり覆われ、屋根部分の上には二メートル余りの土が盛られている。南方に面する側には窓が設けられ、そこから陽の光が入る。妻のルーサンはカンザス大学の心理学科長だ。夫妻はこの場所を、静かで安心できる繭《まゆ》のようなものだと考えている。また、建築としても目新しいものだが、銀行がよく融資してくれたものだと、ふたりはいまだに困惑しているように見える。

地下の家のなかは、冬は涼しく、夏もたいていは涼しい。少なくとも家のなかでは、年間を通して携帯電話は使えない。インターネットにはアクセスできる。家の外には、フクロウ、カエル、シカ、ときにはボブキャットも出る。アチリー博士は小規模ながら養蜂もしている。

ガレージに停まっているのは、ナンバープレートをみずから指定したスバル。そこには「ATTEND」とある。説明を求められると、彼は冗談めかしてこう言う。「『携帯電話なんか切ってしまえ』だとナンバープレートには長すぎるでしょ」

インテリジェントデザインについて会話を交わした日、アチリー博士は歩きながら考えをめぐらし、その夜、相手の学生にEメールを送った。そこでは「ヘブライ人への手紙一一章一節」を引用した。「信仰とは望んでいることがらを確信し、見えない事実を確認することです」

次いで博士は自分の言葉を続けた。「貴君が明快な事実や証拠に頼る方法を用いようとしているのであれば、それは信仰のメッセージを無視することになると思われます。そのメッセージとは、『信仰は証拠を必要とせず、反証に遭おうともびくともしないものでなければならない』(この点についてはヨブ記を再読すれば、さらによいでしょう)」

別の言い方をすれば、「科学に信仰の証明を求めるな」。

アチリー博士は宗教についてさほど考えるほうではない。考えるときは、イエズス会のハイスクールに通ったときのことが参考になる。彼がふだん研究しているのは、神以外の偶像、すなわちテクノロジーに対する人間ののめり込み具合である。

なぜわれわれは、携帯などのデバイスにこれほど引きつけられるのか？

なぜいつもそれをチェックしてしまうのか？　夕食の席でも、車を運転しているときでも。

「あまりに魅力的なデバイスだから、意志を強く持とうとしても抗えないのか？」

たぶんそうなのだろうとは思うが、直感には頼りたくない。証明したい。「なかには難しそうな、回答不能とさえ思える問題もあります。脳の正確なメカニズムまではつかめないかもしれませんが、正しい実験で推測することはできます」

この分野で最先端の研究をしているアチリー博士にとって、こうした問題が意味するのは、彼自身がテクノロジーに対する盲信から目を覚ましたということだ。

シリコンバレーにコンピュータが登場する前、その地が工業デザインに取って代わられる前、そこにはフルーツがなっていた。オレンジ、ザクロ、アボカド。見渡すかぎりのフルーツ畑。照りつける太陽の光を浴びる木々、土埃。絶好の栽培条件だ。シリコンバレーがシリコンバレーとなる前、そこは「バレー・オブ・ザ・ハーツ・ディライト」と呼ばれる大農場だった。イノベーションとはこのこと。フルーツカップという食品はここバレー・オブ・ザ・ハーツ・ディライトで、デルモンテによって発明された。

そこへ第二次世界大戦が始まり、バリアン兄弟、ウィリアム・ヒューレットとデイビッド・パッカードが現れる。彼らは当初、連邦政府から資金提供を受けていた。ハイテクに長けた軍事企業である。

このコンピュータ、通信、軍事の合流が大きな変化を生み出した。医学の進歩、食の工業化と並ぶくらい現代生活に特徴的な変化――そう、インターネットの誕生である。それは国防高等研究計画局（DARPA）という軍事関連部局が一九七三年に始めた研究プログラムの産物だ。目的は、多数のネットワークを横断する通信システムをつくり、攻撃や不安定な環境に対する脆弱性を減らすこと。非常に大がかりなプロジェクトだったことは確かだ。

シリコンバレーはインターネットと持ちつ持たれつの関係を築き、その成長の原動力になった。それでもなお、ごくわずかながら果樹園は残っていた。コンピュータと通信技術、そして開かれた自然空間――。

一三歳の少年にはおあつらえむきの場所だった。ましてや自転車を乗り回し、生まれつき好奇心が旺盛なカギっ子にとっては。

子どものころ、アチリー博士は両親が共働きで、おのずとひとり遊びに慣れ親しんだ。母親は自由な気風の人で、弁護士秘書をしていた。継父は物理学者兼エンジニアで、コンピュータのマイクロプロセッサを載せるシリコンウエハーの製造機器を設計していた。

華奢な黒髪の少年、ポール・アチリーは、ひとりになると何時間もかけて、畑や野原、住宅街を歩き回った。石を見つけてはひっくり返し、水路があれば調査した。「夏場のあの、藻やカエルがいっぱいの楽しい場所がどんなにおいだったか、いまでも思い出せます」と博士は言う。

コンピュータにも夢中になった。父親（実際は彼を養子にした継父）と近くの「バイトショップ」へ行き、最初のアップル・コンピュータを見た日のことを、いまでもはっきり覚えている。値段は一〇〇〇ドル以上した。ちょっと考えられないような金額だ。ポールの自宅にあるテクノロジーといえば、自室の白黒テレビぐらいだった。それでローカルチャンネルの番組や怪獣映画を見た。ファンタジーやSF小説が好きで、核攻撃を生き延びるにはどうするかという本を読んだりした。自分は地下の家に住むのだろうな、と思った。

とうとう手に入れたコンピュータは、テキサス・インスツルメンツの「TI99」、最初のホームコンピュータのひとつだった。子どもたちはそれでゲームをした。ポールも例外ではなかったが、彼の関心はゲームだけにとどまらなかった。

「ゲームだけじゃなく、望めばなんでもできました。自分でゲームをプログラムしたり、テープドライブを使って機密情報を保存したり。本当に限りない可能性を持っていました」

「当時の私は、宇宙ステーションの植物学者になるつもりでした」とアチリー博士は言う。

本気だった。テクノロジーの進歩は速く、その威力は二倍、三倍、四倍と増えつづけていた。「私たちは自分自身を超越し、この地球をも超越する勢いで拡張していました。限界を押し広げ、みずからを改良しながら」

そして、国境を越えてコミュニケーションできるようになった。自室にいながら、町中、国中、世界中と連絡がとれる。

自分ではわからなかったが、彼はそれまでとはまったく異質な時間のなかに身を置いていた。

それほどの変化が可能になったのは、ひとつには有名な「ムーアの法則」のおかげである。原則としてコンピュータの能力は一年半〜二年ごとに倍になるというものだ。

しかし、テクノロジーの世界にはもうひとつ重要な法則がある。それはムーアの法則とはまた別の変化を規定しており、ポールの最終的な研究テーマにも間接的に影響を及ぼすことになった。「メトカーフの法則」である。インターネットなどの通信ネットワークの価値は、利用者数の二乗に比例するというものだ。利用者が増えれば、ネットワークの価値も高まるという理屈である。

コンピュータを短距離で接続するのに使う「イーサネット」という規格の開発に寄与した電気工学者、ロバート・メトカーフにちなんで名づけられた。プリンストン大学が公表している歴史資料によると、メトカーフの法則の正式の命名は一九九三年だが、法則そのものが初めて明らかにされたのは一九八〇年。ポールがＴＩ99を入手し、もっぱらの相棒はそのコンピュータか自転車か、という時代のころである。メトカーフの法則がいみじくも明らかにした考え方が、全面的に新しかったわけではない。ネットワークは以前から発展を遂げ、その潜在的意義は二〇世紀後半には指摘されていた。だがメトカーフは、二〇世紀の終わりにはメディアの中心的特性になっていた現象を、鋭く活写したのである。

そもそもどれくらいの変化が生じたのか、パーソナルコミュニケーションがどれくらいパワーアップしたのかを考えるなら、単純に比較してみるとよい。第二次大戦のころ、米軍部が発注した非凡な計算機「エニアック（ENIAC）」は、毎秒およそ三五〇の掛け算、五〇〇〇の単純な足し算ができた。二〇一二年、アップルのiPhone4は一秒間に二〇億の命令を実行することができた。二〇一三年のiPhone5はそれをさらに上回る。

ENIACの重さは三〇トン。iPhone5は一二〇グラムもない。電話もできれば、インターネットもできる。これまでに実現した、ありとあらゆる驚くべきパワーが詰まっている。一見したところ、文句なく人間の役に立つ、ポケットに入る究極の高機能マシンだ。

iPhoneに比較すれば、アチリー博士が一〇代のころの通信速度や情報の量・種類（印刷、音声、動画）はまだ限られていた（とくにコンピュータや携帯電話に関して）。

ポール少年が大きくなると、つまりレジーが成人する一五年ほど前になると、ムーアの法則とメトカーフの法則という二大原理が一体化する。前者はコンピュータの処理能力の加速度的拡大を予言したものだが、これはスピードアップだけでなく、他にもさまざまな機能を可能にした。その中心になるのが「インタラクティビティ（双方向性）」である。後者は、通信ネットワークおよびその価値の急拡大を予期していた。

このふたつが相まって未曾有のサービスを人間に提供するようになった。だが同時に、人間の脳にもそれまでにない負荷がかかろうとしていた。ムーアの法則により情報の量と速度がとてつもなく増え、メトカーフの法則により情報がきわめてパーソナルになり、電子デバイスの魅力、いや魔力が増したのである。

二月の朝に犬たちと例の散歩をした数カ月前、アチリー博士は南カリフォルニアで、その手のものとしてはおそらく初めてのカンファレンスに出席していた。米国科学アカデミーの支援を受けて、およそ二〇〇人の神経科学者が集まり、「テクノロジーがわれわれの脳に何をしているか」という新しい疑問に向き合ったのだ。

最初に導入的な講義をしたのは、クリフォード・ナス。その二年前、マルチタスクを科学的に検討する会合にストレイヤー博士とガザリー博士を招いた、あのスタンフォード大学の挑発的な社会学者である。ナス博士は壇上からこう語りかけていた。既存のサイエンスの枠を超えて、もっと困難な疑問に答えたい。常時接続されたモバイルデバイスの普及にともない、人間を人間たらしめている要素、すなわち共感、紛争解決、熟慮、そしてある意味では進歩そのものが、いずれは阻害されてしまうのだろうか——。

最前列近くにガザリー博士が座り、もうすぐ順番が回ってくる自分の講演に備えている。右前のほうに腰かけたストレイヤー博士は眼鏡をかけ、やや猫背気味だ。

そして後列にアチリー博士。細いメタルフレームの眼鏡が鼻の上に載り、マッキントッシュのラップトップPCは足元で閉じられている。これはいささか注目すべき点だった。聴衆の多くはラップトップを開いている。アチリー博士のすぐ前の男はウィンドウを四つ開き、メールやニュース、買い物サイトをチェックしていた。

なぜラップトップを開かないのかを説明するにあたって、アチリー博士はイエズス会の学校で教えられた言葉を引き合いに出す。「私を誘惑に陥れないでください。悪魔から解き放ってください」マタイ伝六章一三節の言い換えだ。

もしラップトップを開いたら、メールやネットをチェックしはじめるのが彼にはわかっている。講義を聞き、その内容を咀嚼するのがおろそかになる。誘惑に負けないという自信がない。彼によると、その恐怖を裏づける基礎神経科学の研究も現れているらしい。事例報告も数多くある。

カンザス大学のジャーナリズム科では、「メディア断食」を定期的に実施している。学生は二四時間、電子デバイスの使用を禁じられる。二〇一一年秋の断食後、彼らはその体験をふり返っている。以下に抜粋すると、

「一番の親友であるiPhoneはどうしたって手放せない」

「私のメディア断食が続いたのは一五分。気がついたら断食しているのも忘れ、携帯をチェックしていました」

「私にはちょっと無理」

「テキストメッセージを五分チェックできないだけで、まるで世界の終わりだ」

「もう二度とやりたくない」

なぜスマートフォンや携帯がこれほど人を魅了するのか？

アチリー博士いわく、この疑問にとらわれたひとつの理由は、人々が常識では考えられないような状況でマルチタスクを実行しているからだ。たとえば、知り合いと面と向かって会話をしながらスポーツニュースをチェックする。車を運転しながら携帯電話をかける——。こうしたマルチタスカーを突き動かす、目に見えない衝動があるのだろうと博士は考えている。実際、博士によれば、テクノロジーはわれわれの根源的・原始的な本能、携帯電話が登場する何万年も前から存在しているその本能にますます働きかけ、これをむしばんでいるという。

たとえば、社会的つながり《ソーシャルコネクション》が持つ力。友人や家族、仕事の関係者とつながっていたいという欲求。それはシンプルで、抑えがたい。「脳をマシンが乗っ取っているのです」とアチリー博士は言う。彼はそれを証明しようとしている。

これこそ、注意力研究の次なる新しい波である。われわれ人間を虜にし、その注意力をすっかり奪ってしまう何ものかがあるのか？　そのひとつがパーソナルコミュニケーション技術なのか？

研究室に来ればいろいろわかりますよ、と博士は言う。

17 テリル

二〇〇六年の秋も深まるころ、テリルが体操教室の前でジャッキーに近づき、何か力になれることはないかと尋ねると、ジャッキーは努めて平静に言った。「大丈夫」

テリルはジャッキーの気丈さに敬意を表し、かつプライバシーを尊重しようと、それ以上は深追いしなかった。それに、事故は隣のボックスエルダー郡で起きたのだとまだ思っていたから、あくまでひとりの友人でいることにした。

クリスマスの直前に、ファーファロ家とワーナー家はパークシティで開かれた体操の大会に出かけた。ジャッキーは娘たちをサターンに乗せ、テリルとアランは四人の子どもをバンに詰め込んだ。一番上のジェイミーは当時一二歳。一〇歳のテイラー、五歳で恥ずかしがり屋のアリッサ、それから三歳で嚢胞性線維症と自閉症に苦しむケイティ。

大会中も食事中も、両家の話は子どもたちや体操のことばかりで、事故の話は出なかった。

数日後、ジャッキーはクリスマス休暇でステファニーとキャシディをネバダ州の母親のところへ連れて行った。それはつまり、バレー・ビュー・ドライブを車で通ることを意味する。

家を出るとき、彼女は、一〇分もすればジムが死んだ場所にくるという考えを頭から追い払おうとした。ラジオをつけ、娘たちのためにディズニーの映画を流す。フロントシートの背にモニターがついており、そこに映し出されるのだ。ステファニーとキャシディは映画に夢中になる。このDVDプレーヤーをめぐって、彼女は夫とのあいだに苦い思い出があった。

「あの子たちにこんなもの必要なのか?」とジム。

ジャッキーはきっぱりと言った。「あなたはいつもいっしょにドライブするわけじゃないからわからないでしょうけど、なんの気晴らしもなしに六時間も乗ってるのは大変なのよ」

ジムが亡くなったころ、家には全部で少なくとも九つの「スクリーン」があった。地下室にコンピュータが二台。ダイニングテーブルにはもう一台、娘たちがたまに使うコンピュータ。サターンの後部座席用の映画スクリーンがふたつ。ジムとジャッキーのそれぞれの携帯電話。テレビが二台。ジムが個人的に楽しんでいた各種GPSなどは含まれていない。

事故後まもなく、長女のステファニーは「ワールド・オブ・ウォークラフト」をやるようになった。父親のアカウントとコンピュータとデスクを使い、NECのごついモニターをのぞき込みながら。六歳になったら「ワールド・オブ・ウォークラフト」をやらせてもいい、と夫婦は決めていた。

ジムの死後、ジャッキーと娘たちは映画にも夢中になった。夜な夜な映画鑑賞会を開いては、『サウンド・オブ・ミュージック』などの名画を見ながらテイクアウトのピザを食べた。父親のことを思い出すから、ステファニーはしばらく「ダンス・ダンス・レボリューション」は中断した。ジムの死から数日後、遺体との対面のとき、ジャッキーは娘たちにも父親の姿をちゃんと拝ませ、現実を理解させようとした。ステファニーはのちに学校の作文で、母親から次のように言われたと書いている。「こんなことになって悲しいけれど、あなたは強い子、きっと大丈夫」

デジタルメディアが救いになったようだ。

その朝、ジャッキーはネバダへ向けて車を走らせながら、ラジオに神経を集中させようとした。子どもたちはディズニー映画を見ている。彼女は思った。ここで泣いたら涙で目がかすんで運転できなくなる。そしたら、なぜ停まるのかを子どもたちに説明しなければならない――。

その年のクリスマスプレゼントはちょっと度を超していたかもしれない。「本をそれはもうどっさり買ってやりました」

クリスマス、ジャッキーはネバダにいた。レイラは自宅に、テリルはメキシコの児童養護施設にいた。

クリスマス前の日曜日、テリルとアランはメキシコ旅行に出かけようと言って子どもたちをびっくりさせた。でも厳密には休暇ではない、とテリルは付け足した。彼女は一見でたらめな品物をたくさん持ち出してきた。歯ブラシ、くし、小さなデオドラントスティック……。「衛生キット」としてプエルトペニャスコの養護施設で配るのだ。ほかに配るのは、パズル、本、日よけ帽など。

翌日、一家はフォード・ウィンドスターに乗り込んで南へ向かい、その夜はネバダ州サーチライトで一泊した。

プエルトペニャスコは、アメリカ(アリゾナ州)との国境から南へ一五〇キロ余り、バハ・カリフォルニア半島の根元近くにある。一家はニール・ハリスが所有するコンドミニアムにただで泊まらせてもらった。ニールは、南カリフォルニア大学時代のテリルの旧友で、がんで亡くなったエイプリルの婚約者だった。

彼はIT分野で大成功を収めていた。四つのIT系企業でトップの営業成績をあげていたが、どの会社もその後、一〇億ドル以上で売却されたり上場したりしている。そのひとつ、シノプティクス・コミュニケーションズは、イーサネット経由のデータ配信のスピードと効率アップを可能にする技術を開発した草分けのひとつである。同社は一九九四年、二四億ドルで他社と合併し、ドットコムブームの先駆けとなった。

次いでニールは、インターネットサーバーのメーカー、アセンド・コミュニケーションズに移った。同社は一九九九年に二四〇億ドルでルーセント・テクノロジーズに買収された。歴史上最大の買収案件のひとつである。ニールはその後、インターネット配信技術に欠かせないルーターやスイッチのメーカー、ファウンドリー・ネットワークスに移る。同社は二〇〇八年、ブロケードに三〇億ドルで買収された。

幸運なアメリカ人のご多分にもれず、ニールもメトカーフの法則の恩恵を大いに受けた。インターネット接続の頻度、速度、効率が増すなか、ニールをはじめ、好景気に沸くIT業界の人々は、とどまるところを知らないコミュニケーションや商取引の衝動に貢献していた。彼らはそれまで誰も見たことがない強力なロボットや通信ルートを築いていた。毎年毎年、そのスピードは速まる一方だった。彼らは富を築いていた。巨額の資産、それは技術革命のもうひとつの側面だ。ニールも何百万ドルという財を成していた。

その財力を利用して、彼はプエルトペニャスコに3ベッドルームのコンドミニアムをふたつ購入した。テリルはクリスマスに子どもたちをそこへ連れて行きたいと言った。自分は養護施設で働き、子どもたちには社会還元ということを教えたかった。

「自分より恵まれない人たちがいることを知らなければなりません」と彼女は言う。「若いうちに他者への共感を学ばないと」

見たところ、テリルたちはもう完璧な家族だった。子どもたちの学業成績はよかったし、一家は教会へも通った。テリルの子ども時代を考えると、ニールはなんだか不思議な気がした。どうしてこうも違う家庭を築けるのだろう？ いずれまた、当時の記憶に彼女はさいなまれるのだろうか？ 「そういうふうによく自問します」と彼は言う。「あの人がどれだけつらい目に遭ってきたか、考えてみてください」

ユタ州に引っ越したのはテリルにとってよかった。でも問題が完全に解決したわけではない。そのころ（衝突事故の一〇年前）の彼女は、まだ子ども時代を引きずっている部分があった。

一九九八年の秋、レジーがロケット科学者たちの車とぶつかる八年前、テリルはユタ州オレムにあるモール内のデパート「マービンズ」にいた。ソルトレークシティから南へ約七〇キロ、プロボからも遠くない。婦人服売り場をちらちら見ながら、時間をつぶしていた。アランの実家を訪ねるため、夫婦で出かけてきた。もちろん、最初の子であるジェイミー、二年前の一九九六年一〇月一八日に生まれたテイラーもいっしょである。

婦人服を眺めながら、テリルはふと、テイラーがいないことに気づいた。

「テイラー？」

返事はない。

必死に捜しはじめる。

「テイラー！」

返事はない。

「アラン！　アラン！」

テイラーが見当たらない。ダニーがミッチェルをさらったときを思い出す。悪夢のなかと同じだ。ダニーが現れたのだろうか？

アランが走ってくる。「どうした？」

テリルは完全にパニック状態にあった。そこへテイラーが姿を見せる。円形ラックに吊るされたふたつの洋服のあいだから、こちらをのぞいている。彼女はわが子をはっしと抱き上げた。泣くどころか、ほとんどヒステリーを起こしている。まったくテリルらしくなかった。

「帰るわよ。帰るわよ」

結局、実家に顔見せはできなかった。

テリル本人が言うには、ＰＴＳＤ（心的外傷後ストレス障害）だ。かつてダニーにミッチェルを連れ去られた。彼女はその場所から意識的に遠ざかってきた。ずいぶん遠くまで来た。しかし、地理的な距離にも限界があることを知った。彼女はダニーから受けた虐待の亡霊に取りつかれていたのだ。


ワーナー一家は、このマービンズでの一件の三年前、一九九五年にローガンへ引っ越していた。アランはユタ州立大学に通った。アパート住まいのあと、一九九七年に九万四〇〇〇ドルで家を買った。なぜそんなに安かったかというと、スズメバチだらけで、浴室がなく、間取りが妙だったからだ。居住スペース二五〇平米余りのうち、ゆうに半分がリビングルームだった。

おかしなことに、その不完全さがむしろテリルを引きつけた。母親のキャシーから遠ざかっているという気になれたのだ。テリルに言わせれば、母親はすべて問題ないというそぶりをいつも装っていたが、そんなのは大嘘だった。

彼女はあえて違うアプローチをとろうとした。「家が完璧じゃなくてもいっこうにかまいません」。そんなのは上っ面にすぎないと思った。なにもスズメバチだらけの環境に満足していたわけではない。バスケットボールほどの大きさの巣をちゃんと取り払い、人が住めるようにした。テリルにとってはもうひとつの長期的な改良プロジェクトである。

彼女はこうしてみずから宣言し、スズメバチの巣がある家を直すのと同じように、自分自身を立て直そうとしていた。

その間、じつはもうひとつ、彼女にとっての「再建プロジェクト」が進行しつつあった。実の父親を知るときがきたのだ。

事の発端は数年前、ジェイミーが生後八カ月で、一家がまだ南カリフォルニアに住んでいるときだった。テリルはジェイミーを連れて、キャシーといっしょにパームスプリングスのモールを歩いていた。そこへある女性がやって来て、テリルの母親に話しかける。「ひょっとしてキャシー・ハートマン?」

その女性はキャシーのハイスクール時代の知り合いだった。「ウディは元気? まだコダックで働いてるの?」

テリルはすぐにぴんときた。ウディというのが自分とマイケルの実の父親にちがいない。それまで名前を知らなかったが、いまそれを知った。

友人のニールに勧められて、テリルは州の自動車局に問い合わせ、ウディ・ハートマンというこの男をどうにか捜し出した。連絡をとると、彼は、キャシーから「新しい家族と幸せにやっている」と聞いたと言った。自分がいなくなったのは「子どもたちと暮らしていく」とキャシーに言われたからだ、後悔していると言った。以前はときどき、子どもたちの様子を知るために電話をかけていたらしい。これを聞いて、テリルは子ども時代の謎のひとつが解けたと思った。電話に出るな、と言われていた理由がわかった。

「父からの電話を私にとらせたくなかったんです」

テリルはときおり激情に駆られることがあった。「がっかりです。卒業式、結婚式……人生の節目に父親がいませんでした。中学、高校、大学と、父親がいなかったせいで人間関係を築けませんでした」

何年も父親がいなかったせいで、テリルは「被害者」というものを別の角度から考えるようになり、父親や母親を失った人たちに特段の共感を寄せた。

二〇〇六年九月二二日にバレー・ビュー・ドライブで起きた事故について知れば知るほど、テリルはジャッキーだけでない他の被害者についても考えた。レイラ――それから、父親をなくした一八歳の少女、ミーガン。

二〇〇七年一月二日、ミーガンは婚約者のトーマス・ドーンと結婚した。挙式は町の中心部に近い小さなモルモン教会で行われた。花嫁は白いドレスを着ていた。トップスの真ん中付近がタイトでひだになっている。彼女はひとりでバージンロードを歩いた。誰にも父親の代わりをさせたくない。父親の不在と何カ月も向き合ってこなかったが、ついにその重みを感じていた。「パパが本当にいないなんて耐えられませんでした。ただもう信じたくなかった」当時をふり返って彼女は言う。

結婚式では、教会の茶色いアップライトピアノの上に父親の写真を置いた。母親は号泣していた、と娘は言う。「パパのお葬式をまたやっているみたいで」

結婚はうまくいかなかった。ミーガンは数年来、学業成績の低下、水泳でのけが、あるいは両親との関係に悩んできた。仕事に就くこともなく、それが夫とのいざこざの種のひとつになった。ふたりはよくけんかをした。本気のけんかだった。結婚から一カ月もたたずに、殴り合いで警察沙汰に。ミーガンは逮捕されたが、初犯ということもあって保護観察処分となった。

彼女の人生は脱線しはじめていた。一日に何時間も、ときには一日中、Ｘｂｏｘでシューティングゲームをした。夫と対戦することもあれば、オンラインで知り合った人たちを相手に、夫と組んで戦うこともあった。バーチャルな重火器を手に、複雑きわまりない地形を縦横無尽に駆けめぐる。どちらのチームが先に五〇人殺せるか――。バーチャルな世界では、自分が熟練の腕前を持っているようで気分がよかった。それに、絶えざる双方向性はスリル満点だった。「どう説明していいのかわかりませんが」ゲームへの情熱について、彼女は語る。「とにかくそればかりやってました」

二〇〇七年のスタートにあたり、ミーガンとレイラはキースの死をまだまだ受け入れられずにいた。確固たる決心をしたジャッキーのほうは、少し上向きだった。

テリルはまだ慎重に事の推移を見守っていた。だが、それも長くは続かなかった。

そして州警察官のリンドリスバーカーは、いよいよチャンスをつかもうとしていた。

18 正義を求めて

二〇〇七年一月八日、レジーがサターンとぶつかってロケット科学者を死亡させてから三カ月半後、リンドリスバーカーの執念が報われる。レジーの携帯電話の記録を調べてもよいとの許可が出たのだ。それは犯罪捜査申請という体裁をとっていた。とりまとめたのは、キャッシュ郡の検事のひとり、トニー・C・ベアードである。

一四ページの申請文書の一二ページ目には、事故のあと、リンドリスバーカーがレジー・ショーを病院へ送って行ったとき、「ショーが携帯電話を使ってテキストメッセージを送受信するのを目撃した」とある。「音は何もしなかったが、ショーは何回かポケットから電話を取り出し、テキストメッセージを送信した。右手に電話を持ち、右手の親指で文字を打っていた」

次のページには、リンドリスバーカーがレジーに、事故のさいメールをしていたかと尋ねたことが記されている。「彼はそれを否定した。しかし、センターラインを何度も越えたことについて、合理的な説明ができなかった（あるいはしようとしなかった）」

だが、当地の検察局がレジーを検挙しようとしていたわけではない。ベアード検事は疑問を持っていた。記録を調べたとして、その事実から何がわかるのか？　そもそも適用すべき法律があるのか？　さしあたってはリンドリスバーカーへの許可書というレベルにすぎない。そして、この文書の眼目は真ん中あたり、六ページ目と七ページ目にあった。ベライゾン・ワイヤレスに対する召喚命令である。州警察官であるリンドリスバーカーに、電話番号四三五-ＸＸＸ-三七三九（レジーの番号）の記録を提供せよと命じる内容だった。

「二〇〇六年九月から現在までの請求明細書のコピー。電話とテキストメッセージ両方の送受信料金、通話相手すべての電話番号がわかるものでなければならない」

一月の半ば、レイラはハーム・オルセンから電話を受けた。以前に連絡をとっていた弁護士である。オルセンはふたつのことを考えていた。事故のこと、そしてその現場のこと。「あそこには路肩がありません」と彼は言った。「安全な道路ではない。みんながそれを知っています」

レイラは事故現場の様子を思い出した。道路の両側には一〇センチほどの狭い歩道があり、その外側は水路になっている。技術者を呼んでみるといい、とオルセンはレイラに言った。その見解によっては州を訴えることができるかもしれない。

「いいんです、べつに。道路さえ直してもらえれば」とレイラはオルセンに言った。「お願いですから、道路を直してもらってください」

オルセンは理解してくれた。彼はもうひとつ話を持ち出した。「捜査がどうなったかご存じですか。もう終わりました？　レジーは切符を切られました？」

警察はあなたに知らせるべきだ、とオルセンは言った。だが、知らせはない。レイラは確認しようと思った。電話を切り、郡事務所に電話をかける。彼らは何も知らなかった。彼女は、事故後に訪問を受けた警官のひとりの名刺を探し出した。

それからまもなくして電話が鳴った。キッチンのカウンターに座っていた彼女が出ると、「こちらバート・リンドリスバーカーです」と男の声が言った。事故のことを調べている、と彼は説明した。そして、病院へ向かう途中でレジーがメールをしているのを見た、という話をした。

「なんですって?」レイラはショックを受けた。「聞いていた話とはずいぶん違います」

捜査許可が出たのはいいが、携帯電話の記録を入手するのに難儀している、とリンドリスバーカーは言った。ショー一家もどの通信会社がレジーのものかをはっきり確認してくれないので、どこから手をつけたらよいか困惑しているらしい。レイラは、この警官は正直だが粘り強さもあると感じた。「自分ひとりで何もかもやっているという印象でした」

電話を切った彼女は、自分も何かしなければならないと考えた。運転中のメール。本当にそんなことがあったのだろうか? ばかばかしいうえに、とても危険ではないか。彼女はハーム・オルセンの事務所を思い出した。ひとり目の代表者、ライル・ヒルヤードはたしか州の上院議員だ。

レイラの心の奥に、本人にもよくわからない小さな引っかかりが生まれていた。いまはひと粒の種だとしても、いずれ花咲くときがくるだろう。いつまでも悲嘆に暮れているわけにはいかない。上院議員がその助けになるかもしれない。

19 レジー

マッチアップゾーン！　マッチアップゾーン！

シャツにネクタイ姿のレジーが、金属製の折りたたみ椅子の横に立ち、かつて所属したハイスクールのチーム「ベアリバー・ベアーズ」の二年生五人にディフェンスの指示を出す。二〇〇七年の冬、ローガン・ハイスクール「グリズリーズ」とのバスケットボールの試合中だ。

今シーズンの前回対戦ではグリズリーズがベアーズを圧倒していたが、今回は接戦だった。レジーは緊張し、その緊張感にのめり込んでいた。

その年の感謝祭の前に、チームコーチのヴァン・パークから、二年生のコーチを手伝ってくれないかと誘われ、グレッグ・マドソンのアシスタントコーチを務めていた。マドソンはトレモントンの地方紙『リーダー』の発行人でもある。

この試合は、マドソンが担当できないため、レジーがひとりでコーチを請け負っている。

スポーツ界には、「ディフェンスが優勝をもたらす」という金言がある。これはレジー自身のプレースタイルにも符合していた。てきぱきと動き、思いがけぬ仕事をし、チームメートの得点を助ける。彼はこの点を二年生たちに理解させようとしていた。つまりこの試合では、マンツーマン、1–2–2ゾーン、1–3–1ゾーンなど、ディフェンスを絶えず変更して、相手に的を絞らせないことが大切になる。

「コート上で、われわれはつねに変化していました」とレジーは言う。

ベアーズは六点差で敗れた。最初はがっかりしたものの、強豪相手に善戦したことで、ある程度満足感が得られた。バスケットボールは束の間の安らぎを与えてくれた。

「正直なところ、バスケットボールに夢中になることで、彼は大きな解放感を覚えていました」とマドソンは言う。彼はレジーを、選手としてだけでなく、子どものころからよく知っていた。五〇代も近いマドソンは、レジーと同じワードに所属し、レジーのハイスクールのチームでヴァン・パークのアシスタントをしていた。

事故直後の二〇〇六〜〇七年のシーズン、マドソンはレジーが悲しみを表に出していないと感じた。だが、どうも「おとなしい」し、「ときにうつろな目をしている」。事故のことを思い出しているようだったが、詮索するのもどうかと思われた。「彼が悩んでいるのはわかりました」

マドソンは、レジーにもっと責任を負わせるのがよい治療法になると判断。たとえば、ガードとセンターのどちらの練習をするかなど、レジーのコーチ上の裁量権をもっと認めるようにした。普通ならコーチ初心者にここまでまかせたりはしない。

「彼の話をみんなよく聞きました」。その地域のもっと小さな子どもたちがコーチの言うことをよく聞く、というのとは事情が違っていた。「彼には実戦経験がありました。修羅場をくぐり抜けてきたのです」

レジーはまたデートをするようになった。女性への関心を、本格的ではないにせよ取り戻していた。彼女の名はトリシャ・ハーバー。レジーよりひとつ年下で、レジーがあの事故のころにつきあっていたブリアナ・ビショップの親友である。

「事故の前、われわれの関係はあまりいいとは言えませんでした。事故のあとはもうたくさんという感じになり、ぎくしゃくしてしまいました」ブリアナとの関係について、レジーはそう説明する。

ブリアナは、車で四五分ほどのケイズビルに住んでいた。社交的な親友、ダラスの紹介で知り合った。トリシャは彼女たちの仲間のひとりである。髪はカーリーで、肌は少し浅黒い。父親がイスラエル出身だという。Tモバイルの店舗で働いていた。トリシャとレジーは交互に相手の町まで四五分車を走らせて、デートを重ねた。

彼女は事故のことを知っており、レジーに同情的な様子だったが、ふたりでその話題にふれることはあまりなかった。彼らは未来について話し合った。

セックスの話ではなく、結婚の話をした。性交渉は二度あったが、それだけだ。レジーは学習していたし、最優先の目標を持っていた。伝道に出ることをまだあきらめていなかった。「それは何にも増してやりたいことなのです」

たぶん六月には行けるだろう。中断したところから続きをやればいい。

二〇〇七年の春はそんな状況だった。全体としては以前の暮らしを取り戻しながらも、それが何かのきっかけでもろくも崩れ去らないとはかぎらないことを、うすうす感じていた。レイラ・オデルとその娘、ジャッキー・ファーファロとその娘たち、そしてレジーとその家族は、それぞれの生活を取り返そうとしていた。日常が不安定ながらも息を吹き返した。でも、そこにはいつも不安の影がつきまとった。州警察官のリンドリスバーカーが執拗に事実を追おうとしていたのだ。

ショー一家は、弁護士のジョン・バンダーソンとときどき連絡をとった。バンダーソンのモットーは、昔からいう「便りがないのはよい知らせ」。彼のほうからキャッシュ郡の役人に接触しようとはしなかった。「寝た子を起こすな、ですよ」。保険に関しては、ショー一家や保険会社からの質問にてきぱきと対応した。

レジーたちの側には、罪に問われることはまずないだろうとの感触があった。

ところが、そうではなかった。キャッシュ郡検察局の法的強制力をバックに、リンドリスバーカーは一月末と二月初めにベライゾンにファクスを送っていた。レジーの電話番号に関係する通信記録の提出を求めるものだ。そのファクス文書には、事故の三日後、九月二五日付のローガンの地方紙『ヘラルド・ジャーナル』に掲載されたキースとジムの死亡告知も盛り込んだ。

五回を下らない要請の末、ようやく記録を入手した。だが厄介なことに、その情報は意味をなさなかった。

リンドリスバーカーは援軍を必要とした。

会議はキャッシュ郡のハイウェイパトロール事務所で開かれた。リンドリスバーカーが事故直後に訪れた二階のオフィスである。この件で彼を手伝っているトニー・ハドソン、それから新顔のスコット・シングルトンがいた。

スコットはユタ州捜査局に新しく配属され、州最北の各郡を担当していた。主な仕事はバーを見て回り、本人いわく「ユタ州のばかげたアルコール法を執行する」こと。その仕事はあまり好きになれなかった。「複雑怪奇な迷宮のような法規」を守らせるため、「一晩中バーで目を光らせているなんてごめんでした」。

だが、時間があるときには好きな仕事もできた。個々の州警察官による捜査に時間がかかっている、ハイウェイパトロールの事案をサポートするのだ。未解決事件というよりも、複雑な事件といったほうがよいだろう。

シングルトンはようやく適職を見つけた思いだった。一九六四年、ユタ州のベンジャミンという小さな農村地域で配管工の息子として生まれた彼は、幼いころはともかく、学校では成績が振るわず、人にくっついて悪ふざけをしているタイプだった。スパニッシュフォーク・ハイスクールでは成績の平均が五段階で3・0を超えることはなく、クラスの道化役的な存在だった。学校のフットボール競技場の改修を祝って州兵が来たときは、何人かの仲間に交じって、「戦争ではなくフットボール場を」と書いたプラカードを掲げた。

大学は、サザンユタ大学、ユタ・テクニカルカレッジ、ウィーバー州立大学などを転々とした。

どの大学も数学期しかもたなかった。アルコール規制が緩いアリゾナ州までつい車を飛ばし、どんちゃん騒ぎに明け暮れてしまう日々だった。

内心、自分には学習障害があるのではないかと彼は思いはじめた。

「ほんの数秒しか集中できません。授業中にいくら集中しようとしても、たとえば窓があったら、それがどこにあろうと、気がついたら窓の外を見ているんです」

学位はとらず、農業や壁屋など職を転々とし、二一歳で結婚。その二年後に、ウェンドーバーのユタ州通関事務所に就職した。就職といっても、ごく初歩的な仕事をする非正規職員である。その後、苦労して州の交通警察官、そして捜査官になった。

その日の会議で、リンドリスバーカーはふたつの案件をシングルトンに伝えた。いずれも個人的に力を入れている案件だ。

ひとつには、ある男がからんでいた。ときおり思い出したようにレストランでリンドリスバーカーに話しかけ、夕食をおごると持ちかける。サンタクロースの恰好をした「不気味」な男だったらしい、とシングルトン。しばらく後、その男は後部座席に小さな男の子を乗せてタクシーを走らせているところを、警察に止められた。リンドリスバーカーが調べたところ、この男はかつてワシントン州で、未成年との「不純交際」の罪を認めていた。

リンドリスバーカーは「彼を性犯罪者としてユタ州で登録できるかどうかを知りたがりました」とシングルトンは説明する。

リンドリスバーカーがもうひとつシングルトンに伝えたのは、レジー関連のファイルだった。

話を聞いたシングルトンは驚いた。

「私は携帯電話を持っていなかったので、テキストメールもしたことがありませんでした。核物理学の話でも聞いているみたいでした」

ファイルにはCDが何枚か入っていた。

リンドリスバーカーはそれをシングルトンに渡して言った。「これが証拠だよ」


ディスクにはベライゾンから提出された通信記録が入っていた。

一見、とりたてて役に立つとは思えなかった。

二日後、シングルトンはブリガムシティの窓のない部屋にいた。ふだんは捜査官として相手を威圧するのに使っている場所だ。ディスクの一枚をコンピュータに挿入すると、とんでもないものが現れた。通話とテキストメールの交じり合ったリストがえんえんと続いている。日付順にも時間順にも並んでいない。まったくランダムで、期間は何カ月にも及ぶ。

「ごちゃまぜの状態でした」とシングルトンはふり返る。通話とメールを分け、長いものと短いものを分けていった。それから日付ごとにデータを整理した。

バーをパトロールする合間に断続的に作業を進めること数週間。報告事項もさほどないので、リンドリスバーカーにはあまり連絡を入れなかった。

三月の半ばになって、光明が見えはじめた。シングルトンはコンピュータの画面に見入っていた。

六時四七分。

二〇〇六年九月二二日の午前六時四七分にメールの記録がある。事故があった朝だ。これって事故の瞬間では？

報告書をあらためて確認する。カイザーマンの九一一番通報は――

六時四八分。

そしてその直後、リンドリスバーカーのクラウン・ビクトリアの無線機が鳴ったのだ。シングルトンは座り位置を変え、首をひねって考えた。

「おいおい」とつぶやく。

もう一度数字をチェックし、起こったできごと、メール、通話の順序を確かめる。ついにわかった。

レジーは六時一七分にテキストメールを送信している。

次いで六時四三分に。

次いで六時四五分に。

次いで六時四六分に。

シングルトンは考えた。やつは衝突時にメールを送信していた？

リンドリスバーカーにはまだ電話しなかった。間違いは犯したくない。わからないことがまだまだ多すぎる。たとえば、レジーは誰にメールしていたのか？　宛先はすべて同じ番号、八〇一‐XXX‐三一二六を示している。

この番号にかけてみようかとも思ったが、考え直した。慎重を期すべきだ。誰かが出て、冷たくあしらわれるだけかもしれない。電話を切られてしまうかもしれない。

数日後、シングルトンは紙を一枚取り出し、事故報告書に記されたできごとを順番に書き出した。事故の発生はいつか、九一一通報はいつか……。それから、レジーのメールの時刻もすべて書き出した。

州から支給された、年代ものの青いフォード・トーラスに乗り込む。午前一〇時三〇分。彼はレジーの家があるトレモントンに向かった。そしてメールの時間も念頭に、レジーが運転した道を同じようにたどる。最初のメールは六時一七分に送られていた。

射撃場に近づいたとき（マイル標付近の事故現場も遠くない）、シングルトンはふたつのことに気づいた。(1)道路を見ながら持参した紙に目をやるのは難しい。だからいっそう、メールをしながら運転するという行為には驚かされる。(2)レジーが道中ずっとメールをしていたのは間違いない。

「衝突を起こしたときもメールをしていたのです」

疑問がいくつか頭のなかに生じる。

これをどう証明するか？

レジーは誰にメールしていたのか？

相手の八〇一－XXX－三一二六は誰の番号なのか？

二〇〇七年三月一七日は聖パトリック祭だった。ソルトレークシティのローレン・マルキーという一七歳の少女は、家族で休暇をとっていたフロリダから帰ってきたばかり。その日の夕方、彼女は日焼けした肌もあらわな明るい黄色のホルタートップのドレスにジーンズ、大きなグリーンのフープイアリングといういでたちで、このアイルランドの祭りを祝いに出かけた。

最後に耳にしたのは警告の言葉だった。「あの子に言ったんです。酔っ払い運転の車に気をつけてって」と、母親のリンダは言う。

日付が一八日に変わった真夜中すぎ、彼女は家に帰ろうとしていた。酒は飲んでいない。別の方向から来ていたのは、セオドア・ヨルゲンセン、一九歳。ユタ大学近くの大通りで、彼は赤信号を突っ切った。

ローレンのメルセデスSUVが交差点を通過しているのがわからなかった。ヨルゲンセンから見て直角の方向だ。彼の車はメルセデスの運転手側に激突。ぶつかられた車は吹っ飛んだ。ローレンは頭を激しく打ち、ほぼ即死だった。検察によれば、ヨルゲンセンは事故の直前、携帯電話を使っていたらしい。

ローレンの母親リンダは言う。「携帯電話について注意するなんて思いもしなかった」

THE NEUROSCIENTISTS

20 神経科学者

カンザス大学フレイザーホールの窓のない小さな部屋で、マギー・ビーバーシュタインという三年生がちょっとした装置の前に座っている。ゲームセンターのドライビングゲームにそっくりだ。足元にはブレーキとアクセルのペダル。彼女はハンドルを握り、ハイウェイが映し出されたスクリーンを見ている。バーチャルな車をその道路に沿って走らせるのだ。

アチリー博士とその協力者たちは、マギーとテクノロジーの関係をここから読み取ろうとしている。

マギーの仕事は車を運転し、道路に気持ちを集中させること。ただし、テキストメールの受信時に備えて、携帯電話にも耳を澄まさなければならない。彼女にすれば手慣れたものである。「運転中にメールすることはときどきあります」と、彼女はきまり悪そうに言う。ジーンズをはき、青いシャツの上に緑のセーターを着ている。カンザス州マンハッタンで育ったマギーは、一六歳のときに初めて自分の携帯電話を持った。勉強しているときは使わないようにしたいのだが、なかなか無視できない。人づきあいに欠かせないのだ。「アルファ・デルタ・パイ」という女子学生クラブに深くかかわっており、最近ではミュージカルの脚本を手伝ったりした。

ソーシャルコネクションには、いったいどんな価値があるのか？ 携帯電話の魅力をそれほどう高めているのか？ ソーシャルコネクションというとき、即座に満足が得られることにはどんな価値があるのか？

これに先立ち二〇一二年に発表された画期的な実験で、アチリー博士と同僚はこれらの疑問に答えようとした。博士は次のような基本的前提を置いた。もしテクノロジーがアルコールのように常習性のあるものなら、アルコール依存症の人間が酒をやめられないように、テクノロジーの利用者もデバイス上での情報のやりとりをやめられないだろう——。

実験では、三五人の学生に、お金と情報をそれぞれどの程度重要視するかを尋ねた。

お金の場合は、少額の金銭（たとえば五ドル）をすぐにもらうほうがよいか、一定の時間をおいてからもっと多額の金銭（たとえば一〇〇ドル）をもらうほうがよいかを尋ねる。期間や金額を変えて質問することで、学生が時間よりもお金を重視する程度を探った。別の言い方をすれば、「金銭欲がどの程度切迫しているか」。

次に、情報の価値についても同様の質問をした。たとえば、大切な人から携帯メールが届いたとする。すぐに返信すれば五ドルもらえるが、一時間待って返信すれば一〇〇ドルもらえる。さて、どうするか？ 五分後ならいくら、三〇分後ならいくらなど、ほかのパターンも示して尋ねた。

この手のサイエンスは「神経経済学」と呼ばれており、そこではたとえば「遅延割引」という考え方が登場する。経済的（金銭的）な尺度や影響力を用いて、さまざまな問題（メールへの返信など）をめぐる意思決定のあり方を知る、そのひとつの手段である。

実験からは、メールの価値がお金の価値よりも早く低下する、と学生たちが考えていることがわかった。平均すると、一〇〇ドルの価値は一二日待たされると約二五％下がり、一四二日待たされると五〇％下がった。多少の目減りはあるものの、お金は比較的長いあいだ価値を持続させたことがわかる。

ところがメールは違った。その情報価値は一〇分で二五％下がり、五時間で半減したのである。情報は短時間で価値を失ってしまう。お金は時間がたっても価値を保つ。

この結果は理屈に合う、とアチリー博士は説明する。「友人から『このあとパーティーに行くよ』というメールを受け取って翌日まで返事をしないのなら、わざわざメールをチェックしないほうがよかったくらいです」

次なる実験では、メールの送り主によって情報価値の割引スピード（切迫度）が変わるかどうかも調べた。

すると、メールが大切な人から来たときと、友人や遠い知人から来たときでは、切迫度が明らかに違っていた。具体的には、たとえばボーイフレンドや妻からのメールだと、返信の価値はわずか二五分で二五％低下するが、友人の場合は三時間、知人の場合は一〇時間かかる。論文では次のようにドライな記述がされている。「現状のデータによれば、いますぐ返信しなければならないのは、それが単純に短期間しか価値を持たない行動にかかわるからではないかと思われる」

実験からはもうひとつ重要な結論が導き出された。被験者の学生たちは、アチリー博士に言わせれば、情報の価値をじつに「合理的」に評価したのである。彼らはただ反射的な行動として「即レス」したのではない。もしそうなら、彼らと社会的情報の関係は、アルコール依存症患者と酒の関係と同じになる。状況が差し迫ったアルコール依存者は、一週間後の一ダースのビールよりも、きょうの一本のビールに大いなる価値を見出す。

対照的に、学生たちは少しくらい待つことは苦にしなかった。メールの送信者しだいでは、多少なりとも待つ用意があった。それは合理的な対応だ、中毒患者の反応ではない、とアチリー博士は考えた。

おそらく、テクノロジーが生み出すのは中毒や依存症ではなく、ある種の衝動なのだろう。テクノロジーの魔力のありかを知るには、もっと突っ込んで調べる必要があった。

その答えを見きわめるための別の実験で、アチリー博士はカンザスシティ画像診断センターの技術者たちと協力して、喫煙者の脳とネット依存者の脳を比べている。煙草を楽しみにする喫煙者は、近況をアップデートするのを楽しみにするフェイスブックユーザーと同じように脳が機能しているのだろうか?

さらにもうひとつの実験では、不注意運転(いわゆる「ながら運転」)に関する問いかけをしている。ソーシャルコネクションを支える情報の魅力と、道路を見なければならない必要性を比べたとき、そのどちらが強いのか?

きょう研究室でマギーが参加しているのは、そのための実験である。全体から見れば小さなパーツのひとつにすぎないが、その結果に彼らは目をみはることになる。

マギーがドライビングシミュレーターに向かっている部屋の隣は、やはり小さな部屋で、コンピュータスクリーンが三つ、テレビモニターがひとつある。これらはマギーの行動を記録するカメラからのフィードを受信している。

それを見つめているのは、アチリー研究室の研究者、チェルシー・ハドロックだ。彼女はマギーの様子を観察しながら、コンピュータのひとつを使って、ときおりテキストメッセージをマギーに送信する。内容は二種類。ひとつは、パーティー会場へ行くために従うべき道順。もうひとつは、パーティーやその出席者に関する社会的情報である。

ハドロックが次のように打つ。〈あなたはいつ来るんだってミシェルがずっと訊いてるわ〉

マギーが返信する。〈もうちょっとで着けると思う。行き方を教えて〉

ハドロックは道順をメールする。〈XX通りを左折してYブロックよ〉

マギーはハイウェイの運転を終え、市街地にさしかかる。

ハドロックが打つ。〈ジェンドリーがお疲れよ。なんでまだ着かないの?〉

マギーがどれくらいじょうずに運転しながらメールを打てるかを調べるのが目的ではない。とはいえ、彼女にせよ、他の被験者にせよ、じつにへたくそであることがわかる。衝突のリスクは高まるばかりだ。ほかにもわかったことがある。意外といえば意外なことに、社会的情報のほうが道順情報より価値が高いようなのだ。

シミュレーションの最後にマギーにはクイズが出される。運転中のことをどれくらい覚えているか？　彼女が覚えていたのは、ミシェル、ジェンドリー、マイケルという架空の人物の名前とその振る舞いだった。

それ以外のことは全部忘れていた。道順も、通過した交差点の数も、通り過ぎたビルも……。


価値ある情報の獲得――それがテクノロジーの大きな魅力のひとつになっているようだ。すると、携帯電話などのデバイスがわれわれのふたつの基本システムである「トップダウン型注意」と「ボトムアップ型注意」にどのように訴えかけるのかもわかる。目標志向のトップダウンシステムは、関係を築き、つながりを持ち、連絡をとりあい、パートナーシップを結ぼうとする。われわれのデバイスはそれにうってつけだ。そして、電話の着信やメールの受信によってその目標は強化され、われわれは新たな身の上話をさらに聞きたくなる。これはボトムアップシステムの働きによるものだ。

だが、そうしたデバイスはまた別の方法で、われわれの神経の配線の深い部分に（おそらくは意外にも）働きかけている。それはたんに情報を受け取るのではなく、情報を共有することの価値と関係がある。じつは、われわれは個人情報を公開するとき（つまりメールを送ったり、各種サイトで近況を報告したりするとき）にも神経化学物質を放出しているのだ。

二〇一二年に『米国科学アカデミー紀要』に発表された研究では、ハーバード大学の研究者たちがMRIスキャンを使って脳のなかをのぞき、「情報を公開するときに何が起きるか」を調べている。

そこでわかったのは、情報を共有すると脳の報酬領域が活性化するということだ。「人間がこれほど積極的に自分をさらけ出すのは、食べ物やセックスといった原始的な報酬と同じく、そこに内在的価値があるからではないか」

その発見を補強するのが、カリフォルニア大学アーバイン校の教授、グロリア・マーク博士による研究である。同教授は一連の調査を通じて、人はフェイスブックをたくさん利用したときのほうが仕事で満足しやすいことを発見した。仕事にもっと身を入れるわけではないが、もっと満足はするのだ。その一因はフェイスブックへの投稿や情報共有である。

研究者たちはさらに、ひっそりと情報公開する（たとえば日記を書く）のではなく、公開した情報が誰か（とくに友人や家族）に見られることがわかっている場合に、脳内の報酬回路がどうなるかを調べた。これを測定するため、彼らはアチリー博士らが用いたような神経経済学の実験を行った。ひっそり公開する場合と誰かに公開する場合とで、金銭的な評価がどう違うかを見たのである。

「被験者はお金をもらわなくても喜んで自己について考えてくれたし、それだけでも報酬にかかわる脳の領域は活性化されたが、この効果は、考えた内容が誰かに伝えられるとわかっているときに増大した。つまり、自分の考えを他人に開示することに満足を感じているものと思われる」と研究者たちは書く（傍点筆者）。

結論はこうだ。「内なる思考や知識を他人に公開したいという気持ちは、人類の極度の社会性を支える効果があるのかもしれない」

テクノロジーが持つ大いなる魅力を理解するのは容易ではない。中毒性があるのか？　衝動をもたらすのか？　それともたんに習慣になるのか？　その理解が簡単でない一因は、テクノロジーそのものの複雑さと関係がある。そこにはさまざまなメカニズムが働いている。デバイスが提供する情報の質（個人情報や伝えられるニュースの価値など）に関係するものもあれば、たんに機械的な、情報提供の方法に関係するものもある。

たとえば、デバイスの情報提供スピードは、われわれがどの程度その機器に引きつけられるかを左右する。もうひとつ機械的な観点としては、デバイスにふれるだけで脳が刺激を受け、それによって何かが起きるという側面もある。キーボードにふれると文字が現れる。スクリーンにふれるとメールが開き、ゲームの銃が発射される。このステップは情報の受信とは別物の、もっと原初的なものだろう。私たちは情報を受け取る前に、刺激応答という行為を通じて一定の刺激を受けているのだ。

デバイスの衝動的な利用を左右するもうひとつの要因は、その人の個性や嗜好である。影響を受けやすい人もいれば、受けにくい人もいる。

さまざまな研究者がさまざまなメカニズムを探っており、そのさいに使うツールも多様化している。アチリー博士のように行動面を重視する者もいれば、画像診断に関係する者もいる（アチリー博士は画像も扱うが、この分野を主戦場とするのはガザリー博士をはじめとする科学者だ）。こうした各種メカニズムを調べる方法はこれだけではない。人がテレビゲームやインターネットをするときに放出される神経化学物質を分析する方法もある。測定に用いるツールも進化している。そこからわかるのは、ある種の双方向メディアを使うと、中毒性のある薬物を使ったときと同じような神経パターンが刺激を受けることである。

アチリー博士は、インターネット依存症の専門家、デイビッド・グリーンフィールドにもっと詳しい話を聞くよう勧めてくれた。グリーンフィールドは薬物とテクノロジーの化学的な関係について調べている。それに、自分自身薬物で苦労した経験があるので、話に説得力がある。

21 テリル

メアリー・スラットが営む下宿屋で、ジョン・ウィルクス・ブースはエイブラハム・リンカーンの暗殺計画を立てた。スラットを有罪とする証拠には矛盾があったものの、彼女は大統領暗殺の共謀罪に問われ、絞首刑を宣告された。

二〇〇七年の初め、レジーの事件がほんの少しずつ進展を見せるなか、六年生になるテリルの長女ジェイミーは、メアリー・スラットに関心を持ちはじめていた。彼女は「ユタ歴史フェア」の展示準備を開始した。説明書き、写真、首つり縄……。この首つり縄がユニークなのは、小さな輪っかの数が一三ではなく五つしかないことだ。スラットの絞首刑執行人も当時、これと同じものを使った。なぜなら、スラットは絞首刑になるべきではない、輪っかが少なければ切れやすいと考えたからだ。

四月初旬、ジェイミーは同フェアのジュニア部門で優勝し、その夏のナショナル・ヒストリー・デーにワシントンDCで開催されるコンペに参加する資格を得た。これを皮切りに、ワーナー家の子どもたちは教室でも教室外のコンペでも好成績を収めてゆく。

ジェイミーは早い時期から医者になりたいと考えていた。「誰かが苦しんでいるのを見るのがいやだから」。学校の成績はよく、弟のテイラーもこれに刺激を受けた。テイラーが二年生のとき、飛び級で四年生になってはどうかと校長が提案した。その年、四年生のテイラーは父親が心臓外科医をしている友人の家へ行き、その場で医者になりたいと決心する。ただし心臓外科医ではない。「心臓は気持ち悪いので」、神経外科医をめざそうと考えた。「脳はクール」というのが結論である。

テリルにとって、学びたいという高揚感は、彼女が子どもたちに植えつけようとし、みずからも手本を示そうとした情熱の表れだった。仕事に対する熱意とそれは変わらない。彼女は子どもにきちんとかかわる親でいたかった。自分の両親とは一八〇度違うしかたでわが子に接したかった。子どもが何かに興味を持てば必ずサポートした。どんなイベントであろうと車で連れて行ってやり、準備があれば夜遅くまで手伝った。まるで改宗者のようなその熱心さは、仕事でも家庭でもけっして失われることがなかった。

テリルたちの家には大きな裏庭があったが、必ずしも子どもたちが遊ぶのに適した環境ではなかった。テリルは、近所の人がバックホーを持っているのを思い出した。

「砂場をつくってやろうと思ったんです」

隣人の手を借りて、彼女は深さ一・二メートル、縦三メートル、横六メートルほどの穴を掘り、そこへトラック一杯分の砂を注文して流し込んだ。テイラーと、近所の友だちのトラビスが首まで砂に埋まっている写真がある。ふたりが五歳のころだ。

彼らはルークというチョコレート色のラブラドールレトリバーを飼っていた。ジェイミーとテイラーが赤い台車をルークにつなぎ、砂場の向こうへボールを投げると、ルークが台車を引きずりながらボールのほうへ駆けて行く。二〇〇一年四月にアリッサが生まれた。上のふたりは一歳そこそこのアリッサを台車に乗せては、ルークに引っ張り回させた。

テリルとアランはテザーボールコートをつくり、トランポリンとブランコも置いた。金銭的な余裕はなかったが、これくらいの娯楽ならお金もあまりかからない。テリルは庭いじりをしながら、子どもたちの様子を見守ることができた。

台車に乗ってルークに引っ張られているとき、アリッサはときどき砂場に落っこちた。「飛んで行ってましたね」テリルは当時をふり返って笑う。アリッサにけがこそなかったが、身近な人に支援と笑いを提供し、冒険心を奨励するべく、テリルが何ごとも限界まで追求しようとしていたことがうかがえる。

テイラーは六歳前後のとき、科学に関心をいだいた。テリルは彼に顕微鏡と化学実験セットを買ってやった。試験管とガラス管、アルコールランプ、スチールウール、それに塩酸、炭酸ナトリウム、水酸化カルシウムなどの本格的な化学薬品が入っている。

「母さんはいつも僕たちにおかしな課題をよこしました」とテイラーは言う。

数年後、彼女がほぼ毎日の日課として子どもたちを近くの公園へ連れて行ったときのこと。テイラーがジップラインに乗りたがった。滑車にぶら下がったまま大人に押してもらい、足を地上数十センチのところでぶらぶらさせながら、二～三メートル先の端まで滑っていくという遊具である。

「母さんに押してと頼みました」テイラーは思い出して言う。もう一度乗るときには「もっと強く押してと頼みました」。テリルはそうした。次は「本当に本当に本当に強く押してと頼んだら、母さんはそのとおりにして、僕は落っこちて両手首を折ってしまいました。まるで笑い話ですが、当時は笑えなかった。痛かったし」

やりすぎにならない程度の支援と関与――そのさじ加減がテリルには難しかった。子どもたちに強くかかわりたかったし、幼少期らしい幼少期を過ごさせてやりたかったからだ。何か見過ごしたことがあるのではないかと、彼女はいつも不安だった。「毎日そんな気持ちでした」とふり返って言う。

「子育てするうえでは、家庭内の暴力をなくしました。アルコール依存も終わりにしました。昔からの因縁を断ち切りたいとの思いだったのです」

家庭や学校での子どもたちの積極性を養うために、彼女がとくに大切だと思っていたことがひとつある。ジェイミーが五歳、テイラーが三歳のとき、テリルはケーブルテレビの契約を打ち切った。テレビの視聴時間を制限しようと、子どもが小さいときにそうする家庭は多い。テリルにとって、これは本質的で象徴的な措置だった。自分自身の子ども時代についてよかったと思うことは数少ないが、教会と読書、そしてテレビをあまり見なかったのはよかったと思う。母親はテリルとマイケルを家から出し、庭にいさせることが多かった。しつけとしてそうしたというよりも、ダニーの機嫌を損ねないようにとの配慮だったにちがいない。

きっかけはもうひとつあった。義母、つまりアランの母親は「テレビを見るくらいしかやることがないので、ベッドから出ようとしない」人間だった。

「私もアランも、子どもをほったらかしの親に大きな影響を受けました」とテリルは言う。「私は子どもたちをテレビの前に座らせておくつもりはありませんでした」

テリルは知らなかったが、科学的な研究によって、テレビは親子関係に多大な影響を及ぼすことがわかっていた。なぜなら、光や音、ストーリーを用いて、われわれの注意システムに尋常ならぬ方法で働きかけるからだ。ほかのデバイスが次々に登場しても、テレビがいまなお主力メディアでありつづける理由も、科学的に説明されている。

テレビがついていると、親子は互いに干渉しない。マサチューセッツ大学アマースト校の、この分野の有力研究者たちが二〇〇九年に発表した研究概要によれば、親はテレビを見るよう指示を受けていなくても、子どもへの語りかけが少なく、子どもの問いかけや投げかけへの反応も少なくなる。

この実験では、テレビが消えているときは六八％の確率で親子が対話するが、テレビがついているときはそれが五四％だった。さらに、対話の「質」が落ちることもわかった。親が本気でかかわろうとしなかったり、子どものほうを見なかったりするのだ。

でも、だからどうしたというのか？　親子の対話が減るとどうなるのか？　研究者は、親が子どもにあまり話しかけず、かかわりを持とうとしなければ（要するに子どもではなくテレビに注意を向けていれば）、言語の発達に遅れが出かねないと言う。さきの二〇〇九年の研究はこう結論づけている。「早い段階からテレビに接していると、発達上のマイナスの影響があることが徐々に裏づけられている」

テレビを見る小さな子どもには短期的な影響も及ぶようだ。二〇一一年、米国小児科学会の学術誌『ペディアトリクス』は、ある実験の結果を発表した。四歳児に一定の知的作業をさせてその成績を測定したのだが、作業の前に、第一のグループにはテンポの速い九分間のアニメ「スポンジボブ・スクエアパンツ」を見せ、第二のグループにはもっとテンポの遅い番組を見せ、第三のグループには絵を描かせてテレビをまったく見せなかった。

すると、テンポの速いアニメを見た子どもは指示に従うことがあまりできず、タスクに取り組むさいの忍耐力も劣っていた。これらは「実行機能」にかかわるタスク、言い換えれば、集中力をつかさどる脳のきわめて重要な部位、前頭前皮質が関与するタスクである。

研究者によれば、実行機能が損なわれるのは、テンポの速さだけでなく、アニメの空想的な性質にも原因がある。消化すべき情報が子どもの脳にたくさん提供されるため、認知資源が使い果たされるのではないかという。「この結果は、テレビによる娯楽と注意力のあいだに、長期的にもマイナスの関係があるという他の研究結果と共鳴しあう」。二〇〇四年に『ペディアトリクス』に発表された研究では、幼少期にたくさんテレビを見た子どもは七歳までに注意障害を発症する可能性がかなり高いことがわかった。

テレビの見すぎには他の影響もある。テレビばかり見ていると運動量が減り、体重が増え、肥満にいたることもある。体重が増えるのは、体を動かさないからとはかぎらない。ハーバード大学公衆衛生大学院は「肥満の蔓延に大きな位置を占める小さなスクリーン」と題する勧告のなかで、体重増の原因はむしろジャンクフードの広告だと述べる。「テレビを見ると――とくにテレビでジャンクフードの広告を見ると――肥満が増えるのは、運動量が変化するからというよりも、主に食べ物や食べる量が変化するからだとわかってきた」

では、テレビはなぜそれほど魅力的なのか？　理由は思ったより複雑である。カギは「注意の捕捉」「注意理論」だ。マサチューセッツ大学アマースト校の二〇〇九年の論文執筆を支援した、この分野の第一人者のひとりに同校教授のダニエル・アンダーソンがいる。彼はけっして根っからのテレビ反対派ではない。それどころか、「セサミストリート」「ドーラといっしょに大冒険」「ブルーズ・クルーズ」など、数々の番組について相談に乗ってきた。

アンダーソン博士の見解によれば、テレビの魅力は相反することも多いふたつのシステム、すなわち「トップダウン型注意」と「ボトムアップ型注意」に起因する。

簡単にまとめると、トップダウン型注意は目標を定め、その目標に集中するための能力である一方、ボトムアップ型注意システムはきわめて原始的で、光や音や動きの変化によって捕捉され、事実上、チャンスや脅威になりそうな環境の変化についてトップダウンシステムに注意を促す役目を果たす。

アンダーソン博士は、赤ん坊がボトムアップシステムのせいでテレビを気にしやすいことを発見した。言い換えれば、音や光の変化に反応しているのだ。「変化があると、それが何かを知りたくなります」

するともう一歳半くらいから、スクリーン上の情報を処理するようになり、次いで高次の思考がかかわりだす。スクリーン上で起きていることを理解したいと考える。光や音にたんに引きつけられるのではなく、番組で起きている内容に集中するので、いよいよトップダウン型注意システムが発動しはじめる。

だからといって光や音や動きの変化が無意味になるわけではない。アンダーソン博士いわく、テレビがこれほど強い影響力を持つのは、トップダウン型の集中力が揺らいだときでも、こうした注意捕捉ツール（つまりは光や音の変化）を使って、視聴者を絶えず物語の世界へ引き戻すからだ。「テレビにはつねにそのような下層部の働きがあります」と彼は言い、トップダウンとボトムアップの融合についてコメントする。「よくできたテレビ番組はきわめてシームレスな体験を提供します。自分が何かに操作されているとは感じないまま、スクリーンにふたたび注意が向くようになるのです」

彼が言うには、そうした魅力に加えて、「注意の慣性」という考え方がある。つまり、テレビに長く釘づけになればなるほど、そこから離れられなくなるのだ。これは番組がコマーシャルに変わっても当てはまる。つまり、トップダウンシステムが関与しないときでも、注意システムは引き続き作動する可能性がある。

アンダーソン博士は人気の子ども番組に数多くかかわっており、テレビに対して批判的な研究者ではない。正しい番組づくりをすれば教育的効果がある、と彼は考えている。同時に、機会費用を考えると、テレビの見すぎには慎重になるべきだとも言う。テレビを見れば見るほど、他者とのやりとり、両親との会話、体を動かす頻度が減るからだ。「子どもがテレビを見るのは悪いことではありません」と彼は言い、ただし、と念を押す。「テレビを見るよりもためになることが、たぶん世の中にはたくさんあります」

テレビはトップダウンとボトムダウンのシステムを互いにうまく組み合わせることで力を発揮する。だが、パーソナル通信デバイスによるそうしたシステムの「乗っ取り方」に比べれば、それはたんなる子どもだましにすぎない。テレビ番組の筋書きは結局、おもしろくてもパーソナルではない。たしかに「オレンジ・イズ・ザ・ニュー・ブラック」や「リアル・ハウスワイブズ・オブ・ニュージャージー」の展開は気になるけれど、携帯電話やコンピュータが届ける筋書きは、あなた自身の生活に関するものだ。トップダウンシステムが大いに発動され、ボトムアップシステムがある種の「筋書き更新」を知らせてこれを補強する。テレビもやはり強い引力を持つとはいえ、携帯をはじめとする最新デバイスは、かつてないほどわれわれの注意を引きつけることができる。

22 正義を求めて

レジーには子どものころから好きなモルモン書の言葉がいくつかあったが、事故のあと、次の言葉が心に響くようになった。「この世の生涯は試しの時期となり、神に逢う用意をする時期となり、またわれわれが話す死者の復活の後にくる永遠の生命を受ける用意をなすべき時期となった」*

その年の春、一家はレジーが伝道活動に戻れるよう、根回しと精神修養にいそしんだ。婚前交渉についてビショップに嘘をつき、自宅に呼び戻された過去を考えると、ハードルはけっして低くない。それにいまは、事故をめぐる漠然とした不安が彼をとらえて放さない。

四月、教会のリーダーから必要なステップの説明があった。自分の関心事と信念について手紙を書くというのが、そのひとつだった。彼は次のように書いた。昨年与えられた試練のおかげで、神に近づくことができた。信仰心がぶれたことは一度もない。教会を休んでいた数カ月間は勉強や読者に費やした――。

「どんなに最悪の日でも、伝道は私の願いでした」

＊ 「ばべるばいぶる」ホームページより

いままでにないケースなので、モルモンの関係者も情報がもっと必要だった。記録によると、ショー家の弁護士、ジョン・バンダーソンが六月初旬に教会関係者と会い、レジーは伝道活動に出る資格があると太鼓判を押している。ジムとキースの死に対してレジーに責任があるとの見解は、警察から聞こえてこなかった。

スコット・シングルトンの事件記録によると、三月下旬から四月、五月にかけて、彼はレジーが事故の朝、誰とメールしていたかを探っていた。

電話番号の主がわかれば、通信記録が物語る事実を証明できるかもしれない。つまり、レジーは事故の最中または前後にメールをしていた、と。メールの内容もわかるかもしれない。何が彼の注意をそらしたのか？　ふたりの男性が亡くなった背景には、もっと明確な（そして痛ましい）理由があったのか？

電話会社と交渉したことがある人なら、答えを見つけようとするシングルトンのいらだちも理解できるだろう。答えを知らない相手から支援を引き出すのはただでさえ困難なのに、法律がからむ事案の場合、話はもっとややこしくなる。召喚状（記録の提出要求）の妥当性を電話会社が確認したがるのだ。たくさんの電話会社に、たくさんの電話番号。そして、たくさんの官僚的手続き。

三月一九日、シングルトンは郡副検事のトニー・ベアードに会い、レジーが事故のさいにメールをしていたと思われる新しい謎の電話番号について召喚状をとった。

ベアードのほうは相変わらず、この事案と少し距離を置いていた。まだ緒についた段階にすぎない。やるべき仕事がたくさんあったし、家では四人目の子どもが生まれたばかりだった。それに、ショーの事案が大きな意味を持つとはやはり思えなかった。この時点では、シングルトンが慎重に事を運ぶよう目配りするのが自分の仕事だと考えた。ただ、この新しい捜査官はなかなかの仕事ぶりだった。「入念な男でした。とても几帳面というか。リンドリスバーカーがそうでないというのではなく。シングルトンは着実に一歩ずつ分析を進めていきました」

だが、シングルトンはリンドリスバーカーを精いっぱい見習おうともしていた。まるで何かに取りつかれたように。その三月の朝、彼はベアードに必要なサインをもらっただけでなく、ノースメインストリート444のシンギュラー社の店舗に召喚状を届けた。対象は女性で、彼の事件簿には「クリス」とだけある。

きっかり二週間後の午後三時二〇分、シングルトンはキャッシュ郡検察局に電話をかけ、AT&Tから連絡があったかと尋ねた。だが応答はないとのこと。そこで翌日ベアードに会うと、AT&Tの法務部に連絡してみればどうかと言う。面倒なことに、シンギュラーとAT&Tは合併したばかりだった。

結局はシンギュラーの法務部に電話をかけた。すると、その手の要請に応じるには一〇日から一五日かかるという。すでにそれくらいの時間は経過しているではないか。シングルトンはいらだってきた。そして、それは彼だけではなかった。四月一三日の金曜日、シングルトンはリンドリスバーカーから連絡を受けた。

「キースの奥さんのレイラが、召喚状がどうなったかを知りたがっている」

「いまやってます。もう少しだと思います」

でもそれは事実ではなかった。事態はおかしな方向へと展開する。

五月七日、シングルトンは今度はAT&Tの法務部に電話をかけた。事件簿にはこうある。

「それはTモバイルの電話番号とのこと」

ずっと見当違いをしていたらしい。なんたる時間のムダ！　だが数時間後、Tモバイルの法務部と話をしたあと、どうしてそんな間違いをしたのかがわかってきた。Tモバイルによると、その番号がシンギュラー・AT&Tから同社に移行したのは九月六日。あの事故のわずか三週間前だ。

その日、シングルトンはもうひとつ召喚状を書き、五月八日火曜日にベアードに提出し、その後Tモバイルに届けた。

予想はしていたが、また押し問答があり、官僚的な手続き、長い待ち時間があった。

五月二三日にTモバイルと話をすると、捜査機関に対応する専門部署があるので、そこの担当者に召喚状をファクスせよと言う。その日の正午すぎ、彼はレイラに電話をかけ、まだ調べは続いていると知らせた。翌日、Tモバイルのその担当者に詰め寄った。

担当者は「情報があるので、あすファクスします」と彼に言った。それを聞いて背中がぞくっとした。

ファクスが届いたときの興奮を、彼の事件簿は必ずしも再現していない。

「Tモバイルからファクス。電話番号八〇一-XXX-三二二六の主は、ブリアナ・ビショップ、八七年一二月八日生まれ」

ブリアナ・ビショップ、一九歳。それがメールの相手だった。

ビショップに関する情報を受け取った翌日、シングルトンは同じく捜査官のスタン・オルセンに電話をした。オルセンは以前、ブリガムシティでいまのシングルトンと同じ仕事をしていたが、その後、ファーミントンへ異動になった。ブリアナ・ビショップの住まいはそちらのほうが近い。シングルトンとオルセンはブリアナにどう接触するかを話し合い、シングルトンが最初にコンタクトをとったあと、ふたりでインタビューすることにした。

五月二九日の午後二時三〇分、彼はこの謎の女性に電話をかけた。

「ビショップさん、こちら捜査官のスコット・シングルトンです。ユタ州捜査局からかけています」

「もしもし、何のご用ですか?」

「電話では話せません。一度お会いしたいのですが」

二時四八分、ブリアナが折り返し電話をよこす。翌日の夜、仕事が終わってからファーミントン・オフィスで会うことになった。シングルトンは興奮した。ついに具体的な答えが得られるかもしれない。

だが、そう簡単にはいかなかった。シングルトンが電話を入れた二時三〇分と、ブリアナが折り返し電話をかけた二時四八分のあいだに、彼女は二回電話をかけていた。ひとつは友人のトリシャに。彼女はレジーとデート中だった。もうひとつはレジー本人に。通話は一一分に及んだ。

翌晩、シングルトンとオルセンは、デイビス郡ファーミントンにあるハイウェイパトロールの小さなオフィスで、ブリアナ・ビショップ、その父親のスティーブ・ビショップとともに木製のテーブルを囲んでいた。

シングルトンの目に映るブリアナは「うら若いブロンドの一九歳で、とてもナーバスになって」いた。彼女は仕事着姿だった。シングルトンは黒っぽいシャツにネクタイを締めていた。彼はインタビューを録音した。

「あなたがトラブルに巻き込まれているわけではありません。ただわれわれは、あなたがとても重要な情報をお持ちだと考えています。それをご提供願えないかと」インタビュー記録によると、シングルトンはそう語っている。「何枚か写真をお見せします」と彼は言った。若い男たちの写真を見せる。白人、短髪、端整。遠くからだとレジーと間違えそうな男たちだが、彼女は知らないと答えた。

次いでレジーの写真を見せる。「この若者を知っていますか?」

「はい」

「ほう。誰ですか?」

「レジー・ショーです」

ふたりの関係を尋ねると、彼女は説明した。「そのう、ちょっとデートしたことはありますけど、まあただの友だちでした。いまはほとんど話もしませんし」

事故について知っていることはあるかと尋ねる。

「ほんの少し。でもそんなには」

「教えてくれますか？」

「えーっと、その日の朝、起きて仕事へ行く準備をしていました。ふだんどおり彼にメールしました。その日、デートの約束をしていたので。おはよう、調子はどうって。そうしたら返信があって、事故に巻き込まれた、ほかのふたりは亡くなったみたいだ、パニックになりそうだって」

「つまり彼はあなたにメールして――」

ブリアナはシングルトンを遮った。「それは事故のあとです。それで心配になって彼に電話しました」

シングルトンはもともと、これは難しいインタビューになるだろうと考えていた。レジーの友人であるブリアナは話をごまかすかもしれない。場合によっては嘘もつきかねない。それに、部屋のなかのもうひとりのキーパーソン、ブリアナの父親の存在もあった。シングルトンがのちに述べているように、「父親をなだめる必要がありました。娘がとがめだてされるのを見てはいられないでしょうから」。最初、シングルトンはうまく誘いをかけて事実を聞き出そうとした。

最初のメールについて、やさしく説明を求める。送ったのは誰？　私です、と彼女は言った。

次にオルセンが尋ねる。「おはようと書いたら、なんて返事が？」

「事故に巻き込まれた。パニックになりそうだ。ほかのふたりは亡くなったみたいだ」

どうやら、ふたりの捜査官がメールの記録をすべて持っていることを、ブリアナは知らないようだった。シングルトンは尋ねる。「彼があなたのメールを読んでいるときに事故が起きたという可能性はあると思いますか？」

「思いません。だって彼からの連絡は直後だったんですよ。たったいまって言って——そんな人じゃないんです。運転しながらメールをするような人じゃ。ええ、運転中は電話にだって出ないと思います」

シングルトンは業を煮やしていた。電話の記録を取り出す。

「テキストメールの一覧です。まずは——衝突が起きたのが六時四九分。メールはその前に始まっていますね。六時四三分、六時四五分、六時四六分、六時四七分。いずれも彼の運転中です」

シングルトンの言った衝突時間は少しだけ違っていて、本当は六時四七～四八分である可能性が高い。でも彼の論点に影響はない。

ブリアナは考え込んだ。

シングルトンは詳しく説明する。メールが始まったのはレジーが家を出るときであったこと、そして捜査の結果、「彼はあなたとメールをしていて、センターラインを越えて対向車と接触……その車は横にスピンしてピックアップトラックとぶつかり、あのふたりが亡くなった」と思われること。

「ええ」

シングルトンは地元紙の死亡告知に載っていたキースとジムの写真を取り出した。「こちらは娘を持つ父親、こちらはふたりの幼子の父親です。ふたりとも奥さんがいます。レジーが話してくれないので、どうか力を貸してもらいたい」

「事故の直後にメールをくれたと思っていました」

シングルトンは言った。記録によれば、レジーとブリアナは衝突の前に一一回、衝突後に一三回メールを交換している、と。

そこへ父親が質問した。「つまり返信が続いていたということですね。この子が返信して、彼がまた返信して——それがテキストメールだと考えられる、と」

そうです、とシングルトンは答えた。いらだちは見せないようにしていた。この若い女性は、おはようのメッセージを送ったことは覚えている。取るに足らない内容だ。そしてそれ以外は覚えていないと言う。

「ひとつだけ覚えているのは、衝突のあとに彼からメールがきたという……それだけなんです」

話は行きつ戻りつした。向こうがやんわりと質問を受け流し、こちらがどうにか話を聞き出そうとする。父親が言った。「知っていることは全部言ったほうがいい」

「わかってる」

「どんな小さなことでも」

「でも、覚えているのは本当にそれだけなの。だって去年の九月とかでしょう」

インタビューはまだ半ばだった。ふたりの捜査官はほかにもてきぱきと質問をした。事故について、ほかに誰に話をしたか？　その日、メールを何通送ったか？　今後のことについても少しふれた。ブリアナが尋ねる。「で、彼を刑務所送りにしようというわけ？」

「われわれが求めているのは責任です」とオルセンが答える。「もし誰かが運転中にメールをしていて、あなたのお父さんの車に接触し、それでお父さんが亡くなったら——責任をとってほしくありませんか？」

彼女はそれ以上何も言ってくれなかった。膠着状態から次なるフェーズ、両者が塹壕を掘って牽制しあう法廷闘争の域に入ろうとする前ぶれのようだった。

シングルトンとリンドリスバーカーも、こうなったらあきらめるつもりなど毛頭なかった。それどころか、ブリアナ自身のメールと電話の記録を確認して、彼らはさらなる憤りを感じていた。彼女はレジーの運転中に六回メールを送っているのだ。彼が五回、彼女が六回。

あの日の運転中に、レジー・ショーは一通のメールを読んだり送ったりしたことになる。

だが、レジーはこの発見について何も知らなかった。彼は逃げおおせたと思っていた。しかも、非常によいできごとが起ころうとしていた（少なくともそう思われた）。

電話が鳴ったとき、レジーはリビングにいた。地元のビショップ、エルドン・ピーターソンからだった。彼は、レジーがガールフレンドとの関係について嘘をついたビショップ、デイビッド・ラスリーの後任である。

レジーは部屋の固定電話をとった。

「いいニュースだ、レジー」

次の言葉を聞く前に、レジーの目にはもう涙があふれていた。

「伝道に行けるよ」とピーターソンは言った。「二週間以内に出発するから、荷作りをしておきなさい」。向かうはプロボの宣教師訓練センター、それからカナダへ行く。最初の伝道をするはずだった場所だ。

「きみの苦労はわかってるよ、レジー」

レジーは喜びと安堵で泣いた。


六月七日の午後三時、シングルトンとオルセンはブリアナにもう一度インタビューを試みた。今回は抜き打ちである。ふたりは彼女が働いている貨物倉庫に現れた。パーティションでいくつかに仕切られた奥の部屋で、彼らはインタビューを録音した。部屋にはほかに誰もいない。ブリアナを含めた三人で同じ机を囲む。

シングルトンはブリアナが全部を話していないと確信していた。ひょっとしたらレジーに入れ知恵されたのではないか。勤め先に来れば父親もいないので、もう少し厳しく問い詰められるかもしれない。

検察がだんだん本気になってきた、とシングルトンは述べた。「テキストメールと携帯電話の記録を精査して、かなりの証拠をつかみました。あなたはまだ完全に正直には話してくれてませんね」

「そうなの?」とブリアナが尋ねる。

シングルトンは例の記録についてあらためて説明した。事故の前または最中にやりとりされた一一通のメール。ブリアナが答える。「あのあともパパとそのことを話していたんです。パパにも言ったんですが、彼にメールしたのは一度だけだと思っていました。でも、その前にもメールしていたみたいですね。わかりません」

「つまり間違っていたかもしれないと?」

「そうかもしれません。一〇〇%確信があったわけじゃないし」

シングルトンは軽い興奮を覚えた。つかみどころのなかった真実に近づいているという手応えを感じていた。次いで、事故後のレジーとのやりとりについて尋ねる。レジーは何と言っていたか? 前回のインタビューと同じように、彼は事故に巻き込まれたのだと彼女は説明した。「車どうしがぶつかって」

「私はすべてを知りたいんです」とシングルトン。

「ほかに言うことなんてありません。本当に覚えているのはそれだけです」

シングルトンはまたしてもいらだちを感じた。

「長ければ一年になりますよ」と言う。

「え?」

「司法妨害は重罪です。情報を持っているのに提供しない、それが司法妨害です」

「知っていることはすべて話しています」

捜査官たちは衝突前のことに着目した。「それで事故の前、おふたりはメールをやりとりされていたわけですね?」とオルセンが尋ねる。

「記録にあるのなら、そうなんでしょう」

「朝の六時一七分とあります。で、一一通」

「そうなんでしょう、ええ」

ブリアナは通話記録の存在は認めているものの、重要な告白をしてくれそうにはなかった。彼女はたぶん、レジーが自分のやったことを認めたとか、彼が事故のさなかにメールをしていたとか、そういう話はしないだろう。そのとき、ブリアナの上司が入ってきて、あとどれくらいかかるのかと訊いた。徐々に切り上げモードに入る。あといくつか質問があった。一週間前の電話についてシングルトンは尋ねた。前回のインタビューの前夜である。彼は通話記録を入手し、ブリアナとレジーがしゃべったのを知っていた。彼女がレジーから何か言われたのかを知りたかった。

「質問にこう答えろ、これこれについては話すな、みたいな指示を受けましたか?」

「いいえ、そんなことはありません。正直に答えろと言われただけです。彼が何かを隠そうとしているとは思いません」

シングルトンはがっかりしていた。レジーを過失致死罪に問うことについて、検察の態度はまだまだ及び腰だ。ブリアナからたとえば、レジーが過失責任を認めていた、メールについて何か言っていた、あるいは捜査妨害の指示を出していたという証言がとれていれば……。「動かぬ証拠が何かほしかった。でも、ありませんでした」

六月一一日、メアリー・ジェーンは弁護士のバンダーソンに電話し、レジーが一〇日後には宣教師訓練センターへ向けて出発し、その後ウィニペグに行く予定だと話した。バンダーソンは教会弁護士のマイケル・グラウザーに以後の指導を託した。レジーの出発はまもなくだった。

23 議員

二〇〇七年五月、シングルトンが答えを探し求めているころ、ワシントン州知事のクリスティン・グレゴワールは運転中の携帯メールを禁止する初の州法に署名した。『シアトル・タイムズ』によれば、署名する知事のわきには、そのような車にはねられて重傷を負った経験がある子どもたちがいたという。

記事にはこうある。二〇〇八年一月に発効予定のこの法律では、違反者に一〇一ドルの罰金が科される。また、運転中の携帯電話の使用を禁じる法律にも知事は署名し、こちらは二〇〇八年七月に発効予定である——。

全米の議員たちが、ドライバーによる携帯電話の使用を規制すべきかどうかを検討していた。最も興味深いバトルがくり広げられていたのはカリフォルニア州である。シリコンバレーの中心地、パロアルト周辺を選挙区とするジョー・シミティアンという州議会議員が、運転中の携帯電話の使用を禁じる法案をめぐって、二〇〇一年以来、携帯電話業界と激しくやりあっていたのだ。

初めてこの法案を提出したとき、彼は議会の委員会でこう説明した。「私が求めているのは、携帯電話会社がすでに認めている『運転中の携帯電話の使用は危険だ』という事実を法律として成文化しようという、ただそれだけのことです」

たとえば、二〇〇一年四月に開かれた公聴会で、民主党の州下院議員だったシミティアン（のちに州上院議員に選出）は、スプリント社のマーケティング資料の一部を引用し、次のように読み上げた。「スプリントPCSの携帯電話を車のなかで使用されるさいは、通話ではなく運転に集中し、ハンズフリーキットをご使用ください。そうでないと人身事故や対物事故につながる可能性があります」

シミティアンは証言台に立ち、資料を読み上げながら、なぜスプリントはリスクを認識していながら法案に反対するのかと問いかけた。「まったく理解に苦しみます」

だが毎年のように、この法案は否決された。シンギュラー、スプリント、AT&Tなど、大手携帯電話会社のロビイストたちがありとあらゆる反論を試みた。いわく、ものを食べたりしても運転手の気は散るではないか、携帯電話だってそれと変わらない――。スプリントのロビイストは、携帯電話の使用を法律で禁じたら、警察の人種的偏見のせいでマイノリティのドライバーが止められやすくなり、差別をあおると主張した。要するにどの会社も、法律で縛るのではなく、一般的な呼びかけで注意を喚起すれば十分だという論調である。運転中の携帯電話使用が爆発的に増えていようが、おかまいなしに。

実際、シミティアンの指摘によれば、カリフォルニア州ハイウェイパトロールは二〇〇一年からデータを集計しており、事故につながった不注意の原因としては携帯電話の使用が毎年一位である。

五年間のバトルの末、二〇〇六年にようやく法案は可決された。その年の九月に知事が署名し、(移行期間を経た)二〇〇八年七月に発効の運びとなった。

シミティアンの次なる目標はメールの禁止だった。

だが、ユタ州がこうした措置をとることはまずありそうになかった。この州は共和党支持者が多く、米国でも五本の指に入るほど保守的である。個人の自由を制限するような規制に州議会議員が賛成することはない。

たとえば、シートベルトの着用を義務づける法律は基本的に存在せず、バイクの運転時にヘルメットの着用を義務づける法律もない。他州の議員が運転中の携帯電話使用を規制しようかと考えているころ、ユタ州の議員は、八歳以下の子どもにチャイルドシートを義務づけるという別の安全策をはねつけるのに忙しかった。そう思い返すのは、元警察官でソルトレークシティ地区選出の州議会議員、カール・ウィマー。州議会のなかでもかなり保守的な人物であり、この種の法案を審査する法執行・刑事司法委員会の一員だった。

ウィマーは交通安全の推進者たちが公聴会にやって来たのを覚えている。「子どもたちが一列にずらっと並んで、『僕(私)の命を救って』と言うのです」。ウィマーは彼らに同情し、あるときは一〇〇〇ドルの自腹を切ってチャイルドシートを買い、希望する家族に配ったりもした。でも、チャイルドシート義務化の法律には賛成できない。政府の介入をへたに許してはならないというのだ。

運転中の携帯メール禁止についても同じ意見だった。

「自由な社会で暮らそうとするなら、好きなことをする自由を認めなければなりません」

24 神経科学者

二〇一二年四月、アチリー博士は交通安全関連のカンファレンスに出席するため、フロリダ州オーランドを訪れた。パネルディスカッションでいっしょになったメンバーに、インターネット依存症のある専門家がいた。自分自身リハビリ施設に入ったことがあり、依存症については相当詳しい。

彼の名はデイビッド・グリーンフィールド。一九七〇年代の初め、ニュージャージー州北部のパラマス・ハイスクールに通っていたとき（まだ一五歳になる前だ）、校長室に呼ばれて選択を迫られた。リハビリ施設に行くか、退学するか――。

ベトナム戦争中のヒッピーの時代で、ドラッグを中心とした「抵抗の文化」が花盛りだった。加えて、グリーンフィールドの家庭は不安定だった。つまり、グラフィックデザイナーの父と、美術教師かつ芸術療法士の母は折り合いが悪かった。子どもは四人。デイビッドは一番上で、感受性もいちばん強かった。

一四歳になるころにはドラッグを試していた。マリファナ、バルビツール、ＬＳＤ。その後、両親の薬箱から鎮痛剤を拝借して売りさばくようになった。

「助けを求めていたんです」と、ふり返って彼は言う。「両親の結婚生活は崩壊していました」彼は「ハロルドハウス」という、古い倉庫を利用したリハビリ施設に四カ月半入院した。もう立ち直った。それでも、と彼は言う。ハイスクールの生徒指導員たちは「さじを投げていました」。彼らは間違っていた。デイビッドは一九八六年にテキサス工科大学で博士号を取得して心理学者となり、その後、コネチカット大学医学部の臨床精神医学准教授になった。依存症に関する議論にはとりわけ関心が深い。現在は、テクノロジー依存症を世界で初めて医学的疾患として扱った組織、インターネット・テクノロジー依存症センターの所長を務める。

グリーンフィールドに言わせれば、テクノロジーをめぐって起きている現象は、七〇年代にドラッグをめぐって生じた現象に匹敵する。「まったく同じです。テクノロジーの導入と文化的受容のスピードは、ドラッグのときとあまり変わりません。違うのは、片方は合法で片方は違法ということくらいです」

各地のカンファレンスで、人々は眉を吊り上げるようにして言う。「ちょっと待った。テクノロジーとコカインやヘロインは違うでしょう。ドラッグの場合は脳の組織が損傷を受けますから」。あるいは、「テクノロジーへの耐性が高まるという証拠はない」「携帯電話を手放せばいい」アチリー博士はグリーンフィールド博士を評価しているものの、テクノロジーそのものに中毒性があると納得しているわけではない。ただし、議論はいつでも歓迎だ。

精神疾患のバイブルといわれる『精神疾患の診断・統計マニュアル』*。そこに記される障害の

* American Psychiatric Association 編、日本精神神経学会 日本語版用語監修、医学書院、2014 年

内容と分類は、新しい発見や理解を反映して、版を重ねるごとに変化する。関連委員会はテクノロジー依存症の問題にも取り組んできたが、それを正式な診断結果としては認めていない。現在は「他のどこにも分類されない衝動制御障害」という大まかなカテゴリーに分類されている。

「インターネットやテレビゲームは中毒性のある行為か？」と題する二〇一二年のある論文によれば、イェール大学とユニバーシティ・カレッジ・ロンドンの研究者は、衝動制御障害の特徴は「自分や他人に有害な行為に走る衝動や誘惑に抵抗できない」ことだと結論づけた。また、「当人はその行為をする前に緊張感や高揚感を覚え、行為の最中には喜びや満足、安堵を感じる」という。

ある意味、これは語義上の定義である。イェール大学の論文が言うには、addiction（中毒、依存症）という言葉はラテン語の addicere に由来する。「虜になる」「縛られる」といった意味だ。大ざっぱな定義である。それが薬物乱用の意味に絞られるようになったのは、ここ三〇年ほどのことにすぎない――と言うのは、イェール大学医学大学院の心理学者、同論文の共著者のひとりである依存症専門家のマーク・ポテンザだ。

要するに、携帯メールやテレビゲーム、ネットサーフィンを中毒性のドラッグと同じ範疇に入れて論じる研究者はあまりいない。メールやゲームは魅力的かもしれないが、中毒性まではないだろうと多くの研究者は言う。

グリーンフィールド博士にとって、それは意味論にすぎない。「言葉は『衝動』でも『依存症』でもなんでもかまわないのですが、そこでは明らかに、ドラッグの場合と同様、合理的・論理的な情報処理や判断が後回しになっています」

彼の話は傾聴に値する。まず、われわれの各種デバイスとの日常的なやりとりに関する描写や分析が共感を呼ぶ。その分析法には真実味がある。また、テクノロジーが「中毒性」のあるものに分類されないとしても、神経科学者のなかには、テクノロジーの使用とドラッグの使用によって同じような化学物質が脳内に放出されると指摘する者もいる。

一九九八年、グリーンフィールド博士がコンピュータテクノロジーの魅力に気づきはじめたころ、ロンドン大学インペリアルカレッジ医学部の神経科学者たちが、ビデオゲームをする男性被験者八名の脳を観察した。

被験者はマウスを使って戦車を操縦し、敵の戦車を回避または破壊しながら、旗を回収しなければならない。旗をたくさん回収すれば、次のレベルへ進むことができる。レベルが上がるたびに七ポンドの報酬が得られる。

被験者にはラクロプライドという化学物質を少量投与する。ラクロプライドの特性は、血流とともに脳内に達すると(「血液脳関門」を越えると)ドーパミンに付着することである。また、放射性同位体でもあるため、PETスキャンを使って可視化できる。

研究者はこれによって体内の写真を撮影できる。その点ではX線と似ているが、ひとつ大きく違うのは、PETではさまざまな神経伝達物質、そして細胞活動まで見られるという点だ。数世代前には想像もできなかった技術である。

結果は興味深いものだった(確定的でない部分はあるにせよ)。ドーパミンの水準が二倍以上になったのだ。さらに、ゲームの成績がよかった被験者のほうがドーパミンの増加が著しかった。グリーンフィールド博士にすれば、これはきわめて重要な証拠である。「コンピュータゲームをしていると、ドーパミン中枢《センター》がまるでクリスマスツリーのように明るくなるのです」

ドーパミン中枢《センター》はきわめて重要だ。それは基本的にわれわれ人間の「報酬中枢」である。よいことをしたときにそれを教えてくれる。食事やセックスなど何かをなし遂げたときに明るくなる。われわれの生存の助けになる。

しかし、食事やセックスのように「生存上の価値がある」とは思えない行為であっても、脳がそれを快いと判断すれば、報酬中枢は明るくなる。破壊的な行為をしているときでも活性化されることが往々にしてある。たとえば、その人の感受性によっては、コカインなどのドラッグをやったり酒を飲んだりしたときに活性化される。

ドーパミンの放出を促すしくみはドラッグによってさまざまだ。コカインなどの常習性薬物はドーパミンの吸収を妨げるとされる。したがってシナプスに残るドーパミンが多くなる。一方、アンフェタミンなどの薬物はドーパミンの初期放出を促進する。

グリーンフィールド博士が考えるに、テクノロジーの振る舞いはアンフェタミンに近い。デバイスを軽くクリックするだけでドーパミンが少量放出され、ちょっとした快感が得られる。キーを押せば何かが起こる。たとえば、スクリーンに文字や写真が現れ、メールが開く。そのたびにわずかながら報酬が手に入る。

「ある意味、麻薬です」

しばらくすると、デバイスが存在するだけで小さな快感が予期されるようになり、しだいにそれがエスカレートする。グリーンフィールド博士はこれを「アンティシパトリーリンク（予期的なリンク）」と呼ぶ。

喫煙者が煙草のパッケージを開けたり、煙草に火をつけたりしたときに、ニコチンが吸引できると思っていささか興奮するのも、似たような現象だろう。「コンピュータを見るとドーパミンが放出され、キーボードを前にするとまた放出され、キーを押せばまた……という具合にどんどん連鎖するのです。まるでドーパミンに支配されているみたいに」

これは基本的に双方向的な現象である。キーにふれると反応があり、スクリーンにふれると情報や報酬が得られる。それ自体悪いことではない。だが、グリーンフィールド博士によると、われわれは次から次にその欲求を満たそうとする。クリック、またクリック。すると、強い興奮が感じられなくなったとき、物足りない気分に陥る。「だから、もっともっととなるのです」

二〇一二年に『ジャーナル・オブ・バイオメディスン・アンド・バイオテクノロジー』に掲載された論文は、（ビデオゲームではなく）インターネットの利用とドーパミンの関係について明らかにしている。

研究者たちはPETスキャンを使って、北京大学深圳《しんせん》医院でインターネット依存症（一日八時間以上インターネットを利用）の治療を必要としている五人の男性（二〇歳前後）の脳を調べた。この五人の男性は、対照群の九人の男性（インターネットのヘビーユーザーではない）に比べてドーパミン輸送タンパク質が減少していた。何よりも特筆すべきは、慢性的に薬物を乱用する人の場合もドーパミン輸送タンパク質に変化が見られるということである。言い換えれば、薬物乱用時に見られるのと同じプロセスや結果が、インターネットのヘビーユーザーの脳内でも生じているのだ。

この論文は次のように結論づける。「以上より、インターネット依存症は脳のドーパミン系の機能不全と関係していると思われる。また、以上の結果は、さまざまな種類の依存症（薬物とのかかわりの有無を問わない）に関する過去の報告と一致している」

注目したいのは、「さまざまな種類の依存症（薬物とのかかわりの有無を問わない）」という文言である。というのも、インターネット依存症をめぐって興味深い科学分析が新しく始まる一方、多くの科学者が次のような疑問を呈しているからだ。「行為にも依存性はあるのか、それとも依存性があるのは薬物だけか？」（ここで議論の中心になっているのはギャンブルなどの行為である。これはいわゆる依存症なのか、もっと別の衝動に分類されるのか？）

インターネット利用者の行為は「依存性あり」と定義できる――そう思わせるような調査結果を研究者は数多く指摘している。前出のイェール大学の論文（「インターネットやテレビゲームは中毒性のある行為か？」）は各種調査やアンケートの結果をまとめており、そこからは全世界の人々が広く「インターネット依存症」にかかっていることがわかる。たとえば、米国の学生を対象にした二〇一一年の調査では「罹患率」は四％、香港の小学生～高校生を調べた二〇〇八年の調査では一九・一%だった。そのほか、韓国の学生で一〇・七%、英国の学生で一八・三%という報告もある。

ビデオゲームのやりすぎ(PVG)に関する各種調査でも同様の結果が出ている。

同論文には次のようなおもしろい裏づけデータも記載されている。つまり、インターネット依存症とされた人には、薬物乱用や病的賭博と共通する性格特性ないし精神状態が見られるというのだ。このようにインターネット依存症と併発する症状(共存症)には、「注意欠如・多動性障害(ADHD)、気分障害、不安障害、人格障害」などがある。

この論文によれば、インターネット依存症の人は薬物乱用者と同じように「新奇探索性が強く、報酬依存性が低く、衝動性が強く、リスク負担度が高く、自己評価が低く、有利な意思決定が苦手」だという。

ここから推定できるのは(証明こそできないにしても)、病的賭博や薬物乱用に陥りやすい人がいるように、インターネット依存症になりやすい人もいるということだ。

イェール大の論文は神経学の研究についても調べており、そのなかのひとつは、レースゲームのプレーヤーによるドーパミン放出がアンフェタミンやクリスタルメスによるそれと似ていることをうかがわせる。イェール論文はこう明言する。「以上を総合すると、インターネット依存症は薬物関連の依存症と同じようなかたちでドーパミン神経系と関連づけられるものと思われる」

テクノロジーの誘引力や刺激力については、研究者がよく引き合いに出す比較対象が薬物以外にもうひとつある。それはギャンブル、なかでもスロットマシンだ。そして、その類似性はまったく意外なところに由来している。すなわち、インターネットやスマートフォンなどのデバイスが中毒性を持つのは、価値のない情報をたびたび提供するからだ——というのである。

どういうことなのか？

フランク・スコブリートというアメリカの作家はスロットマシンについて次のように書く。

「まるで高級娼婦のようにそこにたたずみ、望外の喜びを約束する。願望と欲望がことごとく満たされることを約束する」

スロットマシンがそれほど人を虜にするのは、プレーヤーをたびたび欲求不満にさせるからだ、と言えなくもない。プレーヤーはいつ満足感が得られるのか、望みがかなうのかを知らない。要するにスロットマシンは「変動強化」「間欠強化」と呼ばれる原則に基づいて稼動している。動物をモデルにした古典的な実験を例にとろう。たとえばヒヒに、レバーを押すとディスペンサーから食べ物が出てくることを教える。ただし、レバーを押してもどのタイミングで食べ物が出てくるかはわからない。

「ヒヒは一定の速さでレバーを押しつづけます。食べ物はまだか、食べ物はまだか？　押すたびに自問しながら」と説明するのは、カンザス大学の心理学教授、ダン・バーンスタイン。アチリー博士の近くに研究室をかまえている。

こうした比較をいやがる人もいるだろう。だが、食べ物を求めてレバーを押しつづけるヒヒと、次のメールの着信を待って携帯電話にかかりっきりの人間に、さほど違いがあるとは思えない。

それに、われわれが受け取るメールの多くはとくだん役には立たない——そう言ってほぼ差し支えないだろう。ひとことで言えば、スパムである。ウイルス対策ソフトのメーカー、シマンテックが二〇一二年に発表したレポートによると、Eメールの六七%はスパムだという。そう聞いても驚く人はあまりいないだろうし、たぶん、そうした迷惑メールの大部分はブロックされる。だが、エンドユーザーまでたどり着くのはほんの一部だとしても、コンピュータや携帯電話に情報が届いて音が鳴ったときに、それがどんな中身かを知るのは難しい。古典的な変動強化だ。

また、純粋なスパムメールはおいておくとしても、実際のところ、おもしろい情報もあればそうでない情報もある。テキストメッセージや電話、Eメール、フェイスブックの投稿のなかには、ためになるものや楽しいものがあるにはある。でも、誰からどんな情報が来るのかは事前にわからない。テキストメールが届くたび、「誰からのどんな内容のメールかわからないので、どれくらい価値があるかもわからない」とグリーンフィールド博士は言う。「すると、絶えずメールをチェックするはめになります。というのも、ときどき当たりのメールが来るのだけれど、それがいつかは予測できないからです」

「インターネットは新しさと変化の宝庫です」と彼は言う。「だからフェイスブックは大人気です。ダイナミックで新しく、つねに変化しているのは事実です」

25 レジー

二〇〇七年六月中旬、レジーはプロボの宣教師訓練センターにいた。興奮、そしてちょっとした緊張感が満ちている。シャツにネクタイ姿の成人した若者が集まり、二年間の布教の旅に備えて教室で何時間も授業を受ける。生涯の夢がかなう最高の時間。だがまた、二年間は家を離れることになる。携帯電話はなし。テレビもラジオもなし。帰省もなし。中心は福音書。それだけだ。

全員が名札をつけている。最も目立つのは「末日聖徒イエス・キリスト教会」の文字。それから、少し小さめに各自の名前。ただし、個人を越えた、もっと大きな探究の旅が始まることをそれは示している。

〈エルダー・ショー〉。長老の仲間入りだ。

名札をつけたとき、レジーは身震いした。さらに、地方部会長が彼を地方部リーダーに指名してくれた。一〇人の若者を束ねる立場である。理由はわからなかったが、たぶん、短期間とはいえ前にもセンターにいたことがあり、年齢もやや上だからだろうと想像した。第一日目の昼食時、彼はグループのメンバーをともなって食堂へ行き、訳知り顔で彼らをいちばん短い列に誘導した。

どうやらメンバーにはそれが好評だったらしい。レジーが前にもセンターにいたことを彼らは知らなかった。「うちのメンバーが私を気に入ってくれたのがわかりました」

夜は一部屋に四人ずつが、ふたつの二段ベッドに寝た。レジーはぐっすり眠った。

一週間たったころ、昼食前に彼が教室にいると、ドアがノックされた。プログラムの運営を手伝っている男が彼の頭をつついて言う。「エルダー・ショー、ちょっとお願いできますか」

一気に不安が押し寄せる。「いやな予感がしました」

廊下で、電話がかかっていると言われた。「バンダーソンという弁護士さんからだ」

ふたりは重い足どりでメインオフィスへ向かった。本来は電話を使うべきでないことは、レジーもよくわかっていた。それでも電話に出ろというのは、何か重要な用件にちがいない。しかも相手は弁護士だ。

「もしもし」とレジーは言った。

「やあ、レジー」とバンダーソンは切り出し、すぐにレジーの不安を消し去った。「引き続き万事順調だよ」

レジーはただ聞いていた。

「電話したのは、ちょっとサインしてほしい書類があるからなんだ。いわゆる委任状というやつでね」

バンダーソンの説明によると、レジーが伝道に出ているあいだに弁護士として対処すべき事案が生じたときに備えて、この書類が必要だという。「こうしておけば、何かあるたびに電話をしなくてもすむ」

レジーはこれ以上ないくらいほっとした。まるでこう言われたみたいだ。「大丈夫、何も起こりやしない」。少なくとも彼にはそう聞こえた。

「電話を切り、とても安心しました」

トニー・ベアードは苦悩していた。ショーの事故に向き合うことができる立場に自分はいる。たしかに悲惨な事故だった。だが、事故はどうしても起きてしまう。そもそも何が事実だったのか？　法的にはどうか？　担当検事の責任は何か？

ベアードは自分の仕事について訊かれると、よくこんなふうに答える。「サインひとつで人の人生をめちゃくちゃにできる」

「検事として何かできるからといって、何かしなければならないということではありません」と彼は言う。「世の中にはいろいろな悪事があります。社会にとって迷惑なことがたくさんあります。でも、われわれは自分が持つ権力についてよく考えなくてはなりません」

シングルトンが証拠集めを始めるなか、ベアードはこれが裁判になるかもしれないと感じ、慎重に思いをめぐらせた。危険運転や過失致死に関する法律には詳しい。検事としての権力をいかに行使するか、いろいろ頭を悩ませた経験もある。約六年前の事件では、二一歳の男性を起訴した。彼はトヨタの小型ピックアップトラックで、ローガン渓谷の狭い、場所によっては危険な道を走っていた。その日、彼は友人たちにブレーキの具合がよくないと話していた。そしてある家族の車に時速一二〇キロで突っ込み、母親と祖母を死亡させた。

運転していた青年の祖父は、ある地方裁判所の判事を引退したばかりだったため、この事故は世間の注目をいっそう集めることになった。ベアードは陪審員の前で、被告はブレーキの調子が悪いと知ったうえで無謀な運転をしたと主張。彼にすれば当然、「刑事過失」に相当する行為だった。それはユタ州では（他州もだいたい同じだが）、被告が一般的な注意義務から「著しく逸脱」していることを意味する。

ドライバーは自分の行為が間違っていることを知っていい、る、べ、き、だった。そして正義から大きく逸脱してしまった。法律や常識に完全にもとる行為である。その危険性を認識していたか否かは関係ない。「認識しているべきだった」のだとベアードは説明する（これより罪が重いのは「無謀な」行為。この場合は危険性を実際に認識し、適法な行為を無視する）。

ブレーキに不具合があったこのドライバーの場合、ベアードはふたつの訴因で過失致死の判決を勝ち取った。それなりの重罪である。ドライバーは九〇日間投獄されるとともに、残りの人生に汚点を残した。人を死に追いやった罪の重さは永遠に消えない。

それから四年後の事件では、ベアードがショーの事案をどう見ているか、その考え方の一端がうかがえる。二〇代の男性が妻を助手席に乗せて、風が強く険しいブラックスミスフォーク渓谷の道を走っていた。前の晩、彼らは友人たちとキャンプをして遅くまで過ごし、その朝は仕事に間に合うよう帰りを急いでいた。するとドライバーがハンドル操作を誤り、車は道路をそれて木に激突、川のなかで停止した。男は一命をとりとめたが、妻は木に頭をぶつけて亡くなった。

見た目は事故だが、ベアードをいらだたせる要素がひとつあった。証拠が示すところによれば、ドライバーは前の夜にマリファナを吸っていたらしい（毒物検査報告では彼がその影響を受けていたことは証明できなかったにしても）。

ベアードは腹を立てた。「ひと晩どんちゃん騒ぎをしたあと、この世で誰よりも愛しているはずの人と進んで車に飛び乗り、スピードを出しすぎたのです」と彼はふり返って言う。この事件はある意味、人格にかかわるものだった。こんな行為ができるのはいったいどういう人間なのか、とベアードは思った。

さらに、この事件には文化的な側面もかかわっていると思われた。ドラッグの使用に対する嫌悪。ドラッグが脳や行動に与える影響に対する認識の欠如。

だが、毒物検査の結果が陽性ではなかったため、ブレーキに不具合があったさきの案件よりも難しい展開になることは認めざるをえなかった。ベアードはそれでもドライバーを起訴し、またしても勝利した。ここでも過失致死が認められ、懲役六〇日の判決が下された。

そして、レジーの件である。

まず何よりも、とベアードは考えた。電話にメール、それが運転に及ぼす影響という問題そのものが新しい。時間を見つけて検討した結果、彼は次のような結論に達した。「本件が過失致死その他を構成するかどうかについて指針となるような、判例法をはじめとする法的根拠は見当たらない」

携帯を使用しながらの運転が原因で事故が何件起きたかという統計データはなかった。ただし事例報告は増えていた。ほんの数日前、アイダホ州の山中で一八歳のドライバーがテキストメールを送信中にハンドル操作を誤り、一五歳の同乗者がフロントガラスを破って外へ投げ出されるという事故があった。同乗者の少女は重体で入院中だった。

ベアードは考えていた。実際にメールをしていたとして、レジーは自分の行為が無謀なものだと知っているべきだったのか？　新しいテクノロジーについては「一般的な注意義務」がはっきりしないとも考えられるが、その場合に、レジーが一般的な注意義務から大きく逸脱していたと主張することはできるのか？

彼は本当に知っていたのだろうか？　ベアードは自問した。ベアード自身はそれが危険で誤った行為だとわかっているが、レジーはどうか。知っているべきだったのか？

「携帯メールは自動車のように昔から存在しているものではなく、とても新しい現象です」とベアードは言った。ほかにも疑問はあった。運転中にメールをするのは、ガムの包み紙をはがしたり、清涼飲料水をひと口飲んだりするために下を向くのとどう違うのか？　どの行為も集中力を一瞬途切れさせ、悲劇を招く。だが、ほんの一瞬の、ちょっとした偶発的なできごとにすぎない。ものを食べたり、煙草を吸ったり、ラジオの選局をしたり……。

手を振るというのはどうか？　若いころ、ベアードはバイクに乗りながら郵便配達人に手を振ったことがある。でも、その先は思い出したくなかった。ベアードの人生で最悪の悲劇だった。人は間違いを犯すものなのだ。――とはいえ、そんなことを考えているときではなかった。それがレジー・ショーの一件にどう影響するかも問題ではない。

問題は事実であり、法律である。第一印象は変わらなかった。つまり「前例はありませんでした」。

「パンフレットをお渡ししてもかまいませんか？」と、レジーはその女性に尋ねる。女性がうなずくと、彼は末日聖徒イエス・キリスト教会のパンフレットと連絡先の電話番号を手渡す。

レジーは幸せな気分だった。最初の「売り込み」はうまくいったらしい。じつはまだ、カナダに着いて正式な伝道を始めたわけではない。ソルトレークからウィニペグに向かうデルタ航空の機内である。

ソルトレーク空港では、スーツに身を包んだ伝道者の一団に気づいた人たちから背中をたたかれ、「がんばって」と激励された。機内で通路側の席に座ったレジーは、「どちらまで、どんなご用件で？」と言葉をかけてきた女性と会話を始めた。

「教会とは関係のない見知らぬ人に教えを説こうとしたのは初めてです」とレジー。「彼女は熱心に耳を傾け、いろいろ質問してくれました」

その女性は最後にこう言った。「このことを牧師さんに伝え、話し合ってみます」

彼女が牧師に相談すると言ったことを、レジーは苦笑とともに思い出す。「けっしてよい兆候ではありませんね」

彼はすでにいい気分だった。機内の女性に教えを説いたことで、門前払いを食う可能性は思ったより低いかもしれないと思いはじめていた。

ウィニペグに着くと「相棒」に会った。この男といっしょに、スーツを着て聖書を手に街を回るのだ。名前はエルダー・スミス。彼は伝道活動を終えようとしており、レジーにノウハウを教える役目を担っていた。ふたりはスミスの小型フォードに乗り込み、彼らの活動拠点となる大都市、レジャイナに向かった。

伝道初日、レジーがエルダー・スミスとともに各戸を訪問していると、一台の車が通り過ぎた。誰かがふたりに向かってなにやら叫び、次いで瓶がこちらへ向かって飛んできた。幸いふたりには命中せず、瓶は粉々に砕け散った。「ソービー」という栄養ドリンクのボトルだった。

このような目に遭うのは予想していたとはいえ、ちょっとショックだった。エルダー・スミスにとっては「またか」という感じだったが。

レジーは思った。善き行いをしようとすれば、必ず悪魔がこれを阻もうとする。「ソービー」のボトルしかり。何かが計画を頓挫させようとする——。

26 テリル

九カ月前、テリルは体操教室が開かれているジムの前でジャッキー・ファーファロに話しかけ、何か助けが要らないかと尋ねた。ジャッキーは大丈夫だと答えた。

そのとき以来、ジャッキーとレイラ・オデルは捜査官たちと頻繁に連絡をとりつづけていた。あまり期待はしていなかったものの、収穫はゼロに等しかった。レイラのほうが連絡頻度は高く、シングルトンと定期的に話をしていた。六月に話したとき、彼がいらだっている印象を受けた。そして、結局はセンターラインオーバーで切符を切って終わりという雰囲気を感じた。以前はほとんど交流のなかったジャッキーに電話をかける。

レイラはみずからのいらだちを語り、ジャッキーもそれに賛同した。ジャッキーは意を決して検察局に電話をかける。六月の下旬。テリルはいなかった。彼女は特別なイベントのためにワシントンDC郊外のデイズインに部屋をふたつとり、家族全員と母親とで滞在していた。そう、長女のジェイミーがナショナル・ヒストリー・デーのユタ州代表に選ばれたのだ。五〇万人以上の生徒が競い合う行事である。テリルにとって、このイベントにはそれ以外にも意味があった。

なぜなら、彼女の実の父親(とその妻)も来ていたからだ。これだけのメンバーが一堂に会するのは初めてだった。

七月初めに帰宅してから間もないある日、テリルがキャッシュ郡検察局の地下室にいると、受付から電話があった。

彼女の地下オフィスには窓があるが、部屋が半地下なので窓は上のほうについており、首を思いきり伸ばさないと外が見えない。東側の郡庁舎玄関に面した窓のところには、植木鉢の植物が三つ飾られている。北側の窓からは、郡庁舎のはす向かいのベストウェスタンホテルがちらりと見える。この地下オフィスは階上の豪華なオフィスとは大違いだった。

「もしもし、テリル。ジャッキー・ファーファロです」

「ジャッキー!」テリルの言うことにはいちいち最後に感嘆符がつきそうだ。

「手伝ってほしいんです」

ジャッキーは例の事故について説明した。テリルは一五分ほど耳を傾けていた。メモを少々とったが、それだけで十分だった。まさに彼女の領分なのだ。苦しむ被害者、無慈悲な加害者、そして誰も戦おうとしない――。

彼女は本格的に調査を始めた。ベアードとその上司である郡検事、ジョージ・デインズにも話をした。調査がほぼ終わろうとする七月六日、彼女は手書きのメモを書いた。日記の文字より小さく丁寧で、右に傾いている。たとえば、こんなフレーズが見える。「非協力的なドライバー」「運転しながらメール(事故の原因)」。考えられる罪名もいくつか書かれていた。故殺、過失致死、危険運転。彼女は問いかけた。「ジョンは前の車がセンターラインを越えるのを何回見たのか」。ジョンとは、レジーの車の後ろを走っていた蹄鉄工、カイザーマンのことだ。

彼女はさらに調査を進め、メモをとった。

七月六日のメモは、同僚たちがじつにテリルらしいと評するスタイルで書かれていた。つまり、とても熱がこもっているが、それなりに冷静で、要点を押さえている。ベアードとデインズに宛てたものだ。

「以前もおふたりとこの件について話し合いました」で始まり、最初のパラグラフでは、彼女が被害者の家族と面会してきたことにあらためてふれた。パラグラフの結びは、「被害者家族は過失致死での起訴を望んでいます」。

次いで二ページ、二〇項目に及ぶ箇条書き。こんな事実も書かれている。「電話の記録によれば、レジーは運転中にブリアナ・ビショップに五回メールを送り、彼女から六回メールを受け取った」。テリルは太字で次のように書いた。

雨が降り、道路が濡れて滑りやすかったことにご留意ください。

リンドリスバーカーが事故後に目撃したことも短く箇条書きにした。レジーがメールをしていたという事実も含めて。

「レジーはリンドリスバーカー氏に嘘をつき、その朝、運転中に携帯で電話やメールをしたことを否定しています」とテリルは書く。これは推測である。ただし合理的な推測だ。記録を見れば、レジーが何をしていたかがわかる。精神的なショックから何があったか忘れてしまったというよりは、彼が嘘をついたと考えるほうが筋が通る。

ここへきて、テリルは「義憤」という新たな感情を表に出す。

私がおもしろくないのは、犯罪捜査が行われているのを知っていながら（一家はジョン・バンダーソン弁護士を雇いました）、彼がまだ伝道に出ようとしていることです。

彼女はさらに、レジーやその仲間たちの不正行為のおかげで、レジーは正義の裁きを受けることもなく伝道活動に出られる、と続ける。

警察に嘘をつき……弁護士を盾に雲隠れしたから、彼は何ごともなかったかのように伝道活動に向かうことができるのです。

肝心なのは、レジーが運転中に携帯メールをしてもかまわないと考えたから、ふたりの男性が亡くなったということ、そしてレジーが明らかに警察に嘘をついてもかまわないと考えたということです。

次のパラグラフでテリルは、ユタ州の公立校では安全運転教育の授業で不注意運転について教えると書き、次のように太字で推測を述べる。

レジーがリンドリスバーカー氏に嘘をつき、供述書で嘘をついたのは、雨で濡れた道路を時速九〇キロで走りながら携帯メールをやりとりするのは危険だと知っていたからでしょう。

次いでテリルは、運転中のメールや電話の危険性を裏づける科学的根拠に言及する。彼女が引用したのは、ユタ大学のデイビッド・ストレイヤー博士。携帯電話業界に相手にされず、単独で研究をきわめようとした科学者である。彼はそのころ、運転中の携帯電話の使用が人間の注意力に及ぼすリスクを明らかにするべく研究に打ち込んでいた。確かな証拠が次々と現れはじめていた。ただしちょっと勝手が違う。人の感覚を、そしてある意味リスクの認識を曇らせるこのデバイスには、科学もロケット科学も必要ない。

研究からわかったのは、人は電話を使う危険性を本能的に知っているのに、ついやってしまうということだ。

テリルはこのあたりのことを要約し、最後に一文付け加えた。自分で書いていて腹が立ってくる。「レジーはいつもどおりの生活を続け、自分がもたらした大きな被害に対してなんら自責の念を示していません」

七月一七日、テリルはジャッキーとレイラをオフィスに招き、デインズとベアードに会ってもらった。朝も早い午前七時。彼らは会議室にいた。しんとした申し分のない環境。目を引くのは部屋の内部よりも——部屋は長方形で、会議用のテーブルをベージュの布張り椅子が囲み、隅にアメリカ国旗とユタ州旗が立てかけてある——どちらかといえばそこから見える景色のほうだ。

東に面した窓からは、一キロも離れていないローガン・ユタ・テンプルと、その背後の壮大なロッキー山脈がきれいに切り取られて見える。この寺院はユタ州で二番目に古く、一八七七年から七年かけて勤労奉仕によって建てられた。寺院のウェブサイトによれば、荒削りの石灰石の外装はもともと白く塗られていたらしいが、風化によって脱色し、いまはむしろ茶色っぽい。遠くからだと背景の山々に溶け込んでしまう。

だが、尖塔は別だ。白く輝かんばかりの豪華絢爛なその塔は、まるで空に突き刺さるかのようだ。

その朝は太陽が山々の上から昇り、会議室の窓の向こうに姿を見せていた。ジャッキーとレイラは自分たちの気持ちを検事に話した。テリルの手書きメモによると、ジャッキーは、レジーがなんの責任もとらずにいつもどおりの生活をしているらしい、彼にとっては「べつに大したことではない」のだろうと言った。レジーは事故について嘘をついている、ともジャッキーは言った。「自分がしたことの責任について、子どもたちにどう教えればよいのでしょう」

レイラのほうは、レジーを罰してほしい、彼から謝罪の言葉が聞きたいと言った。「運転中にメールだなんて。そんなことしてはいけないと知るべきです」というレイラの言葉がテリルのメモに書かれている。これは「防げる事故」だったのだ。

ふたりの検事は事情を理解した。同情を示しながらも明言は避けた。

翌七月一八日、ジェイコブ・ゴードンという法科二年の見習い検事（のちにこの検察局に検事として勤務）が、ベアードの依頼で三ページのメモを作成した。テーマは「レジー・ショー、考えられる罪状」。

一番上にはこうある。「問題点——運転中に携帯メールをして事故を起こし、ふたりを死亡させた被告には、どんな罪状がふさわしいか？」

考えられる罪状は四つ、とメモにはある。危険運転、無謀危険行為、過失致死、そして最も重い故殺。それぞれの定義も書かれている。

危険運転「人や財産の安全を故意または不当に無視して自動車を運転すること」

無謀危険行為「重罪には相当しない状況下で、他者の死亡または重傷の危険をともなう行為に無謀にかかわること」

過失致死「刑事過失のある行為により他者を死亡させること」。さらにこう続く。「そうした状況が存在する、またはそのような結果が生じる相当かつ不当なリスクを、行為者が認識していなければならない。そのリスクは、これを認識しなかった場合、普通の人があらゆる状況下で果たすであろう注意義務からの著しい逸脱を構成するような性質・程度のものでなければならない」

故殺「他者を無謀なやり方で死亡させること」。ここで無謀というのは、「そうした状況が存在する、またはそのような結果が生じる相当かつ不当なリスクを、行為者が認識していながらあえて無視する場合。そのリスクは、これを認識しなかった場合、普通の人があらゆる状況下で果たすであろう注意義務からの著しい逸脱を構成するような性質・程度のものでなければならない」

明らかにレジーの行為は人の命を奪った。そこに議論の余地はない。だがはたして、彼はリスクを認識していたのか、認識しているべきだったのか？　法律によれば、リスクを認識しているべきだったなら、罪は重い。また、リスクを認識していながら理不尽にも無視した場合、罪はさらに重い（故殺）。

「たしかに」と見習い検事のゴードンは書く。「被告は故殺に問われるべきだと思う。だが、運転中のメールの危険性について知っていたとレジーが認めないかぎり、彼を有罪にするのは難しいだろう」

それでゴードンの見解は、軽罪のなかで最も重い過失致死に落ち着いた。「危険運転や無謀危険行為では事故の深刻さに見合わない」

だが、注意すべき点がひとつあった。その大きな注意点はメモの三ページ目に書かれている。すなわち、前例がないのだ。「全米を探しても、このような案件を扱った判例法は事実上存在しない。このテクノロジーはまだ新しすぎる」

ゴードンのメモによれば、運転中のメールを禁じる法律を可決した州はワシントン州だけだが、仮免許のドライバーにそうした行為を禁じている州はいくつかある。手持ち式の携帯電話で話すのを禁止している州も四つある。

結論として彼は、レジーが過失致死罪に問われるべきであることを強調したうえで、再度こうくり返す。「おそらくこのテクノロジーが比較的新しいせいで、現時点では、今回の件の後押しになるような判例は米国に見当たらない」

ほんの数日前、遠く離れたニューヨークでも悲劇がくり返されていた。トレーラーと正面衝突して、ハイスクールの五人のチアリーダーが死亡したのだ。警察は運転中のメールを疑った。AP通信はこう伝えている。警察によれば、運転していたチアリーダーは一〇時五分五二秒にメールを送り、一〇時六分二九秒に返信を受け取った。その三八秒後、この大事故に関する九一一番通報があった——。

ベアードはこの法科学生のメモに感謝したものの、気がかりだった。これは簡単な事件ではない。前例がほぼなく、被告となるかもしれないレジーは自分の行為の危険性を認識していなかった可能性がある。たとえ(ぼんやりとでも)認識していたとしても、それをどう証明するのか? ベアードが知るかぎり、人々に警告を発する大きな動きはそれまでなかった。だいたいベアード自身、運転中のメールなど聞いたことがない。判事はどう考えるだろう?

それにレジーは好青年ではないか? 身だしなみがよく、きちんと教会に通ういい男だ。たしかに彼は嘘をついた。でも進退きわまったとき、人は誰でも嘘をつくのではないか。彼はわれわれとなんら変わらない、とベアードは思った。誰だってこういう間違いを犯す。

もっと情報が必要だった。七月二三日、彼は捜査官のシングルトンに宛ててメモを書き、カイザーマンが目撃したことを詳しく教えてほしいと頼んだ。

その同じ日、テリルはさらに行動を起こしていた。五ページの次なるメモを書き、事故の朝にあった事実を詳述する。それまでの事案と同じく、レジーの件もつねに頭を離れなかった。だが、今回はとりわけいらだちが募る。運転中のメール云々が原因ではない（少なくとも一番の原因ではない）。

「私がおもしろくないのは、彼が謝っていないことです。とてもいやな気分になります。謝罪せず、自分のしたことも認めない。彼は優秀な弁護士を雇っているとジョージ（ディンズ）から聞きました。でも彼は、ふたりの男性を死なせたことさえ認めていないのです。謝罪が必要なのは、まだ謝罪を受けていない人がいるからです」

27 神経科学者

パーソナル通信技術が人を引きつけてやまない理由はいろいろあるが、それは結局何を意味するのか?

研究者は比喩を用いてこれに答える。二一世紀のテクノロジーは食べ物にたとえられる。生きるためには食べ物が必要だ。テクノロジーは生存に直接必要ないかもしれないが、文化的・社会的な生活がそれを必要とする。

　現代における最大のイノベーションのひとつは「食の工業化」だった。人はもはや、みずから耕さなくても狩りをしなくてもよい。それは誰か別の人がやってくれるから、われわれは店で食料を買えばよい。その結果、ほかのことに使える時間が増えた。何かを創造し、家族と過ごし、娯楽を楽しみ、社会を築き、よくする。

　だが、食の工業化のマイナス面は、よく気をつけないと便利さに慣らされてしまうことである。食べすぎれば肥満になる。おかしなものを食べれば病気になる。腹痛、がん、心臓病……。だがそれでも、われわれはファストフードや手近な自販機に引き寄せられる。ポテトチップス一袋に、大昔なら一日中働かないと発見、準備、摂取できなかったはずの脂肪や糖類が詰まっている。その昔は、カロリー源を見つけるころには（それをめぐって争うこともあった）すでにカロリーを消費していた。いまは注意しないと、カロリーの高い（しょっぱくて脂っこくて食欲をそそる）食品が簡単に手に入るため、われわれの最も根源的な欲求が健康をむしばむ結果となる。

パーソナル通信技術にも似たところがある。われわれは食べ物を求めるのと同じように、つながりを求める。ただ無目的に求めるのではなく、つながりが生存に欠かせないからだ。人とつながれば、ネットワークを築き、チャンスや脅威を早めに知り、協力体制を整え、敵と戦うことができる。それは根源的なものである。「われわれは社会的学習のために進化した動物です」と言うのは、医師にしてイェール大学教授のニコラス・A・クリスタキス。さまざまな時代のソーシャルネットワークについて研究している。ソーシャルコネクションが持つ価値を、彼は次のようなたとえで表現する。火の危険性を知るためには、一人ひとりがやけどをしなくても、火が熱いということを他者から学べばよい。そこには途方もない価値がある。

そこへ登場したのが、携帯電話などの超強力なデバイスである。じつにたやすくコミュニケーションがとれるため、注意しないと、せっかくの社会的生存スキルがわれわれをむしばむ結果にもなりかねない。簡単な例で説明しよう。誰かに肩をたたかれたら、人はどうしてもふり返りたくなる。これほど根源的で避けがたい衝動はそうない。相手がチャンスと脅威のどちらをもたらす人間か、明らかにしなければならないのだ。

携帯電話が鳴る。それはいわば誰かに肩をたたかれるのと同じことである。相手が誰かを知りたい。知る必要がある。ボトムアップ型のサバイバルシステムがそれを要求する。

アチリー博士をはじめとする多くの研究によって、この新しいテクノロジーが人間の根深いニーズに働きかけることがわかってきた。情報授受の社会的魅力、断続的な配信メカニズム、双方向性による刺激、報酬にともなう神経化学物質……そうしたすべての要素を考え合わせると、結果的に圧倒的ともいえるほどのパワーに行き着く。まるで「神経のハイジャック」だと感じる研究者もなかにはいる。

「携帯電話などのテクノロジーは、ソーシャルコネクションに対する根深いニーズを簡単に満たし、なおかつそこに害をもたらす可能性があります。廊下に置かれた自販機がカロリーに対するニーズを満たしてくれるのと同じように」とクリスタキス博士は言う。

技術変革が暮らしやコミュニケーションに与える影響について問題を投げかけたのは、デジタル通信が初めてではないと博士らは指摘する。印刷機は世の中が情報で埋め尽くされるのだろうかという問題を投げかけ、電話機は対面コミュニケーションがなくなるのだろうかという問題を提起した。だが、デジタル技術の情報量、伝達スピード、そして双方向性は、世の中を桁外れに変化させたと研究者たちは言う。

「石器時代の脳を宇宙時代のテクノロジーで使っているようなもの。これはトラブルを招きます」と、ハーバード大学の進化生物学者、ダニエル・E・リーバーマンは言う。最新のツールによってわれわれは「ハイパーソーシャル」になれるが、それは多くのメリットと同時に犠牲もともなう。「この手のことに不向きな脳でそうしたツールを使っているのです」

デジタル技術は食べ物とは別のものにもたとえたくなる。それはある意味突飛だが、説得力もかなりある。すなわち免疫系である（これも生存に欠かせない）。免疫系は人間の体を侵入者から守ってくれるが、どうかすると暴走し、自分の体を攻撃する抗体をつくることがある。尋常性狼瘡、リウマチ性関節炎など、臓器や関節、ときに脳をも攻撃する病気のように、生存のためのメカニズムが敵と化してしまうのだ。そしてパーソナルコミュニケーションも、もし暴走すれば、強力な生存ツールを、自分自身を攻撃するツールへと転換する可能性がある。「ながら運転」のように、それで誰かが命を失うというのではない。だが、本来の目的とはまったく違う働きをしないとはかぎらない。われわれの使うツールやデバイスが、生産性、創造性、長期的思考といった所期の目的を支援するどころか、それらを台無しにする可能性もある。

トップダウン型の目標が、ボトムアップ型システム――生存にかかわる警告を発し、根源的な社会的ニーズに応えるためのシステム――にのみ込まれてしまう。じつのところ、携帯やPCに入ってくる情報はまったく意味がないスパムかもしれない。でも不思議なことに、それがまた、応答したいという衝動を増大させるらしい。ボタンを押すというその行為だけで人は満足感を得、ドーパミンが放出される。われわれのためになるはずの、この原初的な警告システムが、むしろわれわれを虜にしてしまうのだ。

「電話が鳴ると、社会的報酬のネットワークが刺激を受けます。すると、狩猟採集時代から人間にそなわっている『定位反応』が起こります。生き残るには注意を怠ってはなりませんでした。でないとライオンに食われてしまいます。好むと好まざるとにかかわらず、われわれの脳はそういう回路になっているのです。それをオフにするのはとても難しい。なにしろＤＮＡに埋め込まれていますから」とストレイヤー博士は言う。「エンジニアは、われわれが無視できないシグナルを持つこのようなデバイスをつくったのです」

では、ジャンクフードの誘惑が過食や肥満につながるとしたら、テクノロジーデバイスの使いすぎは何につながるのか？　そのマイナス面は何か？

まず、双方向メディアを使いすぎると注意持続時間が徐々に減っていくのではないか、と研究者たちは心配する。頻繁な刺激に慣れっこになると、刺激がないと満足できないおそれがある。その刺激はべつに中毒性を持たなくとも、習慣性がありさえすればよい。たとえばこういうことだ。メールや電話の受信音がすると、あなたは反応する。受信音、反応。そして反応するたびにドーパミンが放出される。報酬中枢からのドーパミン放出、それは快感だ。でも、やがてそれも終わる。メール受信はない。刺激ゼロ。あなたは退屈しはじめる。またあの快感を味わいたい。

ドーパミンの希求は集中力や目標設定と逆行する。当然、注意力を持続させるのは難しくなる。これはとくに子どもや若者、青年に当てはまると思われる。研究者のあいだでは、携帯などのデバイスに中毒性があるかどうかは意見が分かれても、この点については広く見解の一致が見られる。グリーンフィールド博士やアチリー博士より慎重なアプローチをとるイェール大学のポテンザ博士は次のように言う。「いまの若い世代はおそらく待つことに寛容ではありません。同じレベルの刺激がないと持て余してしまうのです」

グリーンフィールド博士は予想どおり、もっと踏み込んだ意見の持ち主だ。デジタルデバイスに親しんで育った若者を、彼は「ジェネレーションD」と呼ぶ。「ドーパミンでテンションが上がっている彼らは、それがないときはまるで死んだようです」。つまり何かにとどまるのではなく、すぐに次へと移行しないではいられない。「彼らには注意力というものがそもそもありません」

心配すべきは子どもたちだけではないけれども、多くの学者が言うには、子どもはまだ前頭葉が発達段階にあるので、大人よりもろい。つまり、刺激による妨害の有無にかかわらず、彼らはまだ目標を定め、これに集中する能力を発展させている途上なのだ。そうした妨害を促すようなデバイスがあれば、問題はそれだけもっと厄介になる——と指摘するのは、ハーバード大学医学大学院准教授で、「メディアと子どもの健康」研究所所長のマイケル・リッチ博士である。若者の注意力に対するテクノロジーの影響を扱った『ニューヨーク・タイムズ』の記事で、彼はこう述べる。「彼らの脳はタスクを継続することではなく、次のタスクへ飛び移ることに対して見返りを受けます」

注意持続時間については研究者のあいだで広く懸念されており、裏づけとなる間接的な証拠や事例報告がいくつかある。たとえば二〇一二年の終わりごろ、ピュー研究所とコモン・センス・メディアというふたつの有名な非営利研究機関がそれぞれ、アメリカの教師はテクノロジーの頻繁な使用が生徒の集中力や、難しい課題に腰をすえて取り組む力を弱めていると考えている、との調査結果を発表した。他のNPOと協力して調査を実施したピュー研究所のレポートによれば、インターネットは「注意持続時間が短く、すぐに気が散ってしまう世代」を生み出している、と考える教師が九割近くにのぼる。

注意持続時間の低下を指摘する別の調査によると、われわれがモバイル機器上のアプリケーションに費やす時間はむしろ少なくなっているという。ロカリティクスという会社によるこの調査では、二〇一二年七月から二〇一三年七月までの期間に、五〇〇のニュースアプリの利用状況をチェックした。すると、人々がそれぞれのアプリに費やす時間は二六%減っていたが、同時に、彼らが起動するニュースアプリの数は毎月三九%増えていた。

ひとつの調査をあれこれ深読みしすぎるのはよくないが、ここからはとても興味深いトレンドが見てとれる。つまり、各アプリの使用時間が減っているのは、ニュースへの関心が低下しているからではない。その証拠に、人々は次々にニュースアプリを起動している。たんに、一つひとつのアプリをじっくり眺める辛抱強さがないだけのことだ。

各種デバイスはほかにも、いつの間にか人間の注意を引きつけ、日々の暮らしに影響を及ぼしている。意思決定の能力を損なう可能性があるのだ。

これは脳が情報の「過積載」状態になったときにこうむる負担と関係している。第二次世界大戦のころ、研究者はすでに、情報を詰め込みすぎると知らぬ間にミスが増えることを示していた(戦闘機の誤ったレバーを引くなど)。だがその後の研究によれば、情報過多に陥ると、明確な選択肢を前にして正しい意思決定を下すのが難しくなるという。一例として、チョコレートケーキを使った一九九九年の実験を見てみよう。

実験では大学生の被験者に、おいしいけれどカロリーの高いチョコレートケーキ（トッピングはサクランボ）と、健康的なフルーツサラダのどちらが食べたいかを選んでもらった。ただしこのとき、意思決定の前に一定の情報を記憶してもらう。第一のグループは七桁の数字を暗記し、第二のグループは二桁の数字を暗記した。

その結果、七桁の数字を暗記した学生のほうがチョコレートケーキを選びやすいことがわかった。「情報処理のリソースが制約を受けると、チョコレートケーキの選択確率が高くなる」と研究者は述べる。

オーバーロード状態の脳が学習や記憶、意思決定にどう影響するかを示す研究はほかにもある。実行機能をつかさどる前頭葉に過度な負担がかかると、意思決定に使うリソースの残量が減るのだ。アチリー博士の言葉を借りれば、（チョコレートケーキを選んでしまうような）人間の衝動を抑えるうえで前頭葉はきわめて重要な役割を果たす。そしてこれは意思決定の基本的なあり方である。たとえば、運転中に道路に集中するか電話に集中するかという意思決定――。脳に負荷がかかっていたら、どうするのが正しいかという冷静な判断もできないかもしれない。

「選択をするには前頭葉が活性化している必要があります。各系統を意思決定に動員できるよう、脳の他の部位のライバルは少なくないといけません」

ティーンエージャーの置かれた状況をあらためて考えてほしい、とグリーンフィールド博士は言う。前頭葉が未発達なうえ、おそらく脳に情報がいっぱいで正しい決定ができない。あるいは車のセンターコンソールに置かれた携帯の着信音に抗いきれない。そのようなドライバーにとって、電話をとるという行為はハイレベルな思考を回避した、きわめて根源的なものになる。「ティーンエージャーの脳は早くもドーパミンに対する期待でいっぱいになります。彼（彼女）はいわば原始的な神経化学のレベルで、ドーパミンの噴出が近いことを知っています」とグリーンフィールド博士は言う。「だから携帯のボタンを押してしまうのです。意識することなく」

その何年か前、トレイスマン博士はこんな考えを口にしていた。われわれの現実感は、何に注意を向けるかによってかたちづくられる――。これはたぶんテクノロジーの誘因力がもたらす最も大きな効果ではないか。注意を引きつけることで現実感をつくり変えるのである。

これはありえないことではない。その基礎になる理屈は単純だ。すなわち、われわれの日々の現実のもとになるのは、われわれが見聞きし、経験することである。電子デバイスであれば、人間の集中力を容易にほかへ誘導することができる。目線を変えさせ、耳を傾ける対象を変えさせ、考える内容を変えさせる。すると現実も変わる。こういうふうに考えてみるとよい。森で一本の木が倒れるが、あなたは携帯ゲームに夢中で気づかない。はたして木は倒れたのだろうか？

もっと辛辣な例を挙げよう。車を運転していると、携帯電話のメールの着信音が鳴る。メールを読もうと下を向く。道路を見ていないのでセンターラインを越えてしまい、対向車とぶつかる。だが、顔を上げて何が起きたのか気づいたときには、さきほどの衝撃は過ぎ去ったあと。センターラインを越えたのか？　相手の車が越えたのか？　氷にでもぶつかったのか？

「自動車事故のレポートを読むと、たいていはこんな具合です。『よく注意しながら運転していたら、どこからともなくその車が現れました。ちゃんと道路を見ていたんですが、気づいたら車がそこにいて――まるでマジックです』」とアチリー博士は言う。

「可能性はふたつ。運転手が自己弁護のために嘘をついているか、本当にそういう経験をしたと思い込んでいるか。不注意のせいで文字どおり魔法が起きたということでしょうか。車がどこからともなく現れるという――。目は開いていても、脳はすべての情報を処理しているわけではありません」

「電話をお借りできますか」とアチリー博士が言う。

彼がいるのは「ヘレフォードハウス」というステーキハウスのカウンター。カンザス市技術者クラブの面々にランチタイムスピーチをする予定である。ほんの一時間前には、大学生のマギーがドライビングシミュレーターに向かいながらアチリー博士のアシスタントからメールを受け取るという実験が行われていた。

ベージュと赤の日よけがあるこのステーキハウスは、ゾナロサという屋外ショッピングモールの一角にある。外は日差しがまぶしく、空気がすがすがしい。チェーンレストランだが、お値段はなかなかのもの。プライムリブのオープンサンドイッチ（二三・九五ドル）には肉汁が付く。アチリー博士はいささかナーバスに見える。それもそのはず。ステーキハウスを間違えたのだ。

ゾナロサだと思っていたが、場所が違うらしい。「グーグルで調べたのに」とぶつぶつ言っている。

頭のなかでごっちゃになってしまったのだろう、とのこと。いずれにせよ電話を借りて、彼の話を待ちわびている人たちに、遅れると連絡しなければならない。それから正しい場所への道順も訊く必要がある。

カウンターの女性は固定電話を使わせてくれると言った。だが、リーウッドにあるという別の店への道順がうまく説明できない。いかにも気を揉んでいるふうのアチリー博士は携帯電話を借り、正しい場所をグーグルに打ち込む。ここから二〇分ほどかかるようだ。

携帯電話の便利さをふり返りながら、博士は「情報を得るにはあのほうが速かった」と言い、ただしこう付け加える。「ほかにも方法がありましたがね」

テクノロジーをバランスよく利用し、それに支配されないようにと心がけるアチリー博士だが、その境界線がときどき役に立たなくなる。先日、大雪が降ったさい、彼は二台目の携帯電話を買った。妻と一台を共有しつづけるよりも、それぞれ一台持ったほうが何かのときに安心だ。

「妻が道で立ち往生したとき、救急サービスに電話できますから。携帯は持っていたいですね」

たいていの人は、いまさら何をと思うだろう。便利だから当たり前じゃないか。そしてアチリー博士も本当にそう感じている。誘惑に気をつけよと警戒しながらも。

「私はテクノロジー否定論者ではありません」と博士は言う。彼自身、地下の家では無線LANを使っているし、テクノロジーの影響を調べるための機材も利用する。脳スキャナー、ドライビングシミュレーター、それから論文執筆、研究活動、統計分析などに必要なコンピュータ。学生とはＥメールをやりとりし、同僚とは研究成果をネットで共有する。テクノロジー関連の話題が充実したお気に入りのサイト「レディット」に何時間も夢中になることもある。

アチリー博士をはじめとする新世代の神経科学者は、テクノロジー依存に警鐘を鳴らす発見をしてはいるが、アンチテクノロジーの立場ではない。ストレイヤー博士しかり、ガザリー博士しかり。彼らはみなネットワークにつながり、携帯電話に頼り、メッセージや研究成果を伝えたいと考える。テクノロジーを利用し、これをさらに発展させようとする。日常生活でもそれは重宝する。アチリー博士はランチタイムスピーチの場所を間違えたが、携帯電話のおかげで正しいステーキハウスを見つけられた。彼はそこへ着くとパワーポイントを立ち上げ、聴衆をうならせるプレゼンテーションを披露した。

もう明らかに二者択一の問題ではない。テクノロジーと共生するのか、それともまったく使わないのか？　それは無意味な問いかけだ。

「問題は、どうバランスをとるかです」とアチリー博士は言う。

28 正義を求めて

テリルの七月六日のメモと粘り強い行動が、わずかながら山を動かそうとしはじめていた。キャッシュ郡検察局のテリル、ベアード、デインズの三人が円卓を囲む。最初に念のため、故殺、無謀危険行為、過失致死の三つの定義が書かれた用紙をベアードが配った。故殺はほぼ無条件に却下され、三人は残る可能性について話し合いを始めた。テリルの立場はメモからも明らかである。

ベアードは別の確信を持っていた。彼は何点かを指摘した。このテクノロジーはまだ新しい。だから、レジーがもっとちゃんとした認識を持つべきだったと想定するのは公正ではない。少なくとも刑事過失を問うのはどうかと思われる。

「つまりこういう考え方でした。メッセージを送ろう。ただし少し軽い罪で」と彼は言う。「今回は少々大目に見るが、次回以降はそう甘くはない、と」

ベアードの心中にはもうひとつの要素があった。レジーは「まっとうな子」に見えたのである。レジーが嘘をついたのは間違いない。メールについても知っていたはずだ。でも、だまされたらしいとわかっても、ベアードはそれほどいやな気持ちにならなかった。

「検事の私は毎日のように嘘をつかれています。人は追い詰められたとき、真実を口にするとはかぎりません。嘘を演じるのです。あの子が本当のことを言っていないのは承知していましたが、それで彼を責めるつもりはありませんでした」

レジーが伝道活動に出るのはよいことだとベアードは思った。彼自身、伝道でフィリピンに行ったことがある。レジーと共通の信仰があるからどうこうという話ではない。問題なのは奉仕の精神である。平和部隊のボランティアも同じくひいき目に見るだろう、と彼は言う。

「危険運転はわれわれだってするかもしれません」と彼は言い、次いでこう考えた。「過失致死は相当な不名誉だ。一九歳の少年にはかなりの負担になるのではないか」

それに、レジーに対しては共感するところがあった。何年も前、まだ若かったベアードも運転中に一瞬集中力を切らし、恐ろしい経験をしたのだ。

ベアードはそのとき一六歳だった。八月。田舎の農園地帯。広々とした畑に未舗装の道。彼は手に入れたばかりのホンダ・ナイトホーク650にまたがり、散髪に出かけようとした。そこへ父親が顔を突き出して言う。

「おい、ヘルメットをかぶれよ」

なんだか妙な感じがした。父親がヘルメットをかぶれと念を押すなんて。「ふだんは父も私もヘルメットなんてかぶってませんでしたから」。そういう家族だということもあるし、そういう文化だということもある。ユタ州というのは個人の権利を非常に重んじるところなのだ。

ベアードは長い未舗装の道をバイクで走った。両側には背の高い草が生い茂っている。時速約六〇キロ。暑かった。水上スキー用の短パンに白いタンクトップといういでたち。走りだしてさほどたたないころ、ある家の前になじみの郵便配達人がいたので、彼は手を振った。

「ふと前を見ると」と、ベアードは思い出して言う。

子どもがいた。すぐ目の前、道路の真ん中に少年がいる。

その顔も見ることができた。男の子は凍りつくしかなかった。

ボン、と音がして男の子の頭がヘッドライトにまともにぶつかる。

ベアードは前に投げ出され、二回ほど宙返りをした。あまりの勢いに、そのまま立ち上がって走っていた。そのとき、少年の母親が道路へ出てくるのがわかった。

「彼女は息子を抱き起こすと泣きはじめました」とベアードは言う。話をしながら少し間をおき、悲しみをこらえなければならない。「くそっ」とささやくように言う。

ユタ州ハイウェイパトロールがすぐに彼の家を訪れた。事故に関するインタビューに来たのだが、ベアードを落ち着かせるのがむしろ主な目的だった。「警官は私と父といっしょに座っていました。父が言いました。『なあ、どうしようもなかったんだよ』」

「長いことよそ見をしていたわけではありません」とベアードは言う。それに、男の子は急に道路へ飛び出してきた。郵便物を取ろうとして興奮していたようだ。「どうしようもありませんでした」

この件とレジーの件について考えてみた、とベアードは言う。

「事故を起こした若者の気持ちはわかるつもりです」。だが、類似点は限られていると彼は思った。「このふたつを比べられるかどうか、私にはわかりません」

テリルはふたつの思いのあいだで揺れていた。(1)トニー（ベアード）の意見には賛成できない、(2)これまでに会ったどんな検事よりも彼を尊敬している。ふたつ目の思いに至ったのは数年前、難しい事案をめぐってああでもない、こうでもないと議論を重ねているときだった。ベアードが最も重い罪を採用しようとしないので、テリルはちょっとばかり腹を立てた。結局、ベアードは彼女に思い出させる必要があった。目的は正義であり、最大限の刑罰ではない、と。

テリルはいたく感動し、以来、彼のメッセージを体現しようとしてきた。私のお気に入りの検事、とひそかに考えた。

でも、だからといっていつも彼に賛同できるとはかぎらない。

今後の方針は郡検事のデインズに委ねられた（彼の独断に従うのではなく、あくまで民主的なプロセスに沿ってということだが）。話をするうち、デインズはベアードの肩を持っているように思われた。本件は前例がないし、検察局のリソースも限られている。

彼は妥協案を提示した。

「テリル、もしきみの理解者になる検事を見つけられたら、われわれも乗ろうじゃないか」

言い換えれば、チャンスをやろうということだ。

「彼はちゃんとわかっていました。私にチャンスを与えればどうなるかということを。私が何をするか、お見通しだったのです」

キャッシュ郡の検事はデインズ以外に七人いた。デインズは投票で選ばれたが、他の七人は郡に雇われた身で、選挙とは無縁である。そのなかではドン・リントンという主任副検事が筆頭格だった。

キャッシュ郡に勤めて長く、テリルともよく組んで仕事をした。リントンがテリルにつけたあだ名は「点火プラグ」である。

「ほかのみんなはノックします。ほかのみんなはね」とリントンは言う。テリルは同僚の部屋をなんの前ぶれもなくいきなり訪ねるらしい。「ノックなどありません」

テリルのリントン評は、「あまり例のない事件や困難な事件にもひるまない」。彼は強姦や児童虐待にとりわけ強い関心をいだいていた。この男こそふさわしい、とテリルは考えた。

ベアードとデインズとのミーティングが終わってまもなく、デインズの向かいの部屋にリントンの姿が見えた。何かの書類に目を落としている。

テリルはドアを開け放つなり言う。「ちょっと話があります」

「オーケー」とリントンは応じた。好奇心と困惑が見てとれる。

テリルは薄いピンクの紙をリントンに差し出した。顔を近づけなくても何かしらの箇条書きであることはわかる。

「やってもらいたいことがあるんです」と彼女は切り出した。

リントンは「まあ落ち着いて」というふうに、肘掛け椅子のひとつを勧めるしぐさをした。彼女はそこに腰かける。

「このふたりのロケット科学者が亡くなりました」そう言ってテリルは事故のあらましを述べはじめた。

そのときまでリントンはレジー・ショーという名前を聞いたこともなければ、事故に関する新聞記事を読んだこともなかった。さっそく話に耳を傾け、さまざまな角度から分析してみる。法的には（それが彼の仕事だ）「どの法律が当てはまるのか」という戸惑いがあった。すぐに判断は下せない。

本能的に、彼はひとりの父親としてもこのストーリーに反応した。妻とのあいだには四人の子どもがいる。男の子ふたりに女の子ふたり。一番下のリビーは当時一九歳だった。そしてリントンはこの次女を「ひどいドライバー」だと思っていた。音楽家としてはすばらしいし、頭もよい。でも運転はひどかった。車間距離をほとんどとらなかったり、スピードを出しすぎたり。それから、しょっちゅうメールをしているので、運転中にもしているのではないかと危ぶまれた。

彼はいつのまにか被害者の視点だけでなく、加害者の視点からも本件について考えはじめていた。そして、リビーをはじめとする若者を含む、他の「潜在的加害者」の立場からも。「娘やその人生のことを考えていました。もしこんなことが起こったら、あの子の人生はどうなるだろうと」

リントンはテリルから渡されたメモをちらりと見る。そこにはテリルが話して聞かせたとおりの事実や主張が書かれている。

テリルは最後にこう言った。「ジョージは関心がありません」デインズのことだ。そして、「仕事はすべて私がやります。ただ協力いただきたいんです」と言い添えた。もちろん、それは現実的ではない。被害者サポーターが仕事をすべてやるのは無理だ。

リントンは安請け合いせず、ちょっと調べてみると答えた。だが、すでに彼は興味をそそられていた。テリルが来ていなければ、こういう展開にはなっていなかっただろう。実際、と彼は思い出す。運命の歯車が動きだしたのはこのときなのだ。「彼女が私の部屋に来たときから、すべてに火がついたのです」

シングルトンも同じような感慨を口にする。テリルが強い態度で主張するまで、自分の努力や説得は検事たちに相手にされなかった、と彼は言う。「彼女がいなければ、誰もこの件を知ることすらなかったでしょう。私の人生の数カ月がむだになり、たくさんの書類がシュレッダー行きになるだけで終わっていたでしょう」

「会って話すと、とてもいい人です。あそこまで芯が強いとは思えません」とシングルトンは言う。「でも、誰かの助けがほしいとき、彼女ほど頼りになる人はいません」

彼女はようやくスタートラインについた。そしてリントンも——。

検察局の他の面々同様、リントンも「携帯ながら運転」についてはよく知らなかった。彼にすれば「不可解な沼」みたいなものである。五二歳のリントンは世代が違う。八人きょうだいの末っ子で、一二歳までは羊や鶏のいる農場で育ったくちだ。

それでも、ITに関してはしょせん素人と自認してはいるが、「ながら運転」と法律のかかわりについてほとんど何も見つけることができないのは驚きだった。そういう概念というか行為になじみがないのは、なにも彼だけではなかった。そもそも報告例がないのだ。ニューヨークにそれっぽい事例がひとつあったくらいだろうか。彼はテリルのオフィスへ行き、収穫なしだと告げた。ふたりはなにやら笑いだしそうになった。「そんなことでめげやしないぞ」と言わんばかりに。

だがそれでも、意思決定にはもっと情報が必要だった。リントンは自分の部屋へ戻った。オンライン検索をしていると、何度も出くわす名前があった。デイビッド・ストレイヤー博士。ユタ大学の教授だというから、この近くの人間だ。運転中の電話やメールの危険性について詳しいらしい。リントンはふたつの意味で心引かれるものがあった。すなわち、ほんの一〇キロ余り先にいる人がこの問題を詳しく研究しているということ、そして何にも増して、ストレイヤー博士の研究によれば、運転中の携帯電話の使用は飲酒運転と同じくらい危険だということである。

リントンが博士の研究を見て驚いたのは、脳のなかで何が起きているかということだ。運転への集中力が携帯電話のせいでこれほど落ちるなんて知らなかった、と彼は思った。

「ストレイヤー博士が現れるまでは、これはコーラを飲みながら運転するようなものだろうかと考えていました」そうリントンはふり返る。「でもコーラどころではなかった。飲酒運転と同じだというのです。私が知った前例は、他州がどうなっているかという法律的なものではなく、科学的な前例でした」

運転と注意（不注意）という問題を深掘りしはじめた一九九〇年以来、ストレイヤー博士は幅広い角度からこの問題を研究し、たくさんの論文を発表していた。たとえば、二〇〇一年には『サイコロジカル・サイエンス』誌で、ドライバーが携帯電話で話すだけでいかに注意力を失うかを示し、二〇〇三年には『ジャーナル・オブ・エクスペリメンタル・サイコロジー』誌で、携帯電話を使用中のドライバーはそうでないドライバーほどまわりを見ていないことを実証した。たとえ道路を見ていても、電話に対する認知的要求のせいで視力が弱まっていることがわかったのだ。

同じく二〇〇三年には「ヒューマンファクターに関する国際シンポジウム」で、携帯電話の使用によりドライバーは血中アルコール濃度〇・〇八％（ほとんどの州法で酩酊状態と判断されるレベル）と同じ状態になると発表。一年後の別の会議では、携帯電話を使用中のドライバーは同乗者と会話中のドライバーよりも道路に集中できていないことを示した。同乗者はいわば第二の目の役割を果たし、道路の状態に応じて会話を調整するのだが、何も見えていない携帯電話の相手にはそれができないからだ。さらに二〇〇七年には、携帯電話を使いながらの運転は練習しても上達しないことをストレイヤー博士は示した。

その間にも博士は、老化と注意力の関係など他の研究にも取り組み、パーキンソン病にともなう機能障害について調べたりしていたが、研究の大部分は不注意運転にあてられた。また、そのほとんどは資金的な余裕がなかった。補助金を頼りにわずかな予算で研究を続ける彼には、その理由がわかる気がした。みんながやりたがる「ながら運転」には危険があると発見したところで、誰が喜ぶというのか。しかもそれはマルチタスクという、文化的に称賛を浴びる行動のひとつなのだ。

それでもストレイヤー博士はたくさんのデータを収集し、その多くを信頼できる査読誌に発表していた。リントンは決心した。自分のすぐそばにいる研究者がこの分野の第一人者なのだ。デインズに話さなければならない。簡単に話がつけばありがたいが、この事案には水面下にさまざまな要素、政治的なハードルがありそうだった。

選挙で選ばれたデインズは地域社会にきわめて敏感でなければならない。そのことをリントンは知っていた。何かひとつ間違いを犯せば、マスコミにたたかれ、有権者の怒りを買い、敵を勢いづける。シンプルな現実だ。とはいえ、デインズが公明正大な人間で、それまでの仕事で正義を最優先してきたこともリントンは知っていた。

もうひとつの問題は教会がらみだった。レジーはモルモン教徒である。キャッシュ郡の人口一〇万人余りの四人に三人がそうであるように。だからといって検察官がモルモン教徒に手加減するわけではない。手心を加えない起訴事案はたくさんある。テリル自身、何年か前に教会のビショップを追及したことがあった。

同時に、レジーはたんなる教徒ではなく、数多くの点で模範生だった。身だしなみがよく、きちんと教会に通い、家族を大事にし、伝道にも出る。スポーツマンで、まじめな生徒。この地域の親ならみんな子どもをそんなふうに育てたいだろう。彼は好青年に見えたし、実際に好青年だった。

デインズのところへ向かっていると、こうしたことがらが思い浮かんだ。「彼は伝道活動に出ていました。この地域ではとても高く評価される行為です。そんな彼を連れ戻さなければならないとしたら、政治的な影響は計り知れません」とリントンはふり返って言う。科学的にはっきり裏づけられるのだから、レジーの教会とのつながりがもたらす暗黙のリスクなど問題ではない、とリントンは感じていた。だが、彼にはもうひとつ、教会の影響力に少しばかり特別な思いをいだく秘密の理由があったのだ。

リントンはユタ州のある農場で生まれた。家族の学歴は高くない。最初のころ、一家は一ヘクタール余りの土地を切り売りして生計を立てた。そこでは羊などの動物を飼育していた。果樹園も少しあった。でも生活は苦しかった。

結局、一家は土地をすべて手放し、ソルトレークシティのはずれの貧しい地域に引っ越した。リントンは荒っぽい連中とつきあうようになった。ハイスクールの友人は覚醒剤のやりすぎで死に、親友はドラッグの売人だった。覚醒剤、マリファナ、クエイルード（鎮静剤）……いろいろあるが、大半はＬＳＤだった。その親友が一度、リントンの飲み物にＬＳＤを入れたことがある。彼はひどい幻覚状態に陥り、ベッドルームの隅で丸くなっていた。床が抜けてしまうのではないかという恐怖にとらわれながら。六〇年代後半のことだ。リントンは常習者にならなかった。父親に言われたのである。ドラッグやアルコールに手を出したら家の敷居をまたがせない、と。

彼は父親を尊敬していた。なにしろ力こぶがすごい。でも、殴られたりする心配はなかった。家族は昔から酒を飲まず、信仰心があつい。だが教会というところに関しては、リントンはみんなが言うのとまったく違う経験をしていたのである。

それは教会へ初めて行ったとき、人気《ひとけ》のない場所で起きた。「犯人」は、評判のよい教会メンバー。リントンが七歳のときだ。彼はその男にズボンの上から愛撫されたのを覚えている。そこから三年間、男は自分の立場と評判を利用してリントンを手なずけ、隔離し、その恥ずかしい行為をエスカレートさせた。リントンの家族をうまく言いくるめて、この少年とふたりきりになった。男の家で一晩過ごすことさえあった。

リントンは誰にも言わなかった。言うべきではないと思ったのだ。自分に起きていることの意味が理解できなかった。教会で尊敬を集める権威ある人間から受ける、このひどい仕打ち──。自分は何か悪いことをしたにちがいない、と彼は思った。「神に見捨てられたのだと思いました。でも理由がわからなかった。あんなにいい子にしていたのに」

この経験をきっかけに彼は、気高い精神性と宗教の違い、信仰と宗教機関の違いについてよく考えるようになった。

少なくともそうして、この件とどうにか折り合いをつけるようにしたのだ。合理的な方法で。当時の彼は自分の人生を理解できなかった。あのような信頼できない権力者が自分の人生のなかで果たす役割も理解できなかった。彼は落ち込んだ。耳のなかで声が聞こえるようになり、抗精神病薬の投与を受けた。

リントンの救いは音楽だった。四年生のとき、音楽の先生にバイオリンをやりなさいと言われた。家に帰って報告すると、父親がバイオリンなどまかりならないと言う。それで家にあったサックスを借りることにした。彼はたちまちそれに夢中になった。

腕前が上達した彼は、中学そして高校でジャズアンサンブルの首席演奏者となり、奨学金をもらって大学で音楽をやれることになった。ご多分にもれずレッド・ツェッペリンやジミ・ヘンドリックスを聴いたが、コルトレーンも大好きだった。音楽はあらゆるものからの逃避だった。貧困、すさんだ環境、性的虐待……。いつか学校で芸術科目を教えようと彼は思った。

一九歳になるころには苦痛もいくぶん治まった。少なくともそう思えた。そこへまた新しいトラウマが彼を襲う。愛する姉、キャスリーンががんにかかり、放射線治療でさらに容態を悪化させたのだ。彼女の体調が悪くなると、リントンはベッドサイドで本を読んであげた。そして神に祈った。いたずらされたときと同じように、ときどき自分を責めながら。「キャシー（キャスリーン）がよくならないのは、たぶん私が何か悪いことをしたからだと思っていました」と彼は言う。「どれだけ祈っても、どれだけ絶食しても、姉はよくなりませんでした」

「何年も前に経験した退屈で奇妙な思考がまた舞い戻ってきました」

彼が二一歳のときに姉は亡くなった。そのころ、リントンは伝道活動に出た。それは家族が熱望していたことであり、彼もそれは自分の望みだと思った。ものごとの意味を理解するのは困難だった。

ベルギーへ派遣されることになった。だが最初の滞在地は、レジーがいたプロボの宣教師訓練センターである。

ベアードと同様、リントンもレジーに共感していた。ただし理由は違う。ベアードがレジーのなかの「善き少年」の部分、大きな過ちを犯した品行方正な少年に共感していたのに対し、リントンは、伝道活動のさなかにありながら、その突然の中断にもうすぐ見舞われるであろう相手に感情移入していた。リントン自身は訓練センターで三週間過ごし、フランス語を学んだ。心が落ち着かず、そして落ち込んだ。ある夜、ベッドから出て服を着、逃げ出した。なんの前ぶれも、説明もなく。彼は家へ帰り、どこかしっくりこないのだと両親に語った。両親はがっかりした。

リントンはブリガム・ヤング大学のあるスポーツコーチに話をするよう言われた。そのコーチは彼を「腰抜け」と呼んだ。教会のあるメンバーは、リントンが今回の決断を一生後悔するだろうと言った。

レジーのことは理解していた、とリントンは言う。「彼を伝道から連れ戻すのは相当ハードな仕事になりそうでした」。リントンも道半ばでそこを去った身であり、危機的状況に置かれた若者の気持ちはわかった。

だが彼は、神を信じてはいたけれども、教会に対する畏敬の念は失っていた。それはあの虐待者の隠れみのだった。神聖な場所ではない。だから彼はレジーと事件を違った目で見ることができた。

レジーが興味深い役割を果たしていたことがここからもうかがえる。各人のそれまでの経験に応じて、レジーとその行動に対する考え方はわずかに違っていた。ベアードとリントンの場合もそうだ。運転中のメールに対する当時の善悪の認識もそんなふうだった。やがてレジーは「避雷針」として矢面に立たされ、あわせて「プリズム」の役目を担うようになる。そのプリズムを通じて、地域住民、検事、議員をはじめ全国民が自分自身の行動を見つめ直すことになるのである。

リントンはデインズにみずからの決断を伝え、ふたりはあれこれ議論した。デインズは多少の疑念を表明はしたものの、この同僚に敬意を払っていたし、提示された科学的裏づけにも納得できた。

リントンは話し合いを終えると、アシスタントのナンシーに起訴状作成に向けた書類をそろえるよう依頼した。

彼はこうふり返る。「レジーにはとても同情していました。つらい運命が待ちかまえていたわけですから」。と同時に、こうも考えていた。今回の起訴は必要な処置であるばかりか、悪意に満ちたはみ出し者とはいえない人間をどう裁くかという完璧なテストケース、前例になるだろう、と。「レジー・ショーは私にとって起訴の対象として完璧でした。彼が悪人だからではなく、悪人ではないからです。どう言えばよいのかわかりません。うまく表現できないのですが、私はそう思っていました」

29　レジー

伝道に出て一カ月。レジーは初めての宣教会議を迎え、気持ちが高ぶっていた。互いの激励や祝福のために一〇〇人ほどの伝道者が集まる会議である。レジャイナからグレートプレーンズ北部を車で三時間、約二五〇キロ走った先のサスカトゥーンが開催地だった。レジーはとくに、登壇するスピーカーたちの顔ぶれにわくわくした。たとえば、「七〇人定員会」のひとり、エルダー・クレイトン。教会の高位の人物であり、比喩的な意味でも文字どおりの意味でもエルダーのひとりとして、あちこち飛び回っては信徒に教えを説いている。ほかにも、初日の午前中には、地方部会長ふたりとその妻が話をした。スピーチのあとのレジーは活力に満ちあふれていた。

彼は部屋に戻った。夕食までゆっくりしているつもりだったが、ドアがノックされた。出てみると、その訪問者は「モーガン会長がお呼びです」と言った。

「かけたまえ、エルダー・ショー」

レジーはオレンジ色の布張りリクライニングチェアに腰かけた。一九八〇年代の廉価品だ。

モーガン地方部会長はデスクのそばに立っていた。背が高く、茶色の髪がグレーに変わりつつある。いつもはにこやかなのに、いまは笑っていない。

「エルダー・ショー、言いたくはないのだが、きみは家へ戻らなければならない」

レジーの目に涙があふれた。それ以上聞く必要はなかった。この瞬間まではとても幸福だった。自分が望み、必要とする場所にたどり着いたのだ。あの忌まわしい事故、カミとのこと、すべてと決別して。

彼は立ち上がった。オレンジ色の椅子を持ち上げる。

それを部屋の隅に放り投げる。

彼は大声で叫びはじめた。

モーガン会長はレジーがそうやって怒りやいらだちを爆発させるのを止めようとしなかった。そしてやさしく言った。「州がきみを起訴した。ジョン・バンダーソンから電話があってね」

召喚状と起訴状は八月二一日火曜日に提出されていたが、教会とレジーに連絡がきたのは三日後の金曜日だった。翌週の火曜日に出廷せよと召喚状には書かれている。罪状は過失致死、クラスAの軽罪である。署名者はトマス・ウィルモア判事。一九九九年に当時の知事、マイケル・レビット（共和党）に任命された。

モーガン会長はレジーをなだめようとしたが、もはや内にこもってしまい、慰めようもない状態だった。会長は指示を与えた。レジャイナへ戻って荷作りをし、あす家へ帰りなさい――。

レジャイナの部屋へ戻ると、レジーは固定電話で自宅に電話をかけた。誰も出ない。母親の携帯にかけてみたが、これも応答なし。父親の携帯にかける。

「もしもし?」と父親の声。

「息子のレジーだよ」

「ああ悪かった。ハイスクールのフットボールの試合中なんだ」

レジーは一瞬むっとした。「フットボールの試合だって?」

「突然だったよ、レジー。過失致死で起訴だなんて」

いかにも父さんらしい、とレジーは思った。実際的なところではいつもの暮らしが続き、われわれは無事だろう。ところが彼は当惑し、おろおろするばかり。息子が監獄に入れられると思うと、恐ろしくてたまらないのだ。

「電話の記録を持ち出してきた」と父親は言った。「事故が起きたとき、おまえがメールをしていたと言うんだ」

「ありえないよ」

「レジー、あす空港へ迎えに行くよ」

「ありえない。そんなの嘘さ」とレジーは言った。

電話の向こうからフットボールの試合の様子が伝わってくる。ありえない。

「空港へ迎えに行くよ」

ふたりは電話を切った。そのときレジーはふと考えた。両親が空港へ来ても、僕は行かない。

名札を外し、私服に着替え、カナダで仕事を見つければいい――。

数日後。伝道から舞い戻るのが二度目のレジーに食欲はなかった。宣教師が二回も戻ってくるなんて前代未聞である。胃がきりきり痛み、潰瘍の薬を飲んだ。母親は、家族ぐるみの長いつきあいがあるカウンセラー、ゲイリンのところへレジーを連れて行った。

ゲイリンはレジーが途方に暮れているのがわかった。「バーンズ不安調査表」と「バーンズ抑鬱チェックリスト」というふたつの質問表に答えてもらった。

それぞれの質問には0から3のスコアで回答する。0は「とくに問題なし」のレベル、3は「大いに問題あり」のレベルを表す。クライアントが2や3を選んだときは要注意だ。

レジーのスコアはたとえば次のようになった。

自制力を失う恐怖　2
頭がおかしくなる恐怖　2
批判・非難される恐怖　3
胸の痛みや苦しさ　3

不安調査はスコアの合計が35になった。当然、危険信号である。31を超すと「重度」の不安症とされる。

抑鬱のほうもほぼ変わらない。

悲しくて落ち込んでいる　3
自尊心が持てない　2
自分を責める　3
食欲がない　3

「レジー、状況は深刻だわ」数値を確認したゲイリンは言った。抗鬱剤を処方してもらうよう勧める。

レジーは帰宅した。疲れ切っていて、いっこうによくなった気はしない。その後、近くの医師から処方箋を受け取った。だが、処方箋を持っていったん帰宅した彼は、また家を出た。ポケットから処方箋を取り出し、びりびりと引き裂いてごみ収集ボックスに投げ捨てた。

彼は考えた。〈自分でなんとかする。してみせる〉

別の考えも頭のなかに生じていた。〈薬を飲んだら、何も解決していないのに万事オーケーだと思ってしまう。どこにも問題はないと思わされて、そのまま日々を過ごしかねない〉

ゲイリンにばれる可能性があるので、母親には薬をもらってちゃんと飲むと嘘をついた。またも小さな嘘。問題はないだろうか？

レジーの一家はバンダーソン弁護士に会った。戦いたい、と彼らは熱心に訴えた。レジーも戦いたいと言ったが、バンダーソンは、家族のほうがずっと熱心だという印象を受けた。いずれにせよ、弁護のための考えをまとめはじめる。見たところ、この裁判は勝ち目がありそうだ。

情報を集めようとして、彼はレジー本人に興味をそそられた。そもそもどういう青年なのか？陪審員はどう反応するだろう？

「時間をさかのぼろう」とバンダーソンは言った。事故の前に何があったかについて、彼は話したがった。

前？

「伝道のことです。そこで何があった？」

レジーは少し言いよどんだ。

「女の子と問題が」とレジーは答えた。

当時をふり返ってレジーは言う。「彼は私に視線を向けました」

「詳しく知る必要がある」と弁護士は述べた。なんならご両親には遠慮してもらうかい？　いてもらって大丈夫、とレジーは言った。ビショップのラスリーに嘘をついたいきさつを説明する。ガールフレンドと婚前交渉などしていないという嘘だった。

「私がなぜ、どのように嘘をついたのか、そのことが裁判で本題以前に問題になるかどうかを彼は知ろうとしていました」

伝道活動の一件、自分の人格や人間性に関する質問は、内心、かなりの負担だった。

「問題は人格でした。そのとき知りました。裁判で何を言おうが、人格的な問題に影響されるのです」

バンダーソンもそれはわかっていた。場合によったら相当大きな問題になる。つまり、検察が裁判官にその手のことを証拠として認めさせたら——。

「伝道へ出かける前の行為について彼がビショップに嘘をついた——検察がここユタ州の陪審にそう話したら、彼の言うことは全部嘘だと陪審員は考えるかもしれません」

だが、さまざまな可能性をじっくり考えた結果、バンダーソンはそうした事態を回避するよい方法があることに気づいた。よし、これなら勝てる。この裁判にかぎらず勝てるはずだ——。

30 正義を求めて

二〇〇七年九月一八日の朝、レイラ・オデルは花柄の黒いスカートとそれに合うセーターを着て、愛車のプリウスをキャッシュ郡庁舎へ走らせた。

向かいの郡検察局など、周辺にはもっと伝統的な建築物が多いけれども、この三階建ての庁舎は、背の高い格子状のガラス窓のまわりをスチールで装飾していたりする。なかは明るい。太陽の光があらゆる窓から射し込む（曇った日でもそれなりの光が届く）。どんな秘密もここでは白日のもとにさらされると言わんばかりに。

レイラはエレベーターで三階へ行き、第五法廷に入った。大きな部屋は人でごった返している。レジーだけでなく、ほかにも召喚されている者が多くおり、その審理が行われるのだ。ミーガンの姿があった。ジャッキーやテリルもいた。法廷の茶色い長椅子に腰かけている。南に面した窓からは光が射し込み、ローガン、プロビデンス、ブラックスミスフォークという三つのごつごつした山々が見える。

リントン検事は法廷の最前部にいた。レジーを直接見るのは初めてである。その場にいる他の被告とは様子がまったく違うと思った。入れ墨もピアスもしておらず、うさんくさい雰囲気や威嚇するような態度を感じさせない。いかにもアメリカ人という印象だ。

ミーガン・オデルはレジーをにらみつけて思った。〈パパを殺したろくでなし！〉

レイラのほうは鼻をすすり、平静を保っていた。彼女にとって、これはレジーではなくキースの問題なのだ。それでも、今回の件にもうすぐ一定の区切りがつくだろうとも思っていた。そう、レジーはもちろん罪状を認めるだろう。メールの記録がはっきり残っているらしいから。

ウィルモア判事もレジーを見るのは初めてだった。彼はローガンで育ち、ローガンのハイスクールを卒業したあと、カリフォルニア州サクラメントのロースクールに通った。その後、地元に戻って一六年間弁護士を務め、ほぼ七年前に裁判官に任命された。執務室の書棚には偉人たちの本を並べてきた。ベンジャミン・フランクリン、ハリー・トルーマン、そして敬愛してやまないリンカーン。彼が何よりも大切にしている本がふたつあり、それは机のなかにしまってあった。ひとつは『アルコホーリクス・アノニマス』という大きな青いマニュアル本。彼が裁いた事件にはアルコール依存の被告が多かったから、この本はよく参考にした。もうひとつはビクトル・ユゴーの『レ・ミゼラブル』。ぼろぼろのペーパーバックで、赤や青のペンであちこちに下線が引いてある。犯罪、更生、善（悪）のシステムの役割など、ウィルモア自身が目にしたことがたくさん書かれている。

「ユタ州対レジー・ショー」の事件を受け持ったのは、くじ引きの結果である。四人の裁判官に無作為に割り当てられるのだ。ベテランの彼はきょうのこの手続き、すなわち罪状認否に効率的に対処した。個々の事案に深入りしすぎず、詳しく情報を得ようとも思わない。そうする理由がないからだ。誰が罪状を認めるか、否認するか、司法取引に応じるかはわからない。関係者は集団によるこの罪状認否を「キャトルコール（公開オーディション）」と呼んだ。

レジーの事件の番になり、ウィルモア判事は尋ねた。「被告は罪を認めますか？」。判事はいくぶんグレーになった髪を短く刈り込んでおり、自分を抑えるかのように静かな声でしゃべった。

バンダーソンは答えた。「無罪を主張しますので、予備審問をお願いしたい」

レイラは耳を疑った。「どういうこと？　嘘でしょ」。頭が混乱している。もっと単純な話ではなかったのか。

判事が日程を決める。

レイラたちはショックを受けた。バンダーソンがこれほど「けんか腰」になるとは。だが、彼は自分の仕事をしていただけである。レイラたちは「こんな裁判は茶番だ」と思っていたかもしれない。ところがバンダーソンは「これは勝てる裁判だ」と思い、クライアントのために戦う意思表示を初めてしたのだった。

審理が終わるとすぐ、遺族（レイラ、ミーガン、ジャッキー）はテリルとリントンといっしょに階段を下り、会議室へ向かった。その短いミーティングで、リントンはみんなに釘をさした。事実も法律もこちらの味方だとは思うが、陪審裁判はどう転ぶかわからない。

勝訴の確率は三〇％だと彼は言った。控えめというよりも現実的な期待値を示そうとした。

バンダーソンが戦う意志を見せたのは予想どおりだった。別の弁護士なら――たとえばローガンの検事たちともっと顔見知りの弁護士なら――早めに司法取引に持ち込もうとしたのではないか。だが、バンダーソンはそうではない。

リントンはもう本格的な裁判の準備にかかっていた。一カ月ほど前の八月一五日、彼は検察局の全検事に連絡文書を流した。題は「運転中のメール」。

「昨夜見つけたのですが、二〇〇七年八月七日に発表されたハリス世論調査によると、アメリカの成人の八九％が、運転中の携帯メールは違法にすべきだと考えています」

彼はさらにこう書く。「にもかかわらず、驚いたことに同じく六四％が、運転中にメールをしたことがあると言っています」

リントンは考えていた。みんなよくないことだとわかっているのに、やってしまう。もし自分を見つめれば、その矛盾に気づけるだろう。運転中のメールの危険性をレジーは知っているべきだった、と感じてくれるのではないか――。

文書のなかで彼はこう結論づける。「今回の事件の審理では、この点が重要になってくるかもしれません。陪審員の選任や裁判戦術にとっても重要でしょう」

バンダーソンも同じようなことを考えていた。

彼はまず、誰にも知りようがなかったはずだと考えた。

「それが著しい過失行為だと誰が知りえたでしょう?」

彼は考えていた。運転中にメールをすべきでないと誰かが言ったのか？　どこにそんな調査があるのか？　誰かがレジーに警告したのか？

もうひとつ、レジーが事故のときにメールをしていたという証拠にも隙を見つけた。たしかに、メールをしていたという記録はある。でも、レジーが事故の瞬間にメールをしていたということは証明されていない。

その瞬間にメールをしていたという証明はできないだろう、とバンダーソンは考えた。

それに、レジーが衝突の三〇秒前にメールをしていたとしか検察がせいぜい証明できないとしたら、陪審員はレジーを有罪にはできないだろう。レジーがメールをしていたのが三〇秒前だったら、事故との関係は成り立たない。

バンダーソンはほかにも弁護の材料を集めていた。たとえば捜査上の不手際。事の大小は問わない。捜査員の信用や能力に疑問を投げかけるようなできごとが何かなかったか？

九月一一日、彼はブリアナ・ビショップと話したときのメモを自分宛てに残した。彼女はインタビューをふたつ受けたと言った。ひとつ目は場所が警察だったが、ふたつ目は彼女の職場だった。メモにはこうある。「二度目は警官が職場に来て……彼女を困らせた」

そうした細かいことに加え、捜査側には大きな問題がひとつあった。リンドリスバーカーがレジーと最初に接触したとき、まずい対応をしなかったかということだ。リンドリスバーカーの証言を拒否できないだろうか、とバンダーソンは考えた。レジーに「ミランダ警告」をしなかったというのがその理由である。ミランダ警告とは、拘束中の被疑者に黙秘権があること、弁護士の立ち会いを求める権利があることを事前に伝える行為をいう。

　リンドリスバーカーがこれをレジーに告知しなかったのは明らかだ。でも本当は告知すべきだった。彼がレジーを病院に連れて行ったとき、「レジーは拘束され、尋問を受けたのだと私は考えました」そうバンダーソンは言う。たとえ逮捕されたり、罪を問われたりはしていなかったとしても。レジーがミランダ警告を受けるべきだったと示すことができれば、リンドリスバーカーの証言を拒否できるだろう。しかし、それが本当のねらいではない。バンダーソンにはもっと大きなねらいがあった。レジーを証言台に立たせたくなかったのである。

　レジーがした唯一の供述は事故当日にリンドリスバーカーにしたものだけだから、レジーが陪審員に直接話さなければならないとしたら、それはその供述内容だけということになる。でもリンドリスバーカーが証言しなければ、レジーも証言する必要はない。つまり、あれこれ問いただされなくてもすむということだ。事故について覚えていることは？　電話の記録について説明してください。運転中のメールの危険性を知っていましたか？　なぜ最初の伝道活動を途中でやめたのですか？　レジーはたしかに物静かな好青年だとは思うが、今回の裁判で証言させることをバンダーソンはよしとしなかった。

　こうした戦略をすべて足し合わせた結果、「引き延ばし戦術」というもうひとつの作戦が生まれた。裁判を長引かせれば長引かせるほど、検察が優先したくない切り口にたどり着くことができるし、亡くなったふたりのロケット科学者に対する人々の関心も薄らぐだろう。バンダーソンはレジーと家族にその点を率直に話した。

「先を急いでも被告の有利にはまずなりません」と彼は言った。「長い時間をかけてほとぼりを冷ませば冷ますほど――とくに今回はふたりの死亡がマスコミで大きく取り上げられましたから――人々はすべてを忘れがちになります」

彼はショー一家に言った。「急ぎすぎないようにしましょう」

原告側は日一日とやる気をみなぎらせ、とっととけりをつけたいと考えているようだった。とくにテリルはそうだ。こつこつと調査を続け、二〇〇六年九月二二日以来、不正義がまかり通るのを目にしつづけてきたのだから。

一一月一九日、事態が行きつ戻りつし、審理のスケジュールも遅れるなか、険悪なインタビューが行われた。それからゆうに一年以上は続く原告・被告の敵対関係を象徴するだけでなく、世の中全体がテクノロジーとのつきあい方に苦心しているさまを浮き彫りにするようなインタビューである。どこまでなら大丈夫なのか？　何をいったい証明できるのか？　真実やそれにともなう影響から自分自身を守るため、われわれはどんな手立てを講じようとするのか？

シングルトンとリンドリスバーカーはメアリー・ジェーン・ショーにインタビューしていた。時間は午前九時三一分。メアリー・ジェーンにはバンダーソンが付き添っている。それから彼女の息子のフィル・ショーもいっしょだ。どちらの側も最初からガードを上げていた。ショー家の人間はリンドリスバーカーが仕事熱心すぎると思っていた。刑事とは別に民事責任というものがあり、弁護士でもあるフィルは心配でならなかった。もしファーファロ家とオデル家がショー家を訴えて勝てば、「何もかも持って行かれる可能性がある」。

捜査官のほうはショー家の人間をおせっかいな嘘つきめと思っていた。両者がいがみあい、しかもその中心にはレジーの母親、熱烈な保護者であるメアリー・ジェーンがいる。

そうした背景がインタビューには反映されるかたちになった。シングルトンはのちにこう語っている。「警察に勤めて二四年、あれほど敵対的になったのは初めてです」


最初はまだ礼儀正しかった。場所は郡検察局の最上階にある小さな会議室。シングルトンの記憶によれば、インタビューが正式に始まる前、メアリー・ジェーンがリンドリスバーカーに「先日、教会でお見かけしましたわ」と言った。シングルトンはこれをちょっとした暗号のようなものだと解釈した。「私もモルモン教徒です。私たち、仲間ですわね」という意味の――。シングルトンもモルモン教徒だった。ショー夫人は天候に関するリンドリスバーカーの質問に答えて、「ひどいものでした」と言った。現場でレジーを見つけ、彼をハグし、大丈夫かと尋ねたのだと言った。質問が終盤を迎えたころ、雲行きが怪しくなりはじめた。リンドリスバーカーがこう質問したのだ。「警察に協力するなとレジーにおっしゃいましたか?」。彼女はそんなこと言っていないと答えた。

シングルトンが代わって質問すると、雰囲気はいよいよまずくなった。

「二〇〇六年九月二二日のできごとを教えていただけますか。まずは――」

フィルが割って入る。「異議あり。すでに答えています。一度しか答える必要はありません。同じことをくり返すつもりですか。尋ねるなら――」
シングルトン「よけいな口出しをやめるか、それとも――」
メアリー・ジェーン「大丈夫だから」
フィル「意見は言わなくていい」
シングルトン「あんたと話をしにきたわけじゃない」
フィル「母がすでに答えた質問はやめてもらいたい。じゃないと帰らせてもらう」

インタビューが進むうちに、このバトルの輪郭がはっきりしてきた。つまり、レジーは執拗な検事たちに追い回される被害者であり、これは正真正銘の魔女狩りだという考え方である。レジーは嘘つきで家族は共謀者であるかのような言い方が、彼のごまかしや拒絶につながったということか。だが、そこからまもなく、両者の会話は運転中のメールというもっとストレートな話題へと転じた。レジーはメールをしていたのか、そして、事故の直前に彼がメールをしていたから衝突が起きたということが証明できるのか？

このときのやりとりは重要である。というのも、長く退屈な法的手続きのせいで、法廷では簡潔に論じられることがなかった議論の枠組みがそこに示されているからだ。これはある意味、遅れに遅れた裁判での議論に代わるものであると同時に、世の中が避けてきたもっと大きな法的・政策的論争に代わるものでもあった。

シングルトン「捜査を通じて得た携帯電話の記録によると、レジーは衝突のさいにメールを打っていたことがわかります」

フィル「異議あり。答えないで。それは憶測です。衝突の正確な時間はわかっていません。事故が起きたまさにそのとき、レジーがメールをしていたことを示す記録はないんです。だって衝突がいつあったか、秒単位の正確な時刻はわからないんだから」

シングルトン「私が訊いているのは、携帯電話の記録が衝突のあった時間を示しているかどうかという――」

フィル「異議あり。根拠がありません。答えないで」

しばらくして、また同様の話題になった。今度の質問は、運転中のメールについてレジーが母親にどう言っていたかというもの。質問者はリンドリスバーカーだったが、おかしなことに、彼のほうがちょっとした善玉警官の役割を演じ、シングルトンがもっと鋭い質問をするという役回りになっていた。リンドリスバーカーの質問に答えてメアリー・ジェーンは言った。

「レジーはいつもメールなんかしないと断言していました。その言い分が変わったことは一度だってありません」

少しして彼女は言い足した。「事故のときもそうです」

「いつなんどきでも？」とリンドリスバーカー。

「そういうふうに訊いたわけではなく、事故のとき電話を使っていたかと訊いたら、彼はノーと答えました」

フィルにはこれといった根強い不安はなかった。ただ、複雑な心理状態がからんでいるのはうすうすわかっていた。レジーはメールをしていないと主張した。フィルもメールの記録を直接見たわけではない。ふり返って思うに、レジーはメールをしていないと断言するが、家族のみんなからも影響を受けていたのかもしれない。家族が猛烈にレジーを弁護すると、それが増幅効果を持つのだ。レジーがメールしていたことを否定する。家族がそれを支持する。みんなをがっかりさせたくないので、レジーはさらに守りを固める。

「どちらかというと寡黙な男でした。そこへ家族のみんなが支援を引き受けた。僕、母、父、全員が彼を擁護するものだから、レジーはそれに同調しただけなんです」

31 正義を求めて

二〇〇八年一月一八日

オデル夫人へ

お手紙を拝読して悲しい気持ちになるとともに、夫君と同僚の命を奪ったあの悲劇を思い出しました。私はニュースでしか事件のことを存じ上げませんが、こうした状況下での訴訟はあまり例がなかったと思います。

ユタ州上院議員のライル・ヒルヤードからレイラへの手紙はこのように始まっていた。ローガンの弁護士でもあるヒルヤードは州上院議員のなかでかなりの力を持つ人物だった。レイラは数週間前、運転中のメールについて取り上げてほしいという手紙を彼に出していたのである。

ヒルヤード上院議員の返信にはこうあった。一月の議会まであと三日しかないので、今期は対応のしようがない。しかし、スタッフに調査を依頼し、一年後に取り上げる価値があるかどうかを見きわめたい。

提起いただいた問題は、議会としても真剣に検討しなければならないと思います。車を運転するときは、運転に全神経を集中させないと深刻な結果を招きかねない。そのことを私たちは肝に銘じる必要があります。

ほんの数日後、州下院議員のスティーブン・クラークがユタ州を通る幹線道路、I一五号線を北上していた。プロボからソルトレークシティへ。最初の伝道が打ち切りになったあと、レジーが両親とたどったのと同じ道のりである。

道は混んでおり、クラークは急いでいた。彼はユタ州議会下院歳出委員会の委員長。初当選は二〇〇〇年。本職は建築業者で、配管や暖房などの商業インフラプロジェクトを主に扱った。議会の過半数が共和党で彼もその一員だったが、どちらかといえば穏健派だった。つまり、堕胎などの問題については断固たる態度を示し、財政面に関しても当然保守的なわけだが、移民などの問題については比較的寛容な姿勢で臨もうとした。移民労働者が州で働けるような法案を通そうとしたものの、失敗に終わっていた。

二〇〇二年式の金色のレクサスを運転しながら、クラークはいらいらして頭を振った。このままでは議会に遅れてしまう。携帯電話を取り出し、秘書にメールを打った。

「遅くなったので飛ばしていたところ、渋滞が始まりました」と彼は言う。メールを打ち終わって頭を上げると、前の車が停止したところだった。ぶつかりそうになる。「急ブレーキをかけ、かろうじて衝突せずにすみました」

彼は自分の行動に恥じ入り、その場でほぼすぐに決断した。政府による規制と戦ってきた自分だが、運転中のメールに関してはどうにかしたいと考えた。これはなくさなければならない。自分だけでなく、自分と同じようにメールを打つだろう人たちにも、やめさせなければならない。

そのとき、別の何かが頭をよぎった。いや、別の誰かだ。レジー・ショーという青年のことを思い出した。事故があったとき、レジーのことは新聞で読んだ。自分や他のドライバーの行為を気にかけながら、ときおりその事故について考えたこともある。議事堂へ向けて運転を続けながら、彼はこう思ったという。「私も第二のレジーになりかねない。そういう状況に置かれる可能性もあれば、あのロケット科学者たちのようになる可能性もある」

しかし、立ちはだかる現実があった。まず、二〇〇八年の会期には間に合わない。長期的にもっと心配なのは、ユタ州の政治的実情だった。ここはクラークのような保守派でも穏健に見られる場所だ。「政府の介入」は禁句中の禁句である。「ユタ州の議会は非常に保守的です」とクラークは言う。「政府にああしろこうしろと言われるのを好みません」

32 正義を求めて

冬の終わりから春にかけて、レジーの事件の細部に関する申し立てやそれを受けての申し立てが続けざまに提出された。法制度がテクノロジーと法律と脳の問題に苦慮するなか、もっと大きな問題をめぐる申し立てもなされた。

二〇〇八年一月二四日、バンダーソンは事故現場の略図を検察が採用しないよう申し立てた。ただし、「唯一の証人であるカイザーマン氏」が提出した略図は例外である。

申立書にいわく、「残骸もなければスリップ痕もない。こすったり削ったりした跡も見当たらない。略図の作成に資するような証拠は何もない」。

バンダーソンの主張のポイントは、事故が起きた場所を正確には特定できないということだ。センターラインのどちら側なのか？　レジーが対向車線にはみ出したとしても、どれくらいはみ出したのかはわからない。

二週間後の二月八日、バンダーソンは裁判官に、カイザーマンの証言の信頼性に疑問を投げかけるよう陪審員に助言してほしいと要望した。「カイザーマン氏がその場の状況を目撃できたのは、コンマ何秒とはいわないまでも、ほんの一瞬である。また彼自身、大きな衝突事故に巻き込まれている」と、彼は申立書に書いた。

その日、バンダーソンは何通かの申立書を提出した。それぞれが彼の主張を構成する重要なピースである。ある申立書は、誰もが重要だと考えるポイント、すなわちレジーの人格に関するものだった。分量はわずか一ページ。裏づけ資料を追って提出するとしたうえで、モルモン教でのレジーの伝道活動にふれていた。それによると、レジーが宣教師訓練センターへ行き、戻ってきたという事実について、公判前の証拠開示手続きでは「漠然と言及」されていた。その事実は事故とはなんの関係もないし、「証拠として重視されすぎ」だとバンダーソンは主張した。陪審員がそこに実際以上の重きを置きかねないというのである。

二月八日の別の申立書では、レジーが事故現場や病院へ行く途中でリンドリスバーカーに話した内容を検察が採用しないよう求めた。レジーにミランダ警告をすべきなのにしなかった、という例の論点にかかわる申し立てだ。

このねらいはリンドリスバーカーの証言を制限することだけではない。もっと重要なのは、リンドリスバーカーが証言しなければ、レジーも証言台に立たなくてすむということである。検察がレジー自身の口から何も引き出せなければ、弁護側もそれに反論する方策を練らなくてよい。レジーにすれば、自分自身の裁判で証言しない権利を主張するほうがラクだろう。

同じく二月八日、バンダーソンは今回の裁判が投げかけた新しい問題を申立書のなかで強調した。レジーの心中にかかわる内容で、テクノロジー、サイエンス、法律の「衝突」についておもしろい問題提起をしていた。

この申立書でバンダーソンは、不注意運転に詳しいユタ大学教授、デイビッド・ストレイヤーの証言を拒否しようとした。携帯メールを打ったり、携帯電話でしゃべったりしているドライバーは注意力が散漫になる、という証言を陪審員の前でしてほしくなかった。バンダーソンはこう主張した。ストレイヤーはレジーの「精神状態」を推測するのだろうが、それは認められない。「専門家」のストレイヤー博士がレジーに過失があったと言えば、陪審員はみずからの判断ができなくなる――。

彼はこう書いた。「運転中の携帯電話の使用は集中力をそらすばかりか危険でもあるという専門家の意見は、そうした行為が過失ないし刑事過失に相当すると陪審員に告げることにほかならない」

この申し立てを受けて、検察官のリントンは次の点に関しては譲歩した。「被告がある行為をしたときの精神状態について、それが過失（あるいは無謀、意図的）だったと専門家が証言することはできない。なぜならそうした見解は特定の法律的結論を構成するからである」

だが同時に、携帯メールの危険性を議論することは認められるべきであると彼は書いた。「携帯メールをするとドライバーは運転以外のことに注意が向いてしまう、そして高速運転中にメールをするという行為はセンターライン越えや、もっと広い意味の危険運転と密接に結びついている。そんな証言がストレイヤー博士には期待される」

リントンはこう主張した。ユタ州最高裁は、ある行為がある行動と「密接に結びついている」と専門家が証言することを認めている。たとえば、ある性的虐待の裁判で、州最高裁は医師が次のように証言することを承認した。すなわち、性的に虐待された子どもは「不眠、食欲不振、特定個人への恐怖、依存的行動、排尿障害」などの症状を呈することがある――。

特定の被害者が虐待されたとは必ずしも言わず、そのような症状や行動が虐待の証拠に十分なりうると述べるような証言は認められる、と最高裁は決定を下した。それがリントンの主張である。「ストレイヤー博士の見解はこの裁判でも重要なポイントに言及するが、被告に過失があったとの結論はそこに含まれない」

リントンは三月一七日にこの申立書を提出した。数週間後の四月初め、バンダーソンは三ページの申立書でこれに反論。注意散漫や精神状態に関する持論を展開した。

「運転以外のこと、そして危険運転に焦点を当てるのは、過失の定義そのものである」とバンダーソンは書く。

「本件が独特なのは、精神的な要素が刑事過失になるからである。メールをすると注意力がそがれると専門家が証言するのは、どう見積もっても、精神的な過失が推測されると証言することにほかならない」

バンダーソンのこの言い分は、レジーの事件に不可欠な側面のひとつを表していると同時に、運転中の携帯使用がどういう性質のものかという議論にも関係してくる。つまり、それは本質的に注意をそらす行為なのか？　もしそうなら、そして陪審員がそう思うなら、レジーには本質的な過失があったと判断される可能性がある。

それはたとえば、運転中の食事とはずいぶん違うとバンダーソンは考えた。運転中の食事が認知的負荷となり、われわれの注意力を本質的にそぐと主張する人はいない。たしかに、食べ物に手を伸ばしたり、道路から目を離したり、カーラジオの選局をしたりすると注意力がそがれるかもしれない。だが、それらはほんの一瞬のできごとであり、注意をそらす行為として体系的に立証できるものではない。

バンダーソンはまだ神経科学というものを知らなかったが、それでもその危険性を理解することはできた。本質的に注意をそらす行為であれば、それは本質的に過失を招く行為と見なしうる。陪審員にそういう話を聞かせるわけにはいかない。


バンダーソンが提出したそれ以外の論点については、リントンが反論したものもあれば、認めたものもある。たとえば、レジーが伝道に失敗した話を持ち出す必要はないという主張に関しては、リントンも同感だったし、もともとそんなつもりはなかった。彼は自身の申立書で「ユタ州は、弁護側がそう考える理由がわからない」と述べた。

「もし弁護側に求められれば、被告がかつて個人的な理由で、それから二度目は起訴されたせいで伝道から戻ってこざるをえなかったという事実を持ち出すつもりはない、と確約していただろう。この事実が本件と無関係であることに州は同意する」

レジーの二度目の帰還についても言及したところが注目に値する。バンダーソンとしては最初の伝道失敗にふれてほしくなかったと思われるが、州の側も、熱心なレジーが二度も布教に出ようとしたという話を陪審員に聞かせる必要はなかった。州が執拗にレジーを追及していなければ、いまごろ彼は教会に奉仕していただろう。人格の問題はプラス、マイナスどちらにも転びうる。そして今回は、その問題は回避されようとしていた。

審理に向かうさい、ショー家はバレー・ビュー・ドライブを避けた。彼らは事故現場へ行かなかったし、そこを通り過ぎることもなかった。レジーもまだ現場へは行っていなかった。そこは彼にとっていまなお直視できない場所だったのである。

しかし一家はローガンへ行くたびに、山々を背負うように建つ、ユタ州で二番目に古い荘厳なモルモン寺院を訪れた。キャッシュ郡検察局からもその威容を見ることができる。祈りのあいだ、メアリー・ジェーンはヘンリー・ワーズワース・ロングフェローの一八六三年の詩に基づくクリスマスソング「なつかしい鐘は鳴る」について考えた。

彼女の心をとらえたのは「憎しみ」にふれた次の部分である。

私は絶望してうなだれる
この世に平和などない
憎しみがはびこり、嘲笑う
地に平和、人に平安と願うその歌を

メアリー・ジェーンは憎まないですむよう祈った。システムを憎まず、レジーについてあれこれひどいことを言う人たちを憎まず——。彼女は神に助けを求めて祈った。

「どうか無事切り抜けられますよう。レジーを裁判にかけている人たちが彼の真情を理解してくれますよう」

33 テリル

一月、ジャッキーはインディアナ州からゲイリー・マロニーの訪問を受けた。昔から家族ぐるみでつきあいのある友人で、ジャッキーとジムの結婚式で付添人も務めた。最近ではネット上の友人だ。

ジャッキーとゲイリーはオンラインゲーム「ワールド・オブ・ウォークラフト」を何カ月もいっしょにやっていた。ゲームを始めるのは娘たちが寝静まってから。ふたりのキャラクターはペアを組んだ。彼女がナイトエルフ族のハンター「ムーンライズ」として参戦するとき、彼はドワーフ族のハンター「パム」になり、彼女が「セリフィム」と名づけたヒューマンプリーストのとき、彼は「ツパルホック」と名づけたナイトエルフ族になる。ふたりは冒険の旅をし、迷宮をさまよい、チャットした。

一月にトレモントンに来て近くの親類を訪ねたゲイリーは、ある晩、ファーファロ家で時間を過ごした。ジャッキーたち親子といっしょにリビングで「ギャラクティカ」というSFドラマを見ていたとき、ちょっと思いがけないことが起こった。次女のキャシディがゲイリーの横にきて座り、次いで長女のステファニーもそれに倣ったのだ。

「それがたぶんきっかけでした」とジャッキーは言う。「この人とならやっていける、と」

その後もふたりはネット上で何度もやりとりを重ねた。四月、ゲイリーは五月にまたジャッキーを訪ねようと決心する。ジャッキーがそのことを娘たちに知らせると、「どこで寝るの？」と質問された。

「カウチでしょうね」とジャッキー。

「寝室じゃないの？」

彼女たちはただ、どんな友だちがどんな友だちといっしょに眠るのかを知りたがっているらしかった。結婚した夫婦がいっしょに寝るのだとジャッキーは説明した。「私たちはそういう友だちではないわ」

ゲイリーは五月の彼の誕生日近くにやって来た。そのときまでジャッキーは人づきあいらしいものをあまりしてこなかった。もちろんデートも。ゲイリーの誕生日、彼女はベビーシッターを雇い、ふたりで「オリーブ・ガーデン」レストランへ食事に行った。それから映画館で『インディ・ジョーンズ／クリスタル・スカルの王国』を見た。そのあと家へ帰ってカウチに座り、『トゥームレイダー2』を見た。メディア、映画、ゲーム、テレビが共通の関心事である。

ふたりは黙ったまま、互いの気持ちをどう切り出そうかと考えていた。

とうとうゲイリーが尋ねる。「僕たち、夫婦になれるかな？」

「ええ」ジャッキーは即座に簡潔な答えを返した。

その夏、状況はさらに進展した。ゲイリーは一週間、ジャッキー宅を訪れた。その間、子どもたちは祖母と過ごした。ふたりはしばらくふたりきりの時間を過ごし、映画をたくさん見た。ジャッキーにとって、ゲイリーとの友情は現実世界における一種のハッピーエンドだった。ジムの悲しい死から立ち直り、娘たちに安定した生活を提供したいという願いが実現しようとしている。

罪悪感を覚える必要はない、と彼女は自分に言い聞かせた。でもその六月に鮮明な夢を見るようになった。たとえば、ゲイリーといっしょにいると、玄関先にジムが現れる。

「僕は死んでない」と、夢のなかで彼は言う。

ジャッキーも夢のなかで彼に言った。「そんなはずないわ」

被害者たちにとって、そしてその支援者であるテリルにとって、二〇〇八年は裁判を抱えて気持ちがすっきりしないまま、不安とともに暮らす年になった。彼らはジムやキースなしの生活には適応しようとしていた。ただ、ジャッキーはトンネルの向こうに一縷の光を見つけていたが、レイラのほうはまだそうではなかった。

彼女はなんとはなしに悲しく単調な生活を送り、その合間に裁判所での審理に出かけた。簿記の仕事を再開し、キースが亡くなったころと同じく月曜、火曜、木曜に働いた。収入は年二万五〇〇〇〜三万ドル程度で、おまけにそこから自分とミーガンの医療保険も支払わなければならない。保険料は最初のうち月四〇〇ドルだったが、そのうち八五〇ドルに跳ね上がった。

これに追い打ちをかけるように、ミーガンはずっと腎臓結石に苦しんでいた。夜中に痛みのあまり母親を起こし、ふたりで救急病院に駆け込んだことも一度や二度ではない。

娘との関係はまずまずだ、いや、よくなっているかもしれないと彼女は感じていた。ミーガンはちょくちょく夕食を食べにきた。レイラの楽しみのひとつは料理である。冬場は栄養たっぷりのスープを、暖かくなるとサラダをたくさんつくった。ミーガンがいないときも（たいていそうなのだが）自炊し、テレビをBGM代わりにつけたまま、本を読みながら食べた。ニュースなどを見ると、二〇〇八年が進むにつれて景気の悪さを報じる内容が増えていった。キースとふたりでこしらえたそこそこの貯金には、もう少しあとまで手をつけたくなかったが、ときどきそうせざるをえなかった。「ネイビー犯罪捜査班」「ロー&オーダー」といった刑事ドラマをやっているときは、ついテレビに夢中になって、本を何度も読み返すはめになったりした。

キースは物静かな人だったけれど、テレビを前にすると、たまにその判断基準みたいなものを垣間見せたものだ、と彼女は思った。きっかけになるのはテレビというメディアそのものではなく、ジェリー・スプリンガー*などの番組出演者である。彼らはみんなキースにとっては反面教師だった。派手で自己顕示欲が強い。「ここまで注目を集めたいかね？」と彼が言っていたのを思い出す。「わざわざあんなふうに振る舞って、個人的な問題を公共の電波でさらけ出すなんて」

「彼はとても内向的な人でした。私もそうですが、彼はそれ以上でした」

だからこそレイラの悲しみは深かった。いっしょに、静かに世界を共有できる人、それがキースだったのだ。彼女はこの世界に戻ってゆくのが苦痛だった。だとすれば、自分自身を誰かほか

＊　アメリカのテレビ司会者

の人と分かち合うことなどできようはずがない。

ジャッキーとレイラというふたりの未亡人のうち、テリルがよく接触を持ったのはジャッキーである。ふたりはもう友だちも同然だった。一方、レイラとはそれほど連絡をとらなかった。というよりも、そういう機会がなかった。レイラとテリルの人生が交わることは稀だったし、内向的なレイラは他人をあまり招き入れなかった。

テリルが見たジャッキーは、ものごとを楽観的にとらえ、人生を前へ推し進めるタイプだった。それはテリル自身にも近い。

だが、ふたりの関係が近くなると、テリルはジャッキーに関する不安をひとつ抱えるようになった。彼女と娘たちがあれほどメディアを使うわけが理解できなかったのだ。いや、もっと言えば、テリルは口にこそ出さないがそれに批判的だった。ジャッキーのふたりの娘がメディアの世界に迷い込んだり、そこへ逃げ込んだりするのではないかと心配だった。ちょうどそのころ、子ども全般のメディア依存度も爆発的に増えていた。カイザーファミリー財団によれば、コンピュータや携帯の画面を見ている時間は一日平均一〇時間にのぼる。

メディアの多用は親子のつながりが弱く、学校をあまり重視しないせいだ、というのがテリルの大まかな見立てだった。

ジャッキーは、娘たちに問題はない、メディアの利用は家族のふれあいの一環だと考えていた。それにステファニーもキャシディも学校の成績はよかった（とくに算数）。また、ユタ州は一年を通して寒い時期が長いので、コンピュータやテレビ、ビデオゲームは、「零下何度かの外界に子どもたちを送り出すよりも現実的な時間の使い方」だと彼女は指摘した。

たしかに、家族みんなで見るテレビ番組のなかには、犯罪ドラマのように「すばらしいとは言えない」「ちょっとおぞましい」ものもある。それはジャッキーも認めるところだ。でも、子どもたちは宿題をいつもちゃんとしたし、友だちともたくさん時間を過ごしていた。

ノースウェスタン大学のメディア人間開発センターが発表した調査によれば、ジャッキーの考え方はアメリカの大半の親の認識と一致している。二〇一三年に行われたその調査では、二三〇〇人の親のうち五九％は、子どもがテクノロジー依存症になるという心配をしていなかった。また七八％が、メディアの使用をめぐって家庭内で懸念や葛藤はないと回答した。

こうした反応は、この調査を担当したひとりで、子どものメディア利用に関する研究の先駆者であるビッキー・ライドアウトを驚かせた。だがそれ以外に、親たちがあまり心配していない理由になりそうな事実もわかった。つまり、親自身がメディアのヘビーユーザーなのだ。四〇％近い家庭で、親がコンピュータや携帯の画面を見ている時間は一日一一時間にのぼる。これには仕事中の時間は含まれない（ふたつのメディアを一度に利用する場合は、その両方をカウントする。たとえば、ラップトップパソコンでネットサーフィンしながらテレビを一時間見た場合は、二時間でカウント）。またそれ以外の四五％の家庭でも、親がスクリーンを見る時間は一日五時間だった。この数字にはライドアウトも「びっくり」した。だが同時に、子が親のまねをしているわけだから、親が子どものことを心配しないのも当たり前だと彼女は言う。

このような傾向にも後押しされ、米国小児科学会は二〇一一年に興味深い方針変更を行っている。一九九九年、テリルがケーブルテレビの契約を打ち切った年、同学会は二歳未満の子どもにテレビを見させないよう各家庭に呼びかけていた。

だが二〇一一年になって方針を緩和。幼児の「スクリーンタイム」を制限・監視するよう促しながらも、以前のように厳しい全面禁止は求めていない。一九九九年から二〇一一年にかけて、メディア視聴のリスクに関する研究が多く見られるようになっていたが、小児科学会としては現実を見すえる必要があると判断した。方針変更を主導したアリ・ブラウン博士は『ニューヨーク・タイムズ』に次のように述べている。

「この問題について再検討する時期だと思いました。いまやスクリーンはどこにでもあるからです。一〇年前よりも時代に即したメッセージになっています」。同紙はこれに続けてこう書く。「新しい方針が緩和された理由を、ブラウン博士は次のように説明する。『学会は最初の方針について、産業界、はては小児科医からも激しく非難されました。いったいどこの惑星に住んでいるのか、とね』」

プライベート面では、二〇〇八年の前半、テリルたち一家は幸せを謳歌していた。春にはテイラーとジェイミーがナショナル・ヒストリー・フェアに共同で参加し、マリカ・ウフキルという作家に関する展示を発表した。モロッコの将軍の娘である彼女は、四年間過酷な監禁生活を送り、その後、囚人の権利の象徴的存在になった。テイラーとジェイミーのこの展示は学校、地域、州の競争を勝ち抜いた。つまり、ワーナー家は二年連続で全国大会に進出したのである。

もちろん、テリルの楽観主義、活力、そして子どもたちとつながりを持つためならなんだってする（子ども時代の自分はそういうふうにしてもらえなかった）という信念には、ときにマイナスの側面もつきまとった。改宗者のごとき情熱で過剰に反応することがあったからだ。二〇〇八年五月にもそういう事態が発生した。テイラーとジェイミーは裏庭にジップラインをつくった。高い場所にワイヤーを張り、そこを滑車などにぶら下がって滑り降りるという遊具の一種だ。

ふたりでジップラインをこしらえたはいいが、ちょっと危険な感じがする。ジェイミーは恐るおそる挑戦し、かろうじて「不時着」を免れた。テイラーは怖くて挑戦できなかった。「何よ、だらしない。母さんがやるわ！」とテリル。

勢いよく飛び出し、庭を半分まで横切ったところでプランターに激突。彼女は足首を骨折した。

「笑いながら泣いていました」

「母の情熱は極端なんです」とジェイミーは言う。「なんにでもチャレンジを惜しみません」

34 レジー

二〇〇八年の前半、裁判の雑音を背景に、レジーは相変わらず背中を丸めるようにして暮らしていた。実家に住み、子ども時代の部屋で寝起きした。車の手入れをし、二年生のバスケットボールチームでアシスタントコーチを務めた。少しだけデートもした。そして走った。ほとんど毎日、たくさんの距離を走った。家からマクドナルドまでの往復一〇キロ余りのコースをよく選んだ。初期のMP3プレーヤーでラップやヒップホップを聴いた。

それで罪悪感や恐怖心が少しは和らいだ。「自分を正気に保つにはそれしかありませんでした」。なかでも、いずれ監獄行きになるとの恐怖、テレビで見たあの悪夢のような光景を払いのけるうえで役に立った。ハイスクールのころにはけんかも少々やった。運動部対不良の、見せかけだけの小競り合い。監獄の扉が背後で閉じる様子を彼はいつも思い描いていた。

レジーは以前あまりしなかったことをするようになった。母親に腹を立てるのだ。母親は毎日のように彼の調子を尋ね、「きょうジョン（バンダーソン）と話したのよ」とか「次の裁判では……」と言った。レジーはそんな話はしたくないと返したり、素っ気ない態度をとったりした。

そしてそんな母親への非礼が、自分への恥ずかしさをまた増幅させるのだった。

三月、レジーは環境を変えようと決心する。ソルトレークシティに引っ越し、ソルトレーク・コミュニティカレッジに通うことにした。マイナーリーグの野球チーム、ソルトレーク・ビーズで時給八・五ドル、週二〇〜三〇時間勤務の仕事を見つけた。トレモントンとの行き来やソルトレーク周辺のドライブのため、三二〇〇ドルで二〇〇三年式のシボレー・キャバリエを購入した。全額ローンで、返済額は月七五ドル。

四月一五日、バンダーソンの要請で始まった審理が開かれた。弁護側が鑑定人を雇う費用をユタ州が負担すべきだというのが、その要請である。

バンダーソンは、レジーにはお金がないと主張した。この点をめぐってバンダーソンとリントンのあいだで比較的活発なやりとりが展開され、一度はレジーも証言台に立つことになった。彼はリントンとウィルモア判事の質問に早口ではっきり答えた。口調は表面上丁寧だが、じつによそよそしく、敵意さえ感じさせかねない。ジャケットとネクタイ姿で証言台に立った彼の頭は大きくうなだれているように見えた。まぶたも垂れている。まるで脳内の口に出せない思いや感情が証言台に暗い影を落としているようだ。

リントンとウィルモア判事は、シボレー・キャバリエを買ったのに貧乏なのかと迫った。伝道から戻って七五〇〇ドルほど稼いだという記録があるが、それを何に使ったのかと尋ねた。ガソリン、外食、デートだと彼は答えた。貯金は九〇ドルだという。

ウィルモア判事は、カレッジの授業料は誰が払うのか、支払い期限はいつかと尋ねた。

「支払い期限はわかりません」とレジーは答えた。

ウィルモア判事は結局、鑑定人の費用を弁護側と州とで折半させることにした。

その日の証言からは、もっと大きな問題が持ち上がった。レジーの気持ちのこもらない発言、傲慢で敵意さえ感じさせる態度に、検察側はいきり立った。リントンの丁重ながら執拗な質問(訴訟ではよくあることだ)に、弁護側は憤りと苦痛を覚えた。法廷での争いがいよいよ本格化しようとしていた。

リントンとバンダーソンの関係は安定を欠いていた。レジーたち弁護側は、この訴訟にはなんの根拠もないと考えた。メールが事故の原因ではないし、いずれにせよ、それは証明できない。これは事故だ、そして魔女狩りだ。検察側は、弁護側は科学や現実から目をそむけていると考えた。そこにはどう考えても埋めがたい溝があった。

どちらの側も勝訴を願い、その資格があると考えていた。だが、敗訴の危険も冒したくない。刑事裁判では当然といえば当然である。投獄されるかもしれないし、評判が落ちるかもしれない。お金の問題もある。しかし、負けるかもしれないという可能性が、それぞれの側の攻め口をさらに先鋭化させた。リントンの側にすれば、この前例のない事案に時間や資金を浪費することなどあってはならないと考える人(同じ検察局の同僚も含めて)がいたからだし、レジーの側にすれば、彼がいかなる不正行為も頑なに否定していたからだ。もし負ければ、地元社会で恥の上塗りをすることになる。

そんなか、双方が勝ち名乗りをあげられるような現実的手立てが模索されていた。ちょうどこの四月の審理の前後、郡検事のジョージ・デインズはバンダーソンに連絡をとり、司法取引の可能性について話し合った。これもやはり刑事裁判では珍しいことではない。

ただし、リントンとテリルにとって心強い証拠が新たにひとつ見つかっていた。審理の四日前、ソルトレークシティの科学調査会社から届いた調査結果である。そのテーマは、「レジーがハイドロプレーン現象を起こした可能性について」。

同社の調査員スコット・キンブローは、ハイドロプレーンはなかったと結論づけていた。「レジー・ショーの車がハイドロプレーン現象を起こした可能性はきわめて低い。彼の車はセンターラインを越えて横滑りしたのだから、車輪はわずかな轍が残る、水気がないざらざらのアスファルトの上を移動したことになる。事故の前後には通り雨が降っただけだ」と、彼はレポートに書く。

「事故にかかわった車の状況が指し示すのは、ハイドロプレーンでは考えられない確かなトラクション*があったということである」

四月一五日の審理の翌日、バンダーソンは、モルモン教会の在家メンバーで、ショー家が属する地域の会長を務めるロッド・メレルと長い会話を交わしたあと、メモを書いた。レジーが伝道活動をまっとうできるかどうか、それが会話の主な中身だった。伝道はいまなお彼の夢なのだ。

メレルはウィニペグ伝道部のテリー・ジョンソンをバンダーソンに紹介した。バンダーソンが

＊　車輪と路面の摩擦

電話をすると、ジョンソンは、この問題は「七〇人定員会」や「一二使徒定員会」などの上層部で検討する必要があるだろうと述べた。

「厳格なルールがあるわけではない」と、内部用のメモでバンダーソンは書く。レジーが新たに伝道活動をスタートできるかどうかは「罪の種類に左右される。だから判決は軽いほうがいい」。

レジーはソルトレークシティへ向けて出発した。バージニア州の大学時代の友人の家で、客用ベッドルームに寝起きさせてもらった。バンダーソンは六月一六日に手紙を出し、「解決の可能性を探るために」ジョージ・デインズと何回か話し合ったと書いた。

レジーはソルトレーク・ビーズで働き、コミュニティカレッジの授業を受けた。英文学でも勉強しようかと思いながら。彼はエリーズという名の若い女性と知り合いになった。フェイスブック上でおしゃべりし、ときどき会って時間を過ごした。ニッキという女性とも知り合った。

一方、ジャッキーは六月に一週間滞在したゲイリーと仲を深めていた。レイラはサラダをつくり、本を読み、テレビを見た。ショー家には弁護士費用が重くのしかかりはじめていた。

六月、ウィルモア判事は四月一五日の審理で検討されたいくつかの申し立てについて裁定を下した。レジーの鑑定人の費用については、州とレジーが折半するという判断だった。

州警察官リンドリスバーカーがレジーとの会話について証言できるかどうかというもっと大事な問題については、証言は認められると判事は結論づけた。リンドリスバーカーはレジーを拘束していたわけでも、ミランダ警告を要する状況下で彼を尋問していたわけでもない、との判断である。

ふたりの会話は友好的で、レジーはみずからの意志でリンドリスバーカーの車に乗った、とウィルモア判事は書く。「被告は身体検査をされたわけでも手錠をはめられたわけでもなく、会話はなごやかな雰囲気で交わされた。被告がその場から立ち去る自由がないと感じていたという証拠は裁判所に提出されていない」

これはリントンら検察側にとって好都合だった。リンドリスバーカーが証言できるようになれば、バンダーソンはレジーを証言台に立たせるかどうかについて難しい選択を迫られる。証言させることには危険がともなう。

そのころ、もうひとつの大きな問題、すなわちストレイヤー博士の証言については、判事はまだ裁定を下していなかった。もっとじっくり考え、さらに審理を開く必要がある。


八月、バンダーソンは司法取引の可能性、もっと正確には郡検察局からの申し出について、初めて具体的な手紙をレジーに書いた。条件としてはレジーが二件の過失致死（いずれもクラスAの軽罪）を認める必要がある。三〇日から九〇日ほど監獄に入り、「亡くなった人の人生に関するビデオ」を見なければならない。「半年間、運転中のメールをやめさせるためのシンボルになってほしいと彼らは考えています」

この取引についてバンダーソンが評価していたのは、「保留」が認められるという点である。

つまり、レジーが判決の条件を満たせば、罪の記録が消えるのだ。

それでもバンダーソンはこう結んでいた。「これに賛同してほしいとは言いません。しかし和解案として検討し、よく話し合う必要はあります」


二〇〇八年九月二三日、遠く離れたフロリダ州でまた悲劇が起きた。ホーム・デポへの納入品を運ぶセミトレーラーが、子どもたちを降ろすために停まっていたスクールバスに追突したのだ。バスはハザードランプをちゃんとつけ、停車中であることを知らせていた。バスはぺしゃんこになり、炎をあげた。なかに閉じ込められたのは、一三歳のフランシス・マーゲイ・シー。彼女は燃えさかる火のなかで亡くなった。

セミトレーラーの運転手は、バスに気づかなかったと言った。携帯電話を使っていたと捜査員たちに述べた。


秋になり、ソルトレーク・ビーズのシーズンは終わった。レジーはNBA所属のユタ・ジャズで仕事に就いた。競技場にある高級クラブでドリンクオーダーをとる仕事だ。

すると九月から一〇月にかけて、裁判と私生活の面でそれぞれ変化が訪れた。

九月二九日、バンダーソンはそれまで話し合ってきた和解案を書面にし、デインズに送った。八月にレジーに説明した内容とほぼ同じだったが、「有罪答弁を機密ファイルに保存し、正式に記録しない」ことをウィルモア判事に承認してもらわなければならない。レジーの評判を落とさず、伝道活動に戻れるようにするのがねらいである。二〇〇六年九月二二日の朝に起きた事故に、できるだけ人々の注意を向けないようにしたかった。

和解をめぐる話し合いがこれほど加速したのは、公判審理が近づいているせいだった。事前に和解できるなら、それに越したことはない。だがまた、レジーの気力が萎えつつあるのも判断材料になった。「やりました」と認めこそしないものの、彼は少しずつ闘志を失っているように見えた。

ニッキとのあいだはうまくいかなかった。レジーはどうしても心を開けなかった。開きたい、つながりたいとは思うのだが、躊躇してしまう。事故についてはまるで他人事《ひとごと》のように語った。それから、エリーズ。こちらは夏に出会った女性だ。ブロンドで、とても魅力的だった。ふたりはフェイスブック上で頻繁に連絡をとりあった。レジーは一〇月に、彼女を二度目のデートに誘った。

ソルトレークシティのサウスメイン通りにある、ラウンジとカフェをそなえたボウリング場「ボンウッド・ボウル」に行き、そのあとドライブインシアターで映画を見ようと思った。彼はエリーズをピックアップするために彼女の家へ行った。

彼女が準備をするあいだ、レジーはベッドに座って周囲を見回した。鏡の横側に何かがテープで留めてある。新聞記事だ。近づいてみると、自分に関する記事だった。レジーがジムとキースを殺した罪で起訴され、もうすぐ公判審理を迎えるという内容だ。エリーズが部屋に戻ってきた。

「この記事はどこで?」とレジーが尋ねる。

「パパがくれたの。私の運転を心配しているらしくて」

「読んだ?」

「ええ」

彼は新聞記事を平らに伸ばしながら訊いた。「これが誰だか知ってる?」

「いいえ」彼女は何を言われているのかわからなかった。

「ちょっと来てみて」

エリーズは近づき、最初の数行を読む。彼女は大声をあげ、両腕をレジーに巻きつけた。

あとになってみれば、おかしな、でも気まずい話だ。笑うしかない。ふたりはボウリングをし、ドライブインシアターへ行った。楽しかった。心がつながりあった。彼は彼女をまたデートに誘った。でも返事はなかった。

35 正義を求めて

二〇〇八年一二月一一日、この物語のあらゆる「役者」が出そろった。事故、アテンションサイエンス、法律、そしてレジー・ショー。二時間二三分の審理だった。表面上は二年以上にわたる持久戦における手続きのひとつにすぎないが、今回の審理では、この何十年かのアテンションサイエンスの蓄積を法律にどう適用できるかという点が検討された。そして、二〇〇六年九月二二日の朝、レジーの頭のなかでいったい何が起きていたのか、その可能性が詳細に示された。

レジーはすでに疲れ果て、公判におびえるばかりだった。

「今回はストレイヤー博士を証言台にお呼びしたいと思います」とリントンは言った。

デイビッド・ストレイヤーは証人席へ進み出た。褐色のスーツ、ロイヤルブルーのシャツ、ストライプタイといういでたち。茶にグレーが混ざった髪の毛は短めで、いささかだらしない。彼の半分の年頃の人間がやればいかすのかもしれない。それでも、学者にしては気さくだという印象はいだかせる。

彼は真実を話すと宣誓した。リントンに請われて学歴・経歴を述べる。声は、はっきりしたテナー。

「私の専門分野は注意力とパフォーマンスです」と彼は言った。話しながらときおり、言いたいことを探すかのように眼鏡越しに上や横を見る。何かを強調するときは、手を握ったり開いたりした。これまでの研究の約三割は車の運転に焦点を合わせてきたが、近年はもっぱらそれが主な研究テーマになっているという。

主要科学誌に五〇以上の論文を発表してきたが、そのうち二〇前後が運転障害や不注意運転に関するものだ、とストレイヤー博士は言った。

レジーはいつものように法廷の左側（ウィルモア判事から見て）、バンダーソンの隣に座り、いつもどおり無表情だった。ガムをかんでいる。それでも彼はナーバスになっていた。公判が近い。ひょっとしたら重罪で懲役を食らうかもしれない。それに、ジムとキースの遺族と目を合わせることに耐えられない。

彼らはレジーの両親のすぐ後ろに座っていた。ジャッキーとレイラのあいだにはテリルがいる。彼女はジャッキーとレイラをどう公判に備えさせるか、頭を痛めていた。テリルの印象では、ふたりとも証言したくなさそうだ。思い出すのがつらいのだ。また、これだけの証拠を前にレジーがあくまで否認を続け、公判に持ち込むことはありえない、と思っている様子だった。

だが、テリルの注意はすぐにストレイヤー博士に向けられた。リントンはずっと、専門家が必要だと言ってきた。そして、その専門家が見つかったのだ。この証言が決め手になってほしいと彼女は願った。ここまでの努力、公判前の準備が報われてほしい。レジーと戦うためにみんなでがんばってきたのだから。

ストレイヤー博士が話しはじめたとき、レジーの隣に座るバンダーソンは本能的に強く思った。この人物は信用が置けそうな印象がある。証人として成功だろう。だからこそ、証言をできるだけ認めさせたくなかったのだが——。

この審理の目的は、ストレイヤー博士の証言が公判審理でどの程度認められるかを判断することにある。妥当性があるか？　信用に足る十分な情報に基づいているか？

リントンの要請で、ストレイヤー博士は彼が研究で使っているドライビングシミュレーターについて説明した。ユタ大学の彼のオフィスから廊下を少し行った先の、窓のない小部屋にそのシミュレーターは置かれている。シートやダッシュボードはクラウン・ビクトリアのものが基本になっている。フロントガラスの代わりに設置されたコンピュータスクリーンに、街のなかやハイウェイの動画が映し出される。被験者はそこを運転しながら、メールを打ったり、電話をかけたりする。比較のために、少し酔っ払ってもらうこともある（むろん、実験はきちんと管理して行う）。

それ以外の機器も紹介された。たとえば、ＥＥＧ（脳波記録装置）。これを使えば、「運転、メール、同乗者との会話など、何かをしている人の脳の活動のさまざまな変化を測定できます」。視標追跡と呼ばれる技術を使って、ドライバーがどこを見ているか（道路なのか電話なのか）も知ることができる。

運転中のメールに関して何がわかったかと、リントンはストレイヤー博士に尋ねた。

「科学的データによれば、衝突のリスクが六倍高まります」

その理由を彼はこう説明した。メールに気をとられたドライバーは道路を見ておらず、車線を見失っているので、危険が迫っても見落とす可能性が高い。たとえ危険を察知しても、集中力がそがれているので反応できない。メールをしているドライバーは「安全運転にかかわる条件をほぼすべて」失ってしまう、と彼は言った。

運転中にメールをすると衝突のリスクが六倍になる、と彼はくり返した。一方、運転中に電話をするとリスクは四倍になる。これは血中アルコール濃度が法定基準以上のドライバーと同水準である。飲酒運転のドライバーと電話を使用するドライバーは事故の確率が同じなのに対し、「メールをしているドライバーのリスク水準は飲酒運転の場合を上回るのです」。

「これまでに何回くらい裁判所で証言されましたか?」法廷の中央あたりをゆったり行きつ戻りつしながら、リントンが尋ねる。

「運転中の携帯メールに関しては今回が初めてです」とストレイヤー博士は答えた。

ただし、と彼は付け加える。ほかに三〇件ほどの事案で、実際の公判においてではないが、運転中の携帯電話使用の一般的リスクについて法律家からインタビューを受けたことはある。また、実際の公判でも一度だけ証言したことがある。

「どれも民事ですか?」とウィルモア判事。

「はい」

「刑事事件はない？」

「刑事事件で証言したことはありません」とストレイヤー博士は判事に答えた。

「私の知るかぎり、この問題で刑事事件になったのは今回が初めてです」と、リントンは判事に向けて言った。「その点については、またのちほどふれられればと思います」

今度はバンダーソンの番だった。


被告人弁護士は立ち上がった。

「メールがこの事故そのものを引き起こしたかどうかは証言できませんね？」彼はストレイヤー博士に尋ねた。

「この事故そのものについては」

その後、複雑な、しかしながら重要なやりとりが交わされた。それは「リスクがかなり高まる」という表現に関するものだ。バンダーソンはまず次のように尋ねた。「リスクがかなり高まる」という相対的な表現は、「リスクが相当高い」というもっと客観的な内容を意味するのか。言い換えれば、携帯メールがリスクを高めるという事実は、本質的にリスクが相当高いという意味と同じなのか？

とくに危険というわけではないがリスクを高める——そういう行為なら、いろいろ例を挙げられる。運転中にものを食べれば、食べないときよりは事故の可能性が増えるかもしれない。しかし、だからといって、車内でものを食べるのは大きなリスクだから取り締まるべきだ、ということとには必ずしもならない。あるいは、コーヒー愛飲家がある朝、いつものようにカフェインをとらずに車で仕事に向かったとしたら？　運転中の集中力は落ちるかもしれないが、その人に運転させるべきではないと言う人はまずいないだろう。

運転中のメールは本質的にリスクが高い――それは真実かもしれない。だが、ユタ州法のもとでは論点はそこにはない、とバンダーソンは主張した。ストレイヤー博士の証言は、陪審員に法的結論を示唆してはならないというルールにもとるというのだ。

リントンは頭に血が上った。ストレイヤー博士が言っていることはたんなる事実である。その後の応酬のなかで、彼はそう主張した。衝突の危険が六倍になるという事実なのだ。推測ではない。彼はバンダーソンの質問に異議を唱えた。

ウィルモア判事は迷っていた。自席でユタ州法を確認する彼は、困っているようにも見えた。本質的にかなり（相当）リスクが高いことをストレイヤー博士が証言したとして、陪審員に過度な影響を与えることになるだろうか？

「異議を却下します」と彼は言った。

バンダーソンは博士に向き直る。「運転といえば、あの古い歌を思い出します。『ハンドルから手を離すな、道路から目を離すな……』でしたか」

ストレイヤー博士はそれを遮って言った。「そのふたつ以上に重要なのは、心が道路に向けられていることです」と彼は説明した。「道路から目が離れれば、あるいはハンドルから手が離れれば、リスクが生じます。ですが、もっと危険なのは、道路から心が、気持ちが離れたときなのです」

何気なく指摘されたポイントだが、レジーには衝撃だった。バンダーソンはその話にかかわりたくないというふうに、話題を変えた。

「携帯メールというテーマで実際に論文を発表したことがありますか？」

「いいえ。さきほどのは草稿段階です」とストレイヤー博士は答えた。衝突リスクが六倍になるという論文の件だ。

携帯メールの危険性について論文を発表した人がいるか、とバンダーソンは尋ねた。

「はい」

「いつですか？」

正確には思い出せないが、二〇〇五年から二〇〇七年のあいだ、たぶん二〇〇七年だろうと博士は言った。

「どこで発表されましたか？」とバンダーソン。

「オーストラリアのある大学の研究者たちが発表しました」と博士が答える。

「それは米国でも入手可能ですか？」

「世界中どこでも入手できます」

「その発表は一般大衆の知るところとなったのでしょうか？」

「それはわかりません」

ストレイヤー博士の証言が持つ法的な影響力はともかく、レジーはそれに大きく感化されていた。まるで天の啓示だと思った。ハンドルから手を離さず、道路に目を向けていたのに、心はどこかよそにあったかもしれない。その可能性に彼は気づきはじめていた。「携帯に気をとられていたので、何が起ころうとしているのか認識できず、記憶もなかったのだ」と彼は思った。

その思いは、バンダーソンが次のように尋ねたとき、いっそう強くなった。「携帯メールをしていたドライバーがメールを終えたあと、どれくらいの時間で安全運転ができる状態に戻るか、そういう実験をしたことがありますか？」

「その研究もしてきました。運転障害のある状態がどれくらい続くのかは判断しづらいのですが、一般に一〇秒から一五秒くらい続く可能性があります」

「メールをやめてからも？」とバンダーソンが訊く。

「そうです」。博士によれば、ドライバーがふたたび運転になじむまでには時間がかかるのだという。「どれくらい複雑な交通事情かにもよりますが、『送信』ボタンを押してから一五秒ないしそれ以上たたないと、正常な状態に完全復活できないかもしれません」

法律的な観点からいえば、ストレイヤー博士はまたしても、メール中のドライバーの精神状態に言及したことになる。ウィルモア判事は話に割って入り、博士にもっと詳しい説明を求めた。博士は、メールを終えた人が「状況認識」を取り戻すまでにどれくらい時間がかかるかを実験しているところだ、と述べた。

レジーは座ったまま、まだ心ここにあらずという様子だったが、しだいにそれどころではなくなってきた。彼はのちに述懐している。法廷での言葉が自分に届いていた。それまでの二六カ月にはけっしてなかったことだ、と。

ストレイヤー博士は言った。「『送信』ボタンを押して返信を待っているあいだ、完全な状態に戻って周囲の車をきちんと認識できるまでに一五秒や二〇秒はかかるかもしれません」

バンダーソンとのやりとりは続いた。バンダーソンは、ストレイヤー博士の発言が証明できるのか、できるとしてその根拠は何かを問うた。何よりも、博士の研究はまだ終わっていないのだ。いわゆる「切り替えコスト」(ある精神活動から別の精神活動へ移行するさいの再集中に要する時間)については長い研究の歴史がある、と博士は言った。意見が大きく分かれているトピックではない、と彼は強調した。

要するに、メールを終えてもまだ気持ちはそこにあるので、まわりで起こっていることがわからないというのだ。この点を補強するため、博士は「インアテンション・ブラインドネス(不注意による見落とし)」という概念があることを説明した。注意力の不足が原因で周囲の事態に気づけない状態である。

レジーははっきり思った。「夢中になりすぎてまわりが見えていなかったとしたら?」

ふり返って彼は言う。

あの人が不注意による見落としについて語ったとき、つまりメールを受信し、目を通し、送信したあと一五秒くらいは、運転していても集中できておらず、心はまだ携帯電話に向いているという話を聞いたとき、思いました。「ああ、運転しながらメールをしていたのは明らかだ。ずっとそうしていたことは記録からもわかる。疑いようがない」

レジーはまるで運転中にきたメールのように、この発見、この天啓に魅入られた。法廷のビデオに映った彼をあらためて見ても、どこか無表情で、この瞬間が彼にとってどれほど貴重かつ重要なものだったかは理解しづらい。しかしまた、このときは公判が近いという背景もあった。牢屋に何カ月も入れられるかもしれないという心配が彼のなかでくすぶっていた。あの事故はすでに大小いろいろな意味で、彼という人間を規定しはじめていた。レジーに関する記事を鏡のところにテープで留めていたあの女性、エリーズとのデートのときもそうだ。

いったいなぜ嘘をつけたのか、自分を欺くことができたのか、事故の瞬間に起きたことを把握できなかったのか——その答えをレジーが探しているとしたら、それを教えてくれたのはストレイヤー博士だった。

バンダーソンは奮闘しつづけていた。運転中に電話で話すのはユタ州の法律に違反するか、とストレイヤー博士に尋ねる。

いいえ、と博士。

メールはどうか？

いいえ、と博士。ただし、免許をとりたての一〇代のドライバーの場合、一定期間は違法だったと思う——。カリフォルニアなど一部の州では、運転中に電話で話すのは違法だとストレイヤー博士は言った（カリフォルニア州の場合、ハンズフリーキットを使えば認められる）。

バンダーソンは訊く。長年の研究を経て、運転中の携帯電話使用の危険性は一般常識になっているか。

そう思う、と博士は答えた。

「携帯電話での通話や飲酒運転と比べて、運転中のメールの危険性については一般の人たちが情報を持っていないと言っても差し支えないでしょうか？」

「科学文献という点でなら、おっしゃるとおりだと思います」

バンダーソンは、一般大衆が運転中のメールの危険性を知らない、あるいはたまたま知っていたとしても、それは必ずしも膨大な科学データに基づくものではないということを明らかにしていた。だから二六カ月前にレジーが知っていたはずはない、と。

またバンダーソンは、「リスクがかなり高まる」という表現（「リスクが相当高い」という意味にもなりうる）の使用について、ウィルモア判事を大きく躊躇させていた。それに判事は、飲酒運転との比較は変な先入観を陪審員に与えるので認められないと、すでに何度も述べていた。

これがボクシングの試合なら、バンダーソンは有効なパンチをいくつもくり出したことになる。でもそういう問題ではなかった。裁判がもう終わったことをバンダーソンは知らなかった。レジーは相変わらず無表情ながら、もはや否定することができなかった。彼が、彼のメールが、ジム・ファーファロとキース・オデルの命を奪ったのだ。

証言と質問が続き、審理は終わりに近づいた。バンダーソンが細かな点をさらに尋ね、ようやく質疑は終了した。

リントンはウィルモア判事に、これは歴史上の重要な事件であると訴えた。

「これは新しいテクノロジーです」とリントン。電子デバイスがドライバーに与える影響が知られていないのは、「警察が飲酒運転のドライバーをつかまえ、そのあと車に戻して、家まで運転して帰るよう言っていた」時代と同じだと彼は指摘した。

「この新しいテクノロジーは猛スピードで成長しています。裁判所にはそのことを考慮していただきたい」

ウィルモア判事は、予備的な結論を出す準備はできていると述べた。つまり、ストレイヤー博士の証言は部分的に認めるが、制限を設けるという内容だ。「刑事事件における被告の精神状態については証言できません」

飲酒運転についても言及はできない。

携帯メールによって衝突リスクが六倍になるという点については、「何よりも悩んでいるのはその点です」と判事は言った。

「本当に悩んでいるのです、ミスター・リントン」と彼は検事に語りかけ、証言が認められるべき理由をもう一度説明してほしいと依頼した。

「それは事実なのです」とリントンは言った。「事故に巻き込まれる可能性が六倍になるというのは事実です。レジーがそれを知っているべきだったかどうか、それを知らないのが刑事過失にあたるかどうかを決めるのは陪審員です」

比較例として、彼は次のように述べた。弾道学の専門家は誰かが人を撃ったことを証言できるが、だからといってその銃撃者が「相手をわざと撃った」ことにはならない。「人間の脳のなかを見ることはできません」リントンは疲労と緊張がうかがえる様子でこう結んだ。

ウィルモア判事は事情を理解した。「難しい問題です。それだけ難しい事件だということです」そしてこう締めくくった。「公判は二月一八日、一九日、二〇日の予定です。最後の公判前審理は二月二日なので、司法取引をする場合はその日までにお願いします」

公判は開かれなかった。

レジーは取引に応じる用意ができていた。

傍聴席から見ているテリルは、レジーのそんな様子にまったく気づかなかった。表情を見ても心情の変化をうかがい知ることはできない。それに、テリルはストレイヤー博士の証言に違う反応を見せていた。高揚感とはいわないまでも、それに近い感情である。とうとう検察側に確かな流れがきたという思いだ。バンダーソンが重大な疑問をいくつか投げかけていたものの、サイエンスの前にはどんな疑問も跳ね返されるだろうとテリルは考えた。

「いよいよだ」彼女はそのとき思った。「これで手も足も出ないだろう」

レジーとテリルは何度も顔を会わせていたが、対面して話したことはない。ストレイヤー博士の登場でそれが現実的なものになった。レジーは自分のしたことを認めるつもりだったが、テリルのほうは、本人や周囲の言葉を借りれば「報復を考えていた」。

第III部

贖罪

36 正義を求めて

一九八〇年五月三日、一三歳のカリ・ライトナーはカリフォルニア州フェアオークスで教会のイベントに向かっていたところ、飲酒運転の常習者の車にはねられた。カリの母親、キャンディ・ライトナーは飲酒運転を許さないと誓いを立て、「飲酒運転に反対する母親の会（MADD）」を設立する。

市民の安全擁護を掲げる団体として、同会はおそらくアメリカで最も力を持つ存在になった。厳罰化や啓蒙活動の重要性を先頭に立って訴えてきた。一九八二年、飲酒運転による事故で死亡した人は最低でも二万一一一三人（一九八〇年には死者が三万人にのぼったとの推計もある）。一九九一年にはその数字が一万五八二七人に減少した。さらに二〇一〇年には、死者の数は一九八二年から五二％減って一万二二八人となる（米運輸省国家道路交通安全局による）。

飲酒関連の死亡者はいまなお交通事故による全死亡者の約三分の一を占めるが、文化・行動面の変化は著しかった。MADDの設立以前は、言ってしまえば、パーティーで最後の一杯を飲んでから車で帰途につくのは社会的に容認されていたのだ。

シートベルトの利用率も大きく改善した。現在、シートベルトの着用率は九〇％近い。一九八三年には一五％程度だったのがこれほど増えたのは、シートベルトの着用が命を救うとの理解が大きく進んだからだ。それは事故のさいに身を守るための唯一の効果的手段である――そう話すのは、州の交通安全専門家で構成される州知事幹線道路安全協会のエグゼクティブディレクターを四半世紀務めたバーバラ・ハーシャ（彼女は二〇一三年に引退した）。

二〇〇八年、レジーをめぐる物語が長々と続いているとき、ハーシャらは、飲酒運転やシートベルトに関してわかっていることを運転中の携帯利用という問題に当てはめようとしていた。ただし、その比較には注意すべき点があった。何よりも、シートベルト着用や飲酒運転の効果・影響は長年の追跡データがあり、明確に測定できるのに対し、不注意運転についてはデータがない。さらに、酒を飲んだドライバーは運転中ずっと機能が低下しているが、携帯電話利用者の機能低下は断続的で、携帯を使っているあいだ（およびその周辺）しか脳に影響を及ぼさない。したがって交通安全の推進者たちは、携帯電話による不注意と飲酒運転による不注意を完全に比較するのは難しいと考えた。

安全問題の専門家であるビル・ウィンザーによれば、もうひとつの違いは、酒を飲みながらの運転を勧める人は誰もいないが、ネットへの常時接続はよいことだという考え方が文化的に広まっている点である。「子どもばかりか大人にも常時接続の圧力がかかっています」とウィンザーは言う。彼はネーションワイド・インシュアランス社の消費者安全担当アシスタント・バイスプレジデントであると同時に、ＭＡＤＤと米安全性評議会の理事でもある。

それでも安全問題の関係者は、シートベルトや飲酒運転での成功が、携帯電話による不注意に対応するさいの青写真になることを期待した。簡単にいうと、シートベルトの着用率が上がり、飲酒運転による事故が減ったのは、ふたつの原則が組み合わされたせいだ。厳しい法律の執行と（危険性、訴訟費用、犠牲者に関する）徹底した啓蒙活動である。このふたつは効果が実証されている、とハーシャは言う。

当然、法律を執行するには、そういう法律が成立していなければならない。キースとジムの命を奪った事故が起きた二〇〇六年には、運転しながらのメールについて明記した法律はなかった（新米ドライバーのメールを禁じる法律はいくつか存在したが）。二年後、すべてのドライバーによるメールや手持ち式携帯電話の使用を禁じる州が少数ながら現れた。

法律が存在しても、その執行はやはり大きな問題だったとハーシャらは言う。「メールは膝元で打つんです」。だから警察には見えづらい。

また、問い詰められてもあからさまな嘘をつく。それは自己欺瞞のためだったり、生き延びるためだったりする。「携帯電話で話していたと認める人はめったにいません」とウィンザーは言う。レジーのケースでもわかるように、携帯電話の記録を証拠として押さえるのは容易ではない。

そんなわけで、飲酒検査で飲酒運転の数を数えるように、運転中の携帯電話使用件数を数えるわけにはいかなかった。携帯電話を使用中に衝突事故を起こした人はどれくらいいるのか？　ほとんどの警察署はまだそういうデータを収集していなかったし、その要請さえ受けていなかった。おぞましいエピソードならたくさんあったし、間接的な証拠もはっきりしていた。つまり、飲酒運転による死者が減り、シートベルトの着用率が急増したほか、エアバッグ、道路の安全性向上、アンチロックブレーキといった安全対策にも巨額の費用が投じられたにもかかわらず、交通事故の死者は相変わらず高いレベルで推移していたのである。ストレイヤー博士らに言わせれば、新しいテクノロジーが主な原因の不注意運転が増えたため、そうした安全対策の成果が無に帰したことになる。

明白な証拠がない理由を別に解釈する者もいた。携帯電話業界の関係者は、交通事故の死者が急増していないのだから、電子デバイスが理由の不注意運転は必要以上に悪者扱いされていると述べた。

当時、携帯メールはまだ比較的新しかったが、運転中の電話は広く行われていた。二〇〇八年に連邦政府が発表した資料によると、二〇〇七年の日中に携帯電話を使っていたドライバーは一一％（一八〇万人）にのぼるという。

たとえ広く行われていても、多くのドライバーはそれが危険でばかげていると考えていた。アメリカ自動車協会（ＡＡＡ）交通安全財団が二〇〇八年に実施した調査では、「重大な自動車事故を予防する」ためにできることとしてドライバーが挙げたのは、「ドライバーの注意をそらすものを減らす」「携帯電話の使用を減らす（避ける）」が上位ふたつだった。「スピードを下げる」や「飲酒運転を減らす」よりも上位である。

交通安全にかかわる最も深刻な問題として挙げられたのは「飲酒運転」、次いで「運転中の携帯電話使用」だった。

言い換えれば、われわれは、運転中の携帯電話使用は深刻な問題だと認識しているのに、しょっちゅうそれをやってしまう。『私は問題ない。悪いのはあんただ』というカルチャーなのです」とハーシャは言う。

言うこととやることが食い違っているこの現状に、彼女たちは当惑していた。「何が効果的なのか、じつのところわかりません。わかっているのは、ずいぶん時間がかかるだろうということです」

だが、ハーシャたち交通安全の推進者は、MADDから学んだことがもうひとつあると考えていた。もっと直感的で、たとえば統計や法律、警察の取り締まり、テレビコマーシャルよりもっと直接的な何ものか――そう、この問題は必ず個人にかかわってくるのである。

ハーシャは言う。「MADDから学んだ教訓のひとつは、この問題を（数字やデータ以前に）生身のできごととして受け止めなければならないということです」

ガザリー博士が何かの問題をあれこれ考えるとき、答えは夢のかたちをとって現れることがある。二〇〇八年末のある朝、彼はそんな夢で目が覚めた。そのなかでは、ある実験の構想があった。注意力を持続させるトレーニングのメインツールとして、ビデオゲームを使えないかというのだ。常識に反している。人の注意をそらし、注意持続時間を短縮させるという印象があるビデオゲームに、はたしてその役割が担えるのか？

彼は『スター・ウォーズ』のジョージ・ルーカスが設立したゲームスタジオ、ルーカスアーツの知り合いに連絡をとり、テクノロジーと脳科学を結びつけて、注意力減退に対する一種の科学療法を確立したいと持ちかけた。画像技術を使って脳内の改善点を示し、ゲームが役に立つことを証明するという構想である。

彼は研究助成金の獲得に乗り出した。多額の資金が必要だったが、そう簡単に事が運ぶとは思えなかった。従来のさまざまな常識を打ち破らなければならないからだ。

一方、ストレイヤー博士はずいぶん奇妙な発見をした。ドライビングシミュレーターを使った実験中に思いがけず遭遇したその現象は、不注意運転に関する彼の研究にとって意外なものだった。この実験では、運転という行為が実際に電話での会話の妨げになるのかどうかを調べた。複雑な問題、たとえば電話の相手が出した数学の問題に、ドライバーはどれくらい正確に対応できるのか？　この場合は電話での会話が一義的なタスク（トップダウンの目標）で、運転は二義的なタスクである。

実験のあと、卒業論文を執筆中のある学生が、被験者一人ひとりのパフォーマンスをグラフ上にプロットした。予想どおり、会話パフォーマンスは著しく低下した。ただし、ひとりの被験者は例外だった。この人物はまったく予想外のグラフになっている。時間とともにパフォーマンスがわずかに改善しているのだ。熟練のマルチタスカーといったところか。

「何かがおかしいはずだ」とストレイヤー博士は思った。「これまでの結果と合わない」データのコーディングをチェックする。たぶんどこかでミスしたのだろう。「問題点を見きわめようとしました」と博士は言う。一週間かけてデータを見直したが、異常値はやはりなくならなかった。

「こういう人がほかにもいるのだろうか?」

ある春の日、グリーンフィールド博士――みずからも薬物依存の経験がある心理学者、依存症の専門家――はコネチカット州のオフィスで新しい患者を迎えていた。オンラインゲームを一日六時間している一六歳の少年だ。両親は息子をコンピュータから引き離すことができず、おろおろするばかりだった。それで彼にカウンセリングを受けさせた。息子は反抗した。成績はまずまずなのに、何が問題なんだ?

いわば親子の権力闘争である。グリーンフィールド博士は自身が「逆説的アプローチ」と呼ぶ方法を採用した。最初の何度かのミーティングで、彼は少年の側に立った。「とくに問題ではないかもしれない。結局はたんなるゲームだからね。ゲームはおもしろいし」と彼は患者に言った。「問題があるとすれば、それは大勢の人がきみのしていることをどう思うかだろう」。グリーンフィールド博士は少年に、両親の言い分に反論すること、状況を別の角度から見てみることを促した。

あるとき、少年はネットに時間を使いすぎかもしれないと打ち明けた。「もう少しゲームの時間を減らしたいのなら、力になれるかもしれない。もしそれがきみの望みならね」と博士は応じた。

レジーの物語が意外な結末を迎えようとするなか、公共政策、神経科学、依存症研究の最前線にいる人々が、テクノロジーの負の側面をどう制御すればよいかを知ろうとしていた。そもそも制御可能なのか？　人によって違いがあるのか？　われわれが電子デバイスに対する「主人」でありつづけるために、テクノロジーそのものを主要ツールとして活用できるのか？

37 レジー

壁がピンク色の、バンダーソンの小さなオフィス。そのなかの会議室でミーティングは開かれた。クライアントとの打ち合わせはたいていここで行われる。レジーに加え、メアリー・ジェーンとエドももちろんいっしょだった。バンダーソンは目の前に迫った公判について話をし、最も新しい司法取引案を説明した。二〇〇九年一月。レジーは最高九〇日間の懲役と社会奉仕活動を命じられる可能性がある。また、携帯メールに関する議会の公聴会が開かれたら、証言しなければならない。もしこうしたすべての条件を満たせば、レジーに前科の記録は残らない。

裁判でも勝ち目はあると思うが、この世界に「確実」の文字はないとバンダーソンは言った。

全員がレジーを見る。

彼はうなずいた。口にこそ出さなかったが、ストレイヤー博士の証言を聞いて以来、自分はメールをしていたという思いに取りつかれていた。よく覚えていないけれど、衝突の瞬間というよりも、その少し前に。ずっと言ってきたように、ぼやけてはっきりしないのだ。でも、それを認めた以上、もう言い逃れはできない。〈私はメールをしながら運転し、「ふたりの英雄」の命を

奪いました〉

レジーがうなずいて司法取引への同意を示すと、もう誰も発言しなかった。エドとメアリー・ジェーンは、息子が監獄送りになるのを恐れはしたものの、すっかり疲れ果ててしまった。いずれ終止符を打たねばならなかったのだ。それに、レジーの態度はきっぱりしている――そのことがとても重要だった。

事故時の行動をレジーが認めたとはいえ、それは都合のよい方便にすぎないと考える理由もたくさんあった。少なくとも外からは、もっと長い懲役刑を言い渡されるリスク、前科者の烙印を一生涯押されるリスクを回避したがっているように見える。別の言い方をすれば、レジーたちにとって、これは現実的な取引以外の何ものでもない。だが、その下に本当の意味の驚くべき変化が隠されていることに、レジーも含めてまだ誰も気づいていなかった。

一月二七日は予想どおり寒かった。レジー・ショーの審理は午後三時三〇分に予定されていた。その日の最後の番なので、始まったとき、外はもう暗かった。

審理は拍子抜けするほど短時間で終わった。レジーはただちに司法取引を受け入れた。最高で九〇日間の懲役。決定者はウィルモア判事だ。それから、マスコミとのインタビュー、学校での講演など、社会奉仕活動も課される。やはり詳細は判事が決定する。

引き換えに、条件をきちんと満たせば、事件の記録はいっさい消去される。まるで何ごとも起こらなかったかのように。

こうしたケースでは通常、正式な判決手続きは省略される。しかし、この場合は違った。レイラ、ミーガン、ジャッキーが意見陳述する場を設けるべきだと、テリルたちが主張したのである。その前に、レジーは保護観察官と面会する。保護観察官の意見も参考に、判事は判決内容を決定する。

長いあいだ堂々巡りを続けていた裁判が、ここへきていきなり終幕を迎えたことに遺族は驚いた。審理はものの数分で終了した。茫然としたまま、彼らは法廷から押し出された。記者たちが何人か待ちかまえている。

「暗くて寒い屋外に私たちはたたずんでいました。長い長い歳月でした。無実を訴えていたのに、今度は罪を認めるだなんて」とレイラは回想する。「私たちは公判の用意ができていました」

まさしく竜頭蛇尾。

「これで終わりなんだと思いました」

38 正義を求めて

リントンが起訴手続きをしてからほどなく、テリルはケイリーン・ヨンクに電話をした。ケイリーンは長年、ユタ州矯正局で保護観察官をしていたが、いまは個人事務所を立ち上げ、判決前報告書（判決内容と理由を裁判官に勧告するレポート）の作成業務を手がけている。

検察はケイリーンが公正ながら厳格であると評価していた。彼女自身も自分が厳格であると思い、裁判の被告たちもそう思った。身長は一八〇センチ以上あり、学生時代はバスケットボールとバレーボールをしていた。正規の警察官だったときはグロック社のセミオートマチック拳銃を携行した。ここ何年かは銃身の短い三五七口径のリボルバーを持っていた。コンパクトで手のひらにフィットするが、威力はあなどれない。

四人の子どもたちがまだ小さかったころ、そのうちひとりをときどき仕事に同行させた。拘置所で被告人にインタビューするあいだ、彼女はわが子を待機房に残し、そして言う。「悪いことをしたら、こうなるのよ」

犯罪者を相手にすることでケイリーンは犠牲を強いられた。よく眠れないし、副鼻腔炎による頭痛が片頭痛に変化した。頭痛を抑えるために毎日、強力な鎮痛剤であるオキシコンチンを服用した。

司法取引が成立した二〇〇九年初め、テリルはレジーのことで彼女に電話をかけ、彼は傲慢で無慈悲な嘘つきだと言った。「重い罰を受けるべきだわ」

司法取引の範囲内でも最高の刑、いやそれ以上の刑を彼女は望んでいた。ウィルモア判事に対するケイリーンの勧告が大きな意味を持つ。

「テリルはレジーをやっつけようと躍起でした。この男は一生刑務所に入っているべきだと言うのです」とケイリーンはふり返る。


ケイリーンの狭いオフィスには、机、客用の椅子二脚、そして隅に冷蔵庫があった。冷蔵庫にはダイエットコークがストックされている。壁には芸者の刺繍が額に入れて飾ってある。作者はケイリーン自身だ。義弟が夕暮れ時のヨットを描いた絵もあった。

一月二七日の午後、司法取引を受け入れたばかりのレジーがオフィスにやって来たときの第一印象は、「傲慢、それとも寡黙、たぶん前者」だった。彼のファイルを持っていなかったので、質問をたくさんした。経歴、ここにいる理由……。彼は「イエス」か「ノー」で淡々と答えた。

衝突の直前や瞬間にメールをしていたかどうかはわからない、とレジーは言った。始終休みなくメールをしているらしい。

レジーに対する見方ははっきりした。この男は傲慢だ。いや、たぶんそれだけではない。感情というものがないのではないか。おかげでケイリーンは、それまでに対応してきた犯罪者の何人かを思い出すはめになった。たとえば、少女を地下室で鎖につないでおきながら、まったく後悔の念を示さなかった、スミスフィールド出身の女。

レジーは「まるでビジネスミーティングに臨んでいるように」見えた。

レジーが去ったあとのケイリーンはテリルと同意見だった。最高刑がふさわしい。


二回目の顔合わせは一週間後だった。今回、ケイリーンは警察の報告書を入手していた。事故現場の写真もある。彼女は前回よりも少し確信が薄らいでいた。この一週間、気がつけば、納得しきれていない自分がいたのだ。スピード違反などの間違いをまったく犯したことのない若者が、ふたりの男性の死の責任を問われている――。

ルーズリーフバインダーに事故現場の写真がはさんである（のちにその写真を息子に見せたところ、「こんなひどいのはいままで見たことがない」と言われた）。

レジーが到着すると、彼女はそれらの写真を取り出した。

「自分がいったい何を引き起こしたのか、その目でしかと見てください」

レジーの顔から血の気が引いた。

「だめです。どうか見せないで」

彼は泣きはじめた。ずっと泣いている。彼女は写真をしまった。本人いわく、そんな譲歩はめったにしないらしい。「彼がどれほど平静さを失うのか、見当もつきませんでした。手がつけられないほど平静さを失った相手に対処できるのか、それもわかりませんでした」

たというか」

「彼はようやく泣きやみました」とケイリーンは言う。「突然、行儀のよいお坊っちゃんになっ

ケイリーンにはわからなかったかもしれないが、それはレジーにとってじつに大きな瞬間だった。おそらく人前で初めて事故を受け入れ、感情をほとばしらせたのだ。それまでは泣くとしてもひとりのときだった。家族の前でさえ泣いたことはない。それがいま、堰を切ったように外へあふれ出していた。「プライベートな自我」と「パブリックな自我」が折り合いをつけはじめていた。自分が世間に向けて発言した内容と、心の奥底に秘めた真実のあいだの不安定なギャップを埋めようとしはじめていた。

ケイリーンは彼の話に耳を傾けた。なぜキースとジムの遺族に謝らなかったのか、その説明を聞いた。連絡したくてたまらなかったけれど、そうすると罪を認めたことになると弁護士に諭されたのだという。運転中のメールが悪いことだとは知らなかった、と彼はケイリーンに言った。誰も教えてくれなかった。「彼らの代わりに死ねるなら、そうしたいくらいです」と彼は言った。

ケイリーンにとっても思いがけない展開だった。彼女もまた、自分自身の日常、自分自身の運転行為というレンズを通してレジーを見ていた。「私は飲酒運転の疑いで三回止められたことがありました」と彼女は言う。ただし飲んではいなかった。そう見えただけだ。「飲酒運転ではなく、居眠り運転でした」。矯正局で働きはじめ、オグデンで深夜勤務をしていたころである。早朝の帰宅時、気がつくとハンドルを握りながらうとうとしていることがあった。疲れ果て、スト

レスがたまり、頭痛に悩まされていた。

彼女はまた、自分自身が健康上の問題を抱えているせいで、他人に共感することができると語った。自分も他人もみんな同じ人間なのだ、と。なにしろ、ひどい頭痛持ちである（昔、ひどい鼻炎を和らげるために何度も手術を受けたせいだと本人は言う）。それから、頭痛を抑えるために一日四〇ミリグラム飲むオキシコンチン。

「鎮痛剤を常用していて、毎日それを飲んだ状態で運転しています」と彼女は認める。しかも、それは何年も前かららしい。その薬が運転に影響していたとは思えない、と彼女は言う。運転しても大丈夫だと医者が言う量を飲んでいたからだ。でもときどき、ろれつが少し回らず、同じことを何度も言う場合がある。

「運転中に寝てしまい、体を揺すって目を覚ました経験がおありですか？」と彼女は大袈裟に訊く。「私は何度もあります」

事故を起こすには「〇・五秒も寝ていれば十分でしょう」。

レジーと二度目に会ったとき、彼女は自分と同じように「壊れた」人間を見た。まったく違うレジーがそこにはいた。家族は別にしても、それまでにどんな関係者も見たことのない姿が。

「レジーの懲役は一日でも一年でも変わらないと思いました。そのときの私は、彼を牢屋に入れる必要はないという気持ちでした。もう自分で自分を罰しています。その苦しみは一生続くでしょう」

今度はテリルにそのことを話さなければならなかった。厳しいやりとりになるかもしれないところがなんと、テリル自身、ひどい事故を起こしたばかりだったのだ。

テリルが初めて事故を起こしそうになったのは、オレンジ郡にいたときだ。映画館の外でダニーにミッチェルを奪い去られた、あの恐ろしい日のことである。車で家へ帰る途中、気が動転してスピードを出しすぎていたため、あやうくカーブで道路から飛び出しそうになった。

今回はそんな言い訳は通用しそうにない。二月のある寒い日のことだ。テリルの注意をそらした元凶は「トゥインキー」というスポンジケーキだった。フロントコンソールに最後のひとつが残っていた。テリルは自分がそれを食べるつもりだった。テイラーとジェイミーは後部座席にいる。学校へ向かうところだ。雪が降っていた。ローガンでも人通りの多い地区で、ふだんならジョギングをする人がちょくちょく見受けられたが、この日は天候のせいであたりは静かだった。テイラーがその最後のケーキを食べると言いだした。トゥインキーに手を伸ばす。

「それで最後なのよ。あなたにはあげない」テリルは笑いながらそう言い、やはり手を伸ばす。母子の他愛ない会話である。

車はカーブにさしかかろうとしていた。だがスピードが出すぎていた。横滑りしはじめる。コントロールがきかない。スピン。溝に後ろ向きに突っ込んで車は止まった。

頭のなかで思考が渦巻いていた。「こういうミスは誰にでも起こる、と私は思いました。ジョギング中の人がいたら、私は人殺しになっていたかもしれません」

しかし、だからといってレジーの行動を不問に付す気にはならなかった。彼の場合は実際に人の命を奪っているからだ。そしてテリルはまだ、自分の一瞬の不注意と、携帯電話の使用が引き起こす社会的な問題とは別のものだと考えていた。

数日後、テリルとケイリーンは話をした。テリルは、自分や検察官が望んでいるよりも軽い刑をケイリーンが進言しようと考えていることに腹を立てた。

レジーは衝突の前に何度も対向車線にはみ出していたのだ、とテリルは強調した。最初にはみ出したときに危ないと思い、もっとメールがしたいなら路肩に停車することもできただろう。いや、そうすべきだった。

「弁解の余地はない」とテリルはケイリーンに言った。「センターラインを越える前に、車を停めるべきだったのよ」

ケイリーンはテリルに尋ねた。「運転中に寝てしまったことはない？　あるいは、何かを落として拾おうとしたとか、センターラインを越えてしまったとか。そのとき、わざわざ車を停めて対処した？」

テリルは「トゥインキー事件」の顛末をケイリーンに告白した。

しかし彼女は、運転中の携帯電話の使用はどんどん増えて、いまや当たり前のようになっている、しかも危険なのだと主張した。及ぼす影響もまったく違う。それからこう考えた。〈刑務所に入るだんになっていきなり改心、謝罪だなんてごめんだわ。あの男は非協力的なうえに嘘までついたんだから〉

そこへ新たな火種が持ち上がった。

司法取引の条件のひとつに、ソルトレークシティのチャンネル5のアンカー、ナディン・ウィマーのインタビューを受けるというものがあった。だが、ケイリーンとレジーが面会したほんの数日後、このアンカーからテリルに電話があった。

「インタビューはできないわ」とナディン。

「なぜ？」

説明によると、レジーの弁護士から連絡があり、メールをしながらの運転の危険性についてはは話をするが、あの事故の件については話せないと言われたらしい。

テリルは激怒した。レジーは短い懲役と社会奉仕だけで難を逃れ、前科もつかない。これではなんにもならない。正義はわずか、学びはゼロに近い。

39 議員

二〇〇九年二月一三日金曜日の午後二時一五分、ユタ州議会下院ではようやく運転中のメールについて話し合うときがきた。法執行・刑事司法委員会のメンバー一二人のうち一〇人が集まった。副委員長で保険代理業を営むカーティス・オダ（共和党）が開会を宣言する。場所は二五番の部屋。華美さとは無縁のたんなる会議室だ。前のほうに委員たちの席がU字形に並び、ごく少数の人たちが二列の椅子にかけて傍聴している。

ドライバーの携帯電話使用を制限するふたつの法案が議題にあがっていた。ひとつはプロボで建築業を営むスティーブン・クラーク議員によるもの。運転中のメールを禁じるよう求めている。もうひとつは金融の専門家である別の共和党議員が提出したもので、運転中のメールを禁じるほか、スクールゾーンではハンズフリー携帯の使用を義務づけようとする点で、クラークの法案よりもさらに意欲的だった。

丸顔に丸眼鏡で親しみやすい雰囲気のクラークは、前置きは手短にすませると言って説明を始めた。口調は丁寧だったが（それに時間もあまりなかったが）、論争になるのは目に見えていた。

前日まで、彼は委員会メンバーを部屋のわきへ連れ出しては、彼らに働きかけていた。「何か行動を起こさなければ」と、警察官から議員に転身したカール・ウィマーに説く。ウィマー本人によれば、彼はこう答えたという。「その必要はない。そんなの大きな政府の言いぐさだ」

クラークはこう尋ねた。「どうすればいいですか？　どうすればお気に召しますか、賛成票を投じてくれますか？」

「だめだめ、この法案には賛成できない。そう言ったよ」とウィマー。

ウィマーは基本的に保守派の議員だとされていたが、まったくの異端児だったわけではない。彼にとっての保守とは、連邦政府や州の権限を極力制限することを意味した。たとえば、連邦政府のどの制度が合憲かを州の委員会が判定するまでは、ユタ州民は連邦所得税を払うべきではないと考えていた。委員会の判断がなされて初めて、州が合憲だと考える項目に連邦所得税を払えばすむ話である（ウィマーによれば、「教育省」みたいな違憲の存在には払う必要がないらしい）。他方、州の権限に関する彼の見方はもっと複雑だった。たとえば、結婚は男女間のものであると規定する連邦結婚防衛法を彼は支持していた。それがないと、州によっては男どうしの結婚も認めざるをえなくなるかもしれないと思ったからだ。

「一〇〇％一貫しているわけではない」と自分でも認めている。

話し好きでどんな話題にも首を突っ込みたがるタイプのウィマーは、審議の途中でいきなり、このメール禁止法案に対する懸念を表明した。一年前に可決された法律の一節を読み上げる。さまざまな理由（携帯電話の使用を含む）による不注意運転をクラスＡの軽罪と見なすというのがその趣旨だ。

「危険運転を違法と見なす法律がすでに二〇や三〇はあります。スピードの出しすぎはだめ、センターラインを越えたらだめ、路側帯を走ってはだめ、車間距離が短すぎるのはだめ……」そう言ってから、彼は自分なりの結論を短く述べた。「もうひとつ法律を増やしたところで何も変わりませんよ」

これに対して何人かの議員は、メールそのものが犯罪であるとはっきりさせるのが大事だと主張した。そうすれば、運転中のメールは悪だというメッセージが伝わるし、警察も危険な事態が生じるまで待たなくても車を止めることができる。

「子どもが犠牲になる前に罪を問えます」と、より厳格なふたつ目の法案を提出したポール・レイは言った。

委員たちのあいだで議論が交わされた。そのなかでも特筆すべきは、ひとつ目の法案の提出者であるクラークと、のちにユタ州監査役となる電気技師兼実業家のジョン・ドゥーガル（共和党）とのやりとりである。黒い短髪のドゥーガルはクラークにこう尋ねた。「わが州民はハンドルを握ったときに必ずや優れた決定を下す、そう思えませんか？」

「思えないでしょうね」とクラークは答え、こう付け加えた。「けさのあの男がそうです」。これは少し前に彼が委員会で紹介した話を指している。ある男が運転中にひっきりなしにメールをしているのを、クラークは目撃したのである。

ドゥーガルはそれから、少しだけ酒を飲んで運転することなら許されているが、酔っ払うほど飲むことは許されていないと指摘した。要するに、危険でない程度ならメールを少しやっても許されるだろうという理屈である。一時間半近くが経過し、時刻は四時になろうとしていた。議論の大枠は明確だった――自由には賛成、大きな政府には反対。一般市民のコメントを聞く時間がまだ残っていた。

子どもが六人、孫が二一人いるという女性が立ち上がり、自分は一市民として、運転中のメールが増えているのが心配だと言った。ティーンエージャーだけでなく、その親や祖父母の世代もやっていると彼女は言った。二カ月前のクリスマスパーティーで仲間と話していて、そのことに気づいたのだという。「みんなやっています」

ふたりが反対意見を述べた。ひとりはユタ州刑事被告人弁護士協会の代表者。彼は、メールにせよ通話にせよ、ドライバーが携帯電話で何をしていたかを警察はどうやって証明するのだろうと言った。プライバシーに立ち入らないかぎり、そんなことはできないはずだ。

もうひとつ、まるで議論を結論づけるかのようなコメントを述べたのは、マイケル・ティンギーという保険代理人である。彼は、こんな法律をつくっても屋上屋を重ねるようなものだというウィマーの懸念に賛意を表明した。だが、彼がいよいよ雄弁になったのは、飲酒運転とメールしながらの運転の比較について論じはじめたときだ。

「飲酒運転と携帯電話の使用を関連づけるユタ大学の研究は噴飯ものです。その誤りをいまここで証明してみせましょう」

　ユタ州では飲酒運転をする人よりも携帯電話を使う人のほうがはるかに多い、とこの保険代理人は指摘した。そのうえで委員たちにこう迫った。飲酒運転による死者よりもメール運転による死者のほうがどれだけ少ないか、考えてみてほしい。

「携帯電話の使用と飲酒運転が同じだと言われていることを、私は許せません」と彼は言った。

「そのふたつを同一視するのは明らかにおかしいし、みんなそのことを知っています」

　いま起きているのは古めかしい政治的正当性《ポリティカルコレクトネス》、言い換えればドライバーとその携帯電話に対する中傷である、と彼は言った。そして、そんなことに熱狂すれば思わぬ結果を招きかねないと警告した。一例として彼は、学校で殺される子どもの数がよく問題にされるが、一九九六年から二〇〇一年にかけて、そのように学校で射殺された子どもは、エアバッグの展開衝撃で亡くなった子どもの数より少ないのだと述べた。

「でもエアバッグに対する抗議の声はあがりませんでした。なぜか？　銃を悪者にするのが政治的に正し《ポリティカリーコレクト》いからです」

　携帯電話についても同じだ、と彼は言った。

　ストレイヤー博士も議会で証言するよう招かれていたが、出張中だった。すでに以前、議会で証言したことがある博士は、自分が発言しても大して役に立つとは思わなかった。委員会はこの法案を否決したうえで下院本会議に送るだろうと博士は予測した。

　この日に関して、その予測は正しかった。

ティンギーという保険代理人の話が終わってまもなく、委員会は採決をとった。クラークの法案を委員会で可決するとの動議が出されたが、支持を得られなかった。次の案件に移るとの動議が可決された。

法案はお蔵入りになる公算が高かった。

40 議員

ダグラス・アーガードは急いでいた。これも金曜日の午後。法執行・刑事司法委員会の委員長であるアーガードは、手元の七つの議題をにらんでいた。一二人の委員のうち、五人は別の場所で何かしらの法案を売り込んでいる。そして、メール禁止法案の起草者であるクラーク議員は、同法案を最後の公開討論の場に議題として提出していたが、どこにも姿が見えない。

それで委員長は次の議題に移った。起草者はウィマー。環境犯罪の時効を延ばすという提案だ。「信じられないかもしれませんが、これは環境保護法案なのです」ウィマーが切り出すと、議場から笑いが漏れる。これは全会一致で委員会を通った。

クラークはまだ戻らなかった。この間にメール禁止法案について聴衆からもう少しコメントをもらってはどうか、と誰かが提案する。ちなみに正式な法案名は、下院法案第二九〇号「自動車内での無線通信機器の使用禁止」である。

それもいいかもしれない、とアーガードは思った。この審議目当ての人たちで議場は満席だったから。ただしコメントを求めるにあたって、彼はこう前置きした。「この法案については前回かなり審議していますので、何か付け加えるべきことがないかぎりは……」。要するに、だいたいのことは検討したので、さっさと終わらせて、当委員会で可決しようとする別案件に進もうというメッセージである。クラーク議員の最後のあがきなど素通りして。

「コメントにさいしてはお名前、所属を述べてください」

ブロンドの小柄な女性が前へ進み出た。手に紙を一枚持っている。

「テリル・ワーナーといいます。勤務先はローガンのキャッシュ郡検察局です」。彼女は黒いドレスの上にフォレストグリーンのブレザーを羽織っていた。

「二〇〇八年七月、ソルトレークシティのある女性が携帯メールの送信中に赤信号を突っ切ってしまい、その結果、巻き込まれたドライバー一名が重傷を負い、歩行者一名が死亡しました」。力強い早口。すばしっこく駆けるウサギを思わせる。あらかじめ調べた内容をテリルは復唱した。

「何週間かあと、列車の運転手が仕事中にメールをしていたせいで、二六人が亡くなり、一五〇人近くが負傷しました。二〇〇七年三月、ローレン・マルキーという一七歳の少女が、メールに気をとられて赤信号を無視した車に轢き殺されました。数カ月後、学校を卒業したばかりのチアリーダー五人が、ドライバーがメールをしていたために命を落としました。二〇〇六年九月、ふたりのロケット科学者が死亡しました。携帯メールをしていたドライバーがセンターラインを越え、彼らの車にぶつかったからです。数カ月後、キャッシュ郡のふたりのフットボール選手が亡くなりました。ドライバーがメールを送信しようとして対向車に衝突したのです」(テリルいわく、ドライバーが携帯メールを送信していたというのは、じつは警察の情報に頼っていた。必ずしも証明された事実ではない。同様に、ローレン・マルキーを轢き殺したドライバーが携帯メールをしていたというのも、多くの陳述に基づく情報であり、法廷で立証されたわけではない。なお、このドライバーは過失致死罪を認めている)

明らかにテリルは、「携帯ながら運転」は理論上の問題にすぎないという批判に反論し、それが飲酒運転などの問題と比較できることを証明しようとしていた。

「キャッシュ郡検察局によれば、飲酒運転による死亡事故は二〇〇一年以降ありません。ですが、携帯メールが原因の死亡事故はこの二年半で四件もあります」

テリルはさらにいくつか統計データを紹介した。不注意運転による事故の第一の原因は携帯電話にある、というユタ州の調査結果。ストレイヤー博士の研究結果も一部引用した。委員会の関心が高まっているのがわかる。しかしある意味、同じことのくり返しだった。どちらの側にも支援者はいるのだ。

何人かの議員がメールをしているのにテリルは気づいた。ウィマーもいる。

テリルは結論を述べた。「問題は飲酒運転に絞るべきだという意見も拝見しました。車のなかでの行動を規制すべきではない、ビジネスパーソンなら車のなかで自由にビジネスができなければおかしいという意見もありました。ですが、メールをしているドライバーがどれだけ危険かを知ったうえで、そうした考え方を受け入れることはできません」

彼女は腰を下ろした。

ポーラ・ヘルナンデスという女子高校生が立ち上がり、ほんの一分ほど発言した。メールをしながらの運転は危ないから、法律で「その特権を奪い去るべき」だというのが趣旨である。委員たちは彼女の勇気に感謝した。気持ちはもう次の議題に移っている。

「聴衆の皆さんからほかに何か？」とアーガードが尋ねた。


若い男性が立ち上がる。

「どうぞ前へ」

彼は前へ進み出た。見た目の印象はどこかちぐはぐだった。そこそこ大柄でがっしりしているのに、やつれた感じがする。体のなかが空洞というか。黒っぽいスーツにネクタイを締めている。

「お名前と所属先をお願いします」

「レジー・ショー、一市民です」

この時点まで、この物静かな若者が事故のことや自分の気持ちについて話してきた相手は、ほとんどが保護観察官のケイリーン・ヨンクだった。彼は間を置き、少し上を見た。

「ユタ州トレモントン出身です」そこまで言うと、声の調子が初めて変化した。「それで……さきほどの女性が、その……二〇〇六年九月の事故について、ふれられました。えーと、そのときの、メールをしながら運転していたのが僕……私です。あー、すみません。ちょっとうまくしゃべれなくて」声が震えている。「当時、そのころは、危ないという認識がありませんでした。若くて無知で。誰も教えてくれませんでした。いまもそう思っている人が多いのではないでしょうか。携帯メールをするとはどういうことで、どういうふうになるのか、多くの人がわかってないのかもしれません。危険だということを」

このころには、レジーはずいぶん落ち着きを取り戻していた。メールが危険かどうかといった、ある種の理論や方針について話すときは、ちゃんと筋道を追って説明できるようだった。しかし、自分が何をしたか、何を感じたかという話のときは混乱が見られた。

「あの事故は私の人生を永遠に変えてしまいました」どうにか筋道を立てようと懸命に話す。「いまのいままで、遺族の方々に謝罪するチャンスがありませんでした。きょう、ここにおられるのを知っています。そして、私が心から申し訳ないと思っていることをお伝えしたいのです」

これを聞いていたテリルと遺族は、どう思っていいのかわからなかった。いったいこの若者は誰だ。嘘をついていたあの男？　罪を軽くするためにウィルモア判事をだまそうとしている男？　これも司法取引にある社会奉仕活動なのか？　それとも本気で詫びているのか？

テリルは審議の前に、短いあいだだが彼に会っていた。いま、その男の品定めに必死になる。彼を取り囲んでいた心の壁は感じられない。会ったときはその存在に気づいたが、いま目の前にいるレジーは、ケイリーンが言っていた人間に近い気がする。

「この事故は私の人生に取り返しのつかない影響を及ぼしました。そのー、うまく言葉にできません。それを禁止する、できないようにする法律が通ることは、私にとって大きな意味を持ちます。私と同じ経験を誰もしなくてすむのです。携帯メールは危ない、どんな事態を引き起こすかわからない、そのことをみんなに知ってもらえます。ですから私の話をどうか聞いてください。

それは危険で、たくさんの人たちの暮らしや命に影響を与えることを知ってください。安全ではないということを」

彼は向き直ると、席に戻った。

議場を静寂が支配した。テリルはあたりを見回し、レジーのせいで全員がしゅんとしてしまったことに気づいた。「涙ぐんでいない人はいませんでした」と彼女は言う。携帯電話でメールをする者などいなくなっていた。「針が落ちても聞こえたでしょう」

テリルは考え方が根本的に変わるのを感じた。言葉づかいや語調だけの問題ではなく、レジーが深く傷ついているのがわかる。「私は一瞬で変わりました」と彼女は言う。「ほんの一瞬で」

レジーに対する反感を募らせたときと同じくらいのスピードで、その変化は訪れた。いま聞いた謝罪の言葉はとてもリアルに思えた。彼女はなにもレジーに罰を与えることそのものを目的にしていたのではない。ただ、事故を起こして犠牲者を出しながら、それが自分のせいではないかのように振る舞う人間が許せなかった。耐えられなかった。でも、さきほどのレジーの言葉に嘘はなさそうだった。ひどく苦しんでいるようにさえ思える。心から詫びている様子だ。

「彼の言葉は心に響きました。誰だってレジーになっていたかもしれないのです。テイラーだって、ジェイミーだって。彼が泣くのを見て、思いました。『あなただけの問題じゃない』」

それでもレジーには刑に服してほしかった。この悲劇から何かを得たいとテリルは思った。ただし、自分とレジーはもはや敵対関係にはない。むしろ力を合わせることができるのではないか。

「その場で決心しました。彼と協力しよう、と」

州下院議員のクラークは、レジーが事態を一変させたと思った。

「みんな茫然としていました。『うちの子だった可能性もあるんだ』という感じでしょうか」そう彼はふり返る。

アーガード委員長は静かに言った。「あなたの勇気に感謝します」

委員会メンバーにコメントを求める。短い議論があった。何かしら様子が違う。厳粛な雰囲気が感じられる。委員の構成も前回から変わっていた。欠席者を除くと、民主党四人に対して共和党三人。民主党のほうが法案を可決する可能性は高いだろう。

それでもクラークは不安を覚えていた。「私がどれだけ働きかけても、確約はいっさいもらえなかったのです。こんな皮肉も言われましたよ。『もうじきわれわれから携帯電話を取り上げるつもりじゃないか』って」

ウィマーが発言を求めた。彼はさきほどの懸念をくり返したあと、今度は「はたしてこんな法律が執行可能なのか」という点を強調しはじめた。調査をしてはどうかと彼は提案した。「一年後、次の議会で、これが有効かどうかについて報告を聞いてはどうでしょう。警察官としての経験から言うと、この法律が執行可能かどうかはきわめて疑わしい。そんなことはないと証明されればいいのですが——なにしろ私はメール中の人間の後ろの席で、携帯を放り投げてやりたいと思った経験もないので」。このせりふはわずかに笑いを誘っただけだった。議場の空気は変わっていた。

レジーがそこに厳粛さを持ち込んだのだ。

ウィマーはするとこんなことを言った。「冷静になろうではありませんか。私は断固、運転中の携帯電話使用を非合法化することに反対です。九割方の人が車のなかでやっている些細なことまでどうこうするのは、いかがなものでしょうか。ラジオの選局だとか、エアコンの調整だとか、ちょっとした不注意な行為はみんなやってるじゃありませんか」

これはむしろ議場の雰囲気が変わったことの証だった。そして、これから起ころうとすることの前兆でもあった。数分後、法案を委員会で可決する動議が出され、ウィマー以外の賛成で可決された。高いハードルだった。

二月二六日、同法案は賛成五五、反対二〇で下院本会議を通過。それでもまだ上院での可決、署名が必要である。

41 正義

三月一〇日午後三時五〇分、さまざまな思い、悲嘆、関係者をずっと苦しめてきた不安が渦巻くなか、正義は果たされた。

ウィルモア判事は人々より高い場所に落ち着いて座っていた。黒いローブを羽織っているためネクタイはほとんど見えず、裁判官席の後ろで体が縮こまっているようにも思える。判事は意図的にゆっくり話す。音節に強勢を置くと、かすかにヒューという音が声に混じる。短く刈ったごま塩頭に眼鏡。彼は我慢強い、ほとんど目立たない正義の裁定者だ。ときおり緊張感のある声を出し、本件のせいで抱えることになったフラストレーションを強調する。

机の右上の引き出しに入れた『レ・ミゼラブル』には、いろいろな箇所に下線が引いてある。七四ページの「有罪の認定がなされつつある場所」の章もそのひとつ。一九〇〇年代初めのフランスの、混沌とした法廷シーンが描かれている。主人公のジャン・バルジャンが判決を言い渡されるシーンだ。

下線部の箇所は、「彼がいま身を置くその広間の一方の端には、古びた法服をきた判事たちが、いかにも気のなさそうなようすで、つめをかんだり、まぶたをとじたりしていた。他の端には、一群のぼろをまとった人たち、あらゆる姿勢の弁護士たち……」と、法廷にいるさまざまな人種が思い思いの時間を過ごしているさまを描き、最後にこう結ばれる。「なぜなら、そこには、法律と呼ばれる人間の重大事と正義と呼ばれる神の重大事とが感じられたからだ」*

ウィルモア判事は開廷を宣言した。遺族のほかに傍聴人が少しいる。判事から見て左手にテリル、その横にジャッキー、ミーガンとその夫。レイラは通路の反対側に座っていた。

リントンは黒いスーツにえび茶色のネクタイを締めて、検察官席に控えている。そのわきには、ハイウェイパトロールの分厚い茶色のジャケットを着たリンドリスバーカー。レジーとバンダーソンはずっと左のほうに座っていた。レジーにおびえた様子は見られない。むしろこの瞬間を歓迎しているようにさえ見える。

ウィルモア判事は司法取引が成立したこと、まもなく具体的な判決を下すことを説明した。彼は当事者たちが話し合っていない条件をいくつかこっそり用意していた。

まず、リントンから通路をはさんで向かいの被告席にバンダーソンとレジーを呼び寄せ、判決の前に発言してもらう。レジーより頭半分低いバンダーソンが細いマイクを引き寄せ、まず、半年後にもう一度審理を開くようウィルモア判事に依頼した。そのころにはレジーも刑期を終え、五〇時間の社会奉仕も完了しているはずだ、とバンダーソンは言った。

まだこれからの話だが、「彼はその方向へ向かっています」。そして半年たてば刑期も終わり、判事はレジーの記録を消すことをお許しくださるだろう——。

* ヴィクトル・ユゴー『世界文学全集 第１集 レ・ミゼラブル１』井上究一郎訳、河出書房新社、1967 年より

それからバンダーソンは、ケイリーン・ヨンク作成の判決前報告書について、「被告にこれほど好意的な報告書はそうそう見たことがありません」とコメントした。そして、ケイリーンの記述によれば、レジーは事故でショックを受けたせいで、何が起こったかをリンドリスバーカーに話すことも、それを思い出すこともできなかったのだと述べた。

「彼はいかなる意味でも犯罪者ではありません。事故に巻き込まれ、その責任を積極的に負おうとしています。困難に立ち向かおうとしています」

次いでバンダーソンは、レジーの行為――運転中のメール――と、恐ろしい結果を引き起こすそれ以外の過失行動を区別しようとした。「これは皆さんがふだん言うところの、あるいはリントン氏や私がふだん言うところの犯罪ではありません。そこに意図はないのです」

「裁判長」と、さらに活気づいて彼は続けた。「神のご加護がなければ、私も、リントン氏も、リンドリスバーカー氏も、この法廷にいる誰もがその立場になりえます。運転中にみずからの集中力をそぐような行為は、われわれ全員が経験しているはずです」

彼は法廷に向かって話しかけているようだった。「運転中に子どもを叱ったあなたは、運転に集中できていません。運転中にガンの群れを見たあなたは、やはり運転に集中できていません。要は程度の問題なのです」

「いえ、重要な問題です」と判事が割って入る。声に少々とげがある。

「その点を否定しているのではありません、裁判長」バンダーソンはすぐに反撃した。「誰にでも起こりえたということです」

バンダーソンとレジーの数列後ろで、ジャッキーは無表情のまま、小さめのノートにメモをとっていた。ミーガンはいらいら、いや、うんざりしているようにも見えた。ときどきあらぬ方向に目をやる。「信じられない」という思いが表情から読み取れるわけではない。バンダーソンはレジーの行為が他の不注意行動と似たようなものだと言うが、それは彼女たちがこの二九カ月間にストレイヤー博士などから学んできたことにことごとく反するのではないか。遺族にとっては何もかもが不誠実に映った。見え透いたお涙ちょうだい。そして何よりも、レジーが責任を負う、困難に立ち向かうという言い草――。

この二年半、レジーたちから得られたのは沈黙と嘘だけだった。それがいま、土壇場にきての改心とはどういうわけか。レジーは本気で悔いているのか？　詫びているのか？　その理由は？

バンダーソンが話し終え、ウィルモア判事はレジーに「何か言うことはありますか」と尋ねる。

レジーは事故の何日かあとに謝罪の手紙を書きはじめていた。ただし、それらを投函することはけっしてなかった。なかには、「申し訳ありません、申し訳ありません」と何度もくり返すだけの手紙もある。彼は頭のなかで毎日、一日に何度も、謝罪の手紙を書いてみた。でも、いざ本当に書きだすと、学校の作文のようになってしまう。主題文、それから説明という具合に。

彼は話しはじめた。「この手紙は、私が傷つけてしまった方々に書きました」

ブルーのスーツに黄色のネクタイ。短く切った髪。もみあげは流行に合わせて、少し長めだ。

この二年で太ったため、年上で細めのバンダーソンの隣にいると、とくに堂々として見える。声は心なしか高めで、もの悲しげだ。

「きょうは、私がかたときも忘れたことのない遺族の方々に、心からのお詫びを申し上げたいと思います」と、彼は手紙を読み上げた。「もっときちんと配慮できなかったのは、私の大きな間違いです」

彼の後方に座るジャッキーは体をやや動かしたが、心を動かされる様子はなかった。

レジーは自分の無知を詫び、テープを巻き戻すように「あのすばらしい方たち」の命を取り戻せたらどんなによいか、と言った。不注意運転の危険性を知ったと述べ、「いまの立場を受け止め、道路をもっと安全な場所にするようお手伝いする」ことを約束した。

こうして何分かしゃべったところで、トーンが変化した。まるで義務的なせりふ、指導や助言を受けたせりふを言い終え、ここからは自分の言いたいことを言う番だとでもいうふうに。

「この二年間でわかったのは……」レジーは自分の気持ちを取り戻すために少し間を置いた。

「……善良な人たちは他人の生活を気にかけ、これを守ろうと努力するということです。善良な人たちは誤りから学び、それを正し、自分が傷つけた人の許しを請おうとします」

「私はきょう、善良な人間になりたくてここに来ました」

「一九歳のときに自分がやったこと、決めたことをふり返ると、とても恥ずかしい気持ちになります」。延吏が来て、レジーの前にティッシュの箱を置く。その後方ではミーガンが腕組みをし、ジャッキーは動物園の珍しい動物でも見るように頭を傾けている。

「この状況での自分の対応を思うと、情けない気持ちにもなります。あんなふうに振る舞うことは二度とない、そう固く誓います」。レジーは涙をこらえた。バンダーソンは下を向く。自分はいつも泣いてばかりだ、とレジーは言った。「その後悔の涙のせいで、私は変わらざるをえなかったのです」

彼は続けた。「自分のやったことを取り消すことはできません。私にせめてできるのは、ジェームズ・ファーファロとキース・オデルをしのんで、きょうこの日から他の人々のために生きることです」。言葉がうまく出てこない。その後しばらく黙り込む。そんなふうにして、学校の作文的な語調はどこかへ消え去り、悲しみだけが残された。

後悔の念が本当であることを示すには、行動がともなわないといけない。いまこそ行動のときがきた、と彼は述べた。まずは、謝罪すること。

言葉を発することができないまま、彼は少しのあいだ上を見た。「申し訳ありません。あの朝、運転席でしっかり注意を払えなかったことをお詫びします。そのせいで皆さんの大切なご主人、息子さん、ご兄弟、おじさん、そしてお父さんの命を奪ってしまいました。本当に心からお詫びします。本当に」

「ご遺族の皆様、どうかお許しください。私は誤りを犯しました。あの偉大なおふたりの命はけっして戻ってきませんし、ご遺族の苦痛も癒えることはない、それはわかっています。でも、許しを得るためならどんなことでもするつもりです」

全身全霊をこめた改悛。レジーの後ろの遺族に、心を動かされている様子は見られない。ただしレイラは別だった。彼女は泣いていた。でもそれは、この若者の謝罪の言葉が届いたからではなく、中身のない言葉を並べられたところでキースは戻らないからだ。

バンダーソンは相変わらず、手元のテーブルを穴が開くほど見つめていた。

「この数年間、私は説明できないほどの心の痛みを感じてきました。でもそんなもの、愛する人を失った方々の苦悩や心痛とは比較になりません」とレジーは言った。「皆さんが少しでも納得できるような状況をつくるため、なんでもするつもりです。申し訳ありません。本当に申し訳ありません」。彼は言葉が口にできないほど泣きじゃくった。下唇をかむ。そうしないと体がばらばらになりそうだとでもいうように。「これからずっと、すべての人の役に立てるよう生きていくことができれば――そう願うほかありません。私はその愚かさゆえに、遺族の方々と永遠につながった生涯を生きてまいります。本当に申し訳ありませんでした」

「一九歳のときにそうあるべきであった人間に、ようやくなれるのかもしれません」とレジーは言った。

そして視線を上げる。

「これからの私の人生の目的は、二〇〇六年九月二二日の朝に人命を奪った行為、その危険性をみんなに知ってもらうことです」

レジーが話し終えたあとの沈黙を破るように、バンダーソンが短く発言する。さきほどと同じく、半年後にまた審理を開いてほしいとの要望だ。レジーが刑期と社会奉仕活動を終え、次のステージへ進む資格を得たことを、判事に認めてもらえるように。

レジーが今後の生涯について誓いを立てたあとだけに、場違いな印象もあった。しかしそうはいっても、法廷の約束事というものがある。現実を無視はできない。

判事はリントンに、遺族や被害者で発言したい人がいるかと尋ねた。最初に立ち上がったのは、ジョン・カイザーマン。赤いシャツに黒いベスト、いつものようにカイゼルひげをたくわえている。まずジムとキースの遺族に謝罪と哀悼の言葉を述べてから、事故後の自分について語った。負傷したせいで、蹄鉄工としてやっていく情熱をあきらめざるをえなかったらしい。「労働を謳歌し、それで食べていけるのが、どんなにすばらしいことか」とカイザーマンは言った。シェイクスピアばりの芝居がかったせりふを、演説のところどころに差しはさみながら。彼は涙をぬぐい、あの事故以来、妻と娘たちが毎日玄関先で「気をつけてね」と言って自分を見送るのだと言った。

彼はレジーの誠意に疑問を投げかけた。「対話の正しいタイミングは二〇〇六年の九月でした。そうすれば、たくさんの苦痛もむだな時間も避けられたでしょう。いまとなっては、心からの謝罪だとしても空しく響くだけです」

そしてレジーに、この事故はコミュニティを二分したと言った。たんなる事故なのに判決は厳しすぎると考える人たちと、判決は軽すぎる、「首でも差し出してもらわないと割が合わない」と考える人たちに。

「レジー、きみにはいつかこの苦しみを克服してほしい。できれば、生き残った人たちみんながそうなることを願っています」

次にジャッキーが話した。メモを早口に読みながら、不機嫌そうに体を揺らしている。嘆き悲しむというよりも神経質そうに見える。彼女はレジーを諭すのではなく、夫のジムをたたえる言葉を選んだ。人生への情熱、一輪車、ジオキャッシング、「ダンス・ダンス・レボリューション」、「ワールド・オブ・ウォークラフト」。娘たちと自分が彼を失っていかに寂しいか。彼がロケット科学者としてどれだけの実績を残してきたか。「ジムといっしょに歳をとるつもりでした。いっしょに子どもたちを育て、人生を楽しむはずでした。これから私は、たったひとりで子どもたちを育てなければなりません。私たちに残されたのは色あせた思い出だけです」

最後にジャッキーはウィルモア判事に言った。「メールをしながらの運転は危険であり、悲惨で計り知れない影響をもたらすというメッセージをあらゆる人たちに届けてください」

「パパは私の人生でいちばん大切な人でした」次に話したのはミーガンである。「いつも私を助けてくれて」

「私の結婚はとても困難なものでした。パパなしでバージンロードを歩かなければなりませんでした」

ふたりで過ごした時間を彼女はふり返った。

「ほかに何を言っていいのか」

ブロンドのストレートヘアを背中のあたりまで伸ばしたレイラが、いまにも泣きだしそうなばかりの表情で証言台に進み出る。だが、そこには強さと尊厳が感じられた。それでも彼女は、人前で嘆き悲しんでいることについて、「お許しください。二九カ月半のあいだ、私はとても感情的になっています。お許しください」と言った。

ジャッキーと同じく、レイラはキースをたたえる言葉を述べた。「やさしくて、親切で、物静かで、シャイな天才」だったと。彼の趣味や才能、彼が葬儀のさいに優れたロケット科学者として称賛されたことについて語った。ミーガンとの親密な関係、そして最後に自分たち夫婦の関係について語った。

「彼は三〇年以上、私の一番の親友でした。いつまでも忘れることはありません」

リントンは判事に対して、これは最も難しい事件のひとつだったと述べた。「殺人や強姦なら、誰かが他人に対して悪意をいだいていたことがわかるのですが、この場合はバンダーソン氏も述べたように、ありきたりな行為に思えます」

だがそれでも、彼は相手方弁護人の言い分に強く反論した。

「この地域のためにも私は言わなければなりません。運転中のメールは水平線上にガンを見るのとはわけが違います。ラジオのチューニングとも同じではありません。それはれっきとした刑事過失です。だからといってショー氏が悪人だというわけではありません。そんなふうに申し上げるつもりは毛頭ありません。ですが、それは悲劇的な結果を招きます。私が本件を起訴したのは、このような悲劇をふたたびくり返さないためなのです、裁判長」

リントンは続けた。「これは悪人が犯した行為ではなく、自分が九〇〇キロの鋼鉄の塊に乗って道路を走っており、へたをするととんでもない破壊的影響をもたらす可能性があるということを忘れた人間による犯罪行為です」

ウィルモア判事はほとんど聞き取れないような小さな声でレジーを証言台に呼び寄せた。「なんという悲劇」と判事は話しはじめた。「このようなケースをどう裁くかは非常に悩ましい問題です」

遺族の方々に深く同情すると彼は言い、手紙や供述に対する礼を述べた。「ミスター・ショー」と、今度はレジーのほうを向く。「あなたのしたことは犯罪です。誤りではありません。『誤り』という言葉を何度も聞きますがね」

彼はよく通る静かな声で、分別のある人間がそのリスクを理解しているなら、それは「誤り」ではないと言った。「そうとしか思えません！」語気が荒くなる。

次いですぐに平静を取り戻し、裁判が長引いたことに対する不満を表明した。「こんなに長くかかるべきではありませんでした」と言い、法律家たちを遠回しに非難する。「われわれの制度は弁護士や検察主導ですから」

判事は、事故のあとにレジーの謝罪がなかったことにがっかりしたと述べ、罪を認めなくても遺族に哀悼の意を示すことはできたはずだと言った。謝罪がないのは、「良識というものがないがしろにされている」ことにほかならない。

いよいよ判決文に移る。前置きとして判事は、過失致死の場合、法的には最高一年の懲役が科されると説明した。ただし、検事と弁護士の事前の同意により、今回は一五日から九〇日の刑しか宣告できない。そのことに不満がある、と彼は言った。

そのあと、ケイリーンの「優れた保護観察報告書」に礼を述べ、そこでは懲役一五日が勧告されていることを明らかにした。このように寛大な判決を望む人たちがいる一方、リンドリスバーカーのように最大限の刑罰を科してほしいと考える人たちもいる、と判事は言った。

「法の執行に関してこれほど意見が対立するのは見たことがありません」。そしてこう加えた。

「この犯罪に対する社会の見方がまさにそうなのです」

ウィルモア判事らしい、控えめで目立たないけれども鋭い洞察だった。彼は言った。本件は厳罰を望む人とそうでない人に分かれているけれども、全員が多かれ少なかれレジーのなかに自分自身を見ている。自分ならどうしていただろうという思いでこの瞬間を見つめている。レジーの注意力、われわれ人間の注意力はとてももろい。それは誰にでも起こりうる。ふとしたはずみでやった行為がどんな結果をもたらすか、それをわれわれはいちいち知っているべきなのか？

判事は続けた。自分がこれから下そうとする判決について、アテンションサイエンスの重要さや複雑さを理解することなくコメントする人が残念ながらいるだろう。「一般の人たちはマスコミの報道だけをもとにこの判決を評価するでしょう。本件から何かを学ぼうとする人はごくわずかでしょう」

さきほどユタ州議会に電話をして、レジーが証言した法案の状況を尋ねたところ、上院の委員会で審議中であり、可決の可能性が高いとのことだった、と判事は述べた。「レジー・ショーの証言がそれに大きく寄与しています」

証言台でレジーは涙をぬぐった。

「ミスター・ショー、だからといってあなたは英雄ではありません」と、ウィルモア判事はレジーに言った。レジーはうなずく。「この悲劇をせめて何かに活かせないか、あなたがそう考えているということです」

「私は懲役九〇日を宣告するつもりでした」と判事は言った。立法への貢献をはじめとするレジーの行動をふまえ、判事は懲役三〇日を宣告した。ただし次の条件に従わない場合は、九〇日に延びる可能性がある。

- 二〇〇時間の社会奉仕活動。うち一五〇時間は、不注意運転について地元の学校で話をする。
- 議員との協力を続ける。

最後に判事は異例の条件をひとつ付け加えた。

「最後の条件ですが――まあマスコミにたたかれるとは思いますが――ビクトル・ユゴーの

『レ・ミゼラブル』を読んでください。悪事を働いたあとに改心する男の物語です」

飢える家族のためにパンをひとつ盗んだせいで一九年も服役したジャン・バルジャン。その彼が出所するところから物語は始まる。出所後すぐ、バルジャンはまた盗みを働いてしまう。今度盗んだのは救護施設にあった銀の燭台だ。彼を捕らえた慈悲深い司教は、燭台は自分がこの元服役囚にプレゼントしたものだと警察に証言する。

司教は、この燭台を元手に、今後の人生では善き行いに励むようバルジャンを諭す。彼はその言葉に従い、裕福な篤志家となって貧しい人々を支援する。その寛容さとやさしさは他に比べるものがないほどだった。それでも彼はまるで「カインの印」のように、過去の罪の記憶にさいなまれつづけている。

この最後の指示を与えて、ウィルモア判事は閉廷を宣言した。

レイラと家族は放心したように外へ出た。ジャッキーは廷内に残っていた。ショー家の人々からの謝罪の言葉をぼんやり聞いている。

リントンはレジーがこちらへ歩いてくるのを見た。何か意図があるのかもしれないし、ないのかもしれない。リントンにはわからない。

「レジー」

頭の混乱した若者が顔を上げる。

「これがたぶんきみの本当の伝道活動《ミッション》なんだ。命を救うことが」

レジーは無表情だった。

「きみの本当のミッションは、人を改宗させるのではなく、人の命を救うことだ」

バンダーソンが駆け寄ってくる。自分のクライアントに検事が話しかけていることに腹を立てているようだ。レジーはリントンを見つめつづけていた。

「私に同意してくれたのかもしれません。あるいは、それはたんに避けては通れない真実だったのかもしれません」と、ふり返ってリントンは言う。

42 議員

二日後の三月一二日、ユタ州上院は運転中の携帯メールを禁止する法案を可決した。賛成二六票に反対一票という大差はべつだん驚くことではない。上院は下院ほど保守的ではなかったし、数週間前に法案を通した下院の法執行委員会よりもやはり保守色が薄かったからだ。

ヒルヤード上院議員によって導かれたこの法律によると、メール送受信機器を使うとクラスCの軽罪、その行為によって重傷を負わせたらクラスBの軽罪となる。相手を死亡させたら第二級重罪である。

判断基準は「単純過失」かどうか。法律によれば、それは「合理的かつ分別ある個人なら同様の状況下で払うであろう程度の注意を払わないこと」。

三月二五日、ユタ州知事ジョン・ハンツマンは運転中のメールを禁じる米国一厳しい法律に署名した。

州民は知らされることになった（すでに知っていた人は別にしても）。この行為は危険かつ違法である。そのことを知ったほうがよい、と。

州の政策や方針に注目する人々はいささか驚いた。彼らはまた、今回の件の功労者を知っていた。亡くなったジムとキースである。キャッシュ郡検事だったときにテリルを雇ったスコット・ワイアットは、この法律の成立は大部分がテリルの功績だと言う。検事たちにレジーを追及するよう迫り、「携帯ながら運転」に関するさまざまな証拠をメディアや議員のために収集したのだ。ストレイヤー博士は、このような法律がユタ州で成立する可能性は低いことを知っていた。彼もまた、悲劇を贖罪に転じようとしたもうひとりの人間の功績が大きいと言う。「『レジーの法律』と呼んでもいいはずです」と博士は言う。

43 正義

JUSTICE

五月八日、刑務所に収容されるレジーを撮影する人たちがいた。交通事故による死亡・重傷者をなくそうとする団体、ゼロ・フェイタリティーズの面々である。

ビデオではレジーが壁に手を当て、看守が身体検査をしている。レジーはジーンズにブルーのスウェットシャツという恰好だ。その後、彼が「収容者更衣室」から出てくる場面に切り替わる。いまのいでたちは、白とオレンジの縞模様のシャツにズボン。事故のときにはまだ青年だったのが、この何年かでがっしりした大人になったように見える。ビデオに声が入る。テリルの声だ。「こんなふうに家を離れた経験がないレジーにとって、毎日がとても長く感じられるでしょう。彼は一般の人々といっしょに過ごします。つまり、長い犯罪歴を持つ人々といっしょに」

レジーが前に着ていた服を手渡すとき、リントンの声がかぶさる。「彼はとても悪い人たちといっしょに過ごします」

最初の夜はベッドが空いていなかったので、レジーは床にマットレスを敷いて寝た。でも眠れなかった。何日も眠れなかった。できるだけ控えめに過ごすよう努力した。ガールフレンドを殴って半殺しにした男といっしょの房になったこともある。でもレジーに怖がる資格があるだろうか？　自己を憐れむ資格はあるだろうか？　彼は人を殺したのだ。

この事件はウィルモア判事の頭から離れなかった。運転中に携帯電話を使うのはやめた。レジーに判決を言い渡しながら、もう十分だろうと判断した。異例の裁判におけるこれも異例の措置として、彼はリントンとバンダーソンに電話をかけ、刑を短くしてもよいかと尋ねた。義務を果たさなければ満期かそれ以上務めてもらうという了解のもと、事実上の減刑が決定された。

レジーは三〇日の刑のうち一八日間を務めた。

44 レジー

事故から三年後の二〇〇九年九月下旬、レジーはワシントンDC行きの飛行機に乗り込んだ。レイ・ラフード運輸長官主宰の第一回「不注意運転サミット」に出席するためである。イリノイ州議員出身の長身のナイスガイ、ラフード長官は、予防可能な交通事故死を減らしたいと考えはじめていた。なかでも重視すべきは、ドライバーの携帯デバイス使用による死亡事故だ。「これは運輸省の歴史上、おそらく最も重要な会議です」と彼は言った。

中心部のホテルで開かれたこのサミットには、科学者、交通安全推進者、議員のほか、不注意運転で起きた事故の被害者家族、そして加害者がひとり招かれていた。そのひとりとはレジーを指す。レジーの裁判と同じ関係者の顔も見られたが、規模はもっと大きな会合だった。

レジーはみずからの体験を語った。「父親であり夫でもあったふたりの男性。家族を養い、家族の幸せを願っていた彼らの命を、私は運転中のメールのせいで奪ってしまいました。私は彼らの家族の人生を変え、自分自身の人生を永遠に変えてしまいました」

ラフード長官は強い感銘を受けた。

「とても聞かせる話でした。その話しぶりは聴衆の注目を集めていました」と同長官はふり返る。不注意運転の危険性について証言したのは主に研究者、被害者とその家族だったが、レジーはそうではない。「心ならずも人を殺してしまった人の話は違います」

私（筆者）もこのイベントに参加したが、すでにレジーの物語、彼の熱意をよく知っていた。不注意運転に関するキャンペーンの一環として、サミットの数週間前には、新聞の一面にレジーをめぐる記事も書いていた。この一カ月かそこらでレジーやテリルと知り合うようになったが、私にはすぐ、彼らがまるで深い井戸のような人間であることがわかった。開放的で親しみやすく、しかし深く傷ついた存在――。

不注意運転というテーマが、車内でのテクノロジー利用に限った問題ではないこともわかった。それはサイエンス、人間の本能、文化や社会学にかかわるテーマである。ネットに常時接続する必要性と、テクノロジーに魅入られる危険性とのせめぎあいを象徴している。

サミットのさなか、『ニューヨーク・タイムズ』がさらに、運転中に仕事をせざるをえない「モバイルワーカー」に関する長い記事を掲載した。「時速九〇キロの危険なオフィス」との見出しで紹介されるのは、顧客からの問い合わせにすぐ対応しないと売上を失ってしまうと述べるビジネス関係者たちだ。

記事では、そうしたやむにやまれぬ事情と、早い反応が必ずしも効果的ではないという科学的知見を対比させていた。研究によれば、一度に複数のことをするのは物理的に不可能なだけでなく、そうしようとするだけでもタスクの切り替えにともなって各タスクのパフォーマンスが落ちてしまうという。カリフォルニア大学ロサンゼルス校で二〇〇六年に実施された別の調査では、マルチタスクを試みている人の脳を、シングルタスクをしている人の脳と比較し、おもしろい発見をしている。つまり、ひとつの作業だけに集中する人は、脳の記憶中枢である海馬で学習・記憶作業を行うが、同時にふたつの作業をしている人は、学習や記憶のために、運動技能にかかわる脳の部位をもっと活用するのだという。研究者たちによれば、それは長期的な学習や記憶には向かないらしい。

同時にふたつのことをしていると、「生産性が上がっているように錯覚する」と話してくれたのは、ミシガン大学の心理学教授、デイビッド・E・マイヤーである。彼の研究では、マルチタスクをするとパフォーマンスが急落することがわかっている。生産性はむしろ下がるのだ。

「運転に集中すると、作業のクオリティがそのぶん落ち、運転ではなく作業に集中すると、衝突の危険が高まります。どちらかをあきらめないといけません」

ときに、これは悲惨な結果を招く。

さきの記事では、コカ・コーラ社のトラック運転手の話が出てくる。注文を受けるのに使っているコンピュータに気をとられたせいで、対向車の後部座席にいた七歳の男の子を死亡させたのだ。衝突の直後、少年の母親はこのトラック運転手を問い詰めた。彼女の証言部分を引用する。

「『なぜ、どうして?』と言いました」母親は運転手に向かって叫んだのを覚えている。「あの人は言いました。『コンピュータを見ていて道路からちょっと目を離したんです』と」

彼女は運転手を問い詰めはじめた。

「頭に血が上ったのです」と彼女は言う。「居眠りならまだわかります。でもコンピュータを使ってたですって?」

数日後、私たちはある記事のなかで、いつでも連絡がとれるよう運転中もメールは必要だと主張するトラック運転手たちについて取り上げた。メールが違法になったら通信効率が低下しかねないというトラック業界の懸念も掲載した。

サミットの終わりにラフード長官は、連邦政府の職員が勤務時間中に運転しながらメールするのを禁じる命令にオバマ大統領が署名した、と発表した。それ以外の対策も検討中であると彼は述べ、さらにこう付け加えた。連邦職員による運転中のメールを禁じる命令は、「不注意運転が危険で容認できないという明確なメッセージをアメリカ国民に届けます」。

レジーにとってはこれで終わってもおかしくなかった。法律の成立を手助けし、数々のイベントで話し、ラフード長官主宰のワシントンDCでの会議で三〇〇人の聴衆のために骨を折ったのだ。

九月末にバンダーソンはレジーと両親に手紙を書いた。書きだしはこうだ。

レジー、エド、メアリー・ジェーンへ
棄却命令のコピーを同封しますので、ご確認ください。

次いで保険やカイザーマンに関する最終確認事項について述べ、レジーのファイルは抹消され、裁判記録は封印されることを説明した。費用は五〇〇〜八五〇〇ドル。最後の請求書も同封されていた。
手紙はこう結ばれていた。

レジー、今後の幸運を祈ります。訊きたいことがあれば遠慮なく連絡してください。これで何もかも本当に終わりました。

だが、終わってはいなかった。これっぽっちも。

その同じ月に、レジーは『レ・ミゼラブル』に関する作文を書いていた。この壮大な物語の自身にとっての重要性をしたため、ウィルモア判事に提出した。
シングルスペースで書かれた三ページのレポートは、少なからぬ分析に基づいていた。バンダーソンはかつて、レジーが証言台に立てばおのずと歯切れの悪い語り口になるのではないかと恐れたが、このレポートはそうした歯切れの悪さとは無縁だった。文章は流麗でよどみがない。最初にあらすじを短くまとめている。主人公のジャン・バルジャンは犯罪行為に対して司教の慈悲を受ける。司教は「直接言葉をかけることなく、彼に教訓を与えました」。

「バルジャンはこのとき司教になんの約束もせず、司教もそれを期待していませんでした。世のため人のために人生を捧げると約束したわけではありませんが、その後司教のもとを離れてから、彼は自分自身を見つめ、他の人々を助けたいと決心します。人に尽くしてこそわが人生は報われるのだと」

「私が受け取るべきはそうしたメッセージなのだと思います」

彼はバルジャンがどのように他人に奉仕したかをいくつか例示し、それから自分自身の人生にこの物語を当てはめた。「いまとなってわかります。私にとって、人に奉仕する以外の生き方はわがままで不当なことであると。これからの人生を奉仕に捧げます、と約束して回る必要はないのです」と彼は書く。「しかし私は、自分自身が引き起こしたこのひどい状況を通じて、たくさんの人々の人生に影響を与えることができるという贈り物をもらいました。私と同じ過ちを誰も犯さないようにする、そのために必要なことはなんでもする、と自分自身に誓うことができます」

「バルジャンは教えてくれました。どんな人も、どんな状況にあっても、変わるという選択ができるのだと。変化とは選択です。とてもシンプルです。バルジャンが変わったように、私も変わりました。そして変わります。社会奉仕に力を尽くします」

彼は最後に、「この本から得た一番の教訓」を書く。それはすなわち、贖罪の行為によって利益や称賛の言葉を期待しないことだ。「運よく社会に影響を及ぼせたとしても、ほめてもらう必要はない、いや、必要がないだけでなく、ほめてほしくもない、とつねに言い聞かせるつもりです」

二〇一〇年一月、レジーは「オプラ・ウィンフリー・ショー」に出演し、みずからの不注意運転について語った。

録画撮りの前夜、レジーはシカゴでテリル、ミーガン・オデルと食事をした。レジーとミーガンはそれなりの関係を築き、レジーはそれが友情の始まりになればよいなと考えた。ふたりは頻繁に話を交わすようになった。

レジーには講演依頼が続々と舞い込んだ。判決の条件はとっくに満たしていたのに、彼は依頼を受けつづけた。そして毎回、同じように悲しみの気持ちを表した。それを聞いた人たちは彼の誠意を感じ取らずにはおれなかった。

その年の六月、レジーは全米バスケットボールリーグ（NBA）のルーキー一〇〇人の前で話をした。世界に名だたるエリートプレーヤーたちである。レジーのことを知ったNBAが話を持ちかけた。というのも、つねにファンとつながっていなければならないというプレッシャーが、選手たちに強くのしかかるようになっていたからだ。彼らは若く、携帯電話を持ち、高級車に乗っている。そこへ持ってきて、ソーシャルメディアの出現。NBAでプレーし、その後、選手育成担当バイスプレジデントになったローリー・スパローは言う。「選手たちはソーシャルメディアを積極的に活用しています。自分たちの様子をファンに知らせたいと思っています。朝食を終えてトレーニングルームに向かうところだ、みたいな単純な事実から、もっと大きなニュースまで」

部屋いっぱいのNBAスター、世界でトップクラスの若手選手たちを前にしたら、誰でも怖気づいてしまうだろう。ましてやレジーは、みずからも優れたバスケットボールプレーヤーで、コーチや監督になるのが夢だった。しかし彼は気後れするどころか、進んで役割を果たした。いいつものように体験談を話す。彼は選手たちに要望した。試合会場へ向かって車を運転するときはメールをやめてほしい。そして泣きながら自分の罪を語り、「私のようにならないで」と訴えた。

部屋いっぱいの選手たちは静かに聞き入っていた。レジーが話し終えると、立ち上がって拍手を送る。

スパローは言う。「レジーの話を聞くと、彼が毎回それを追体験していることがわかります」

45
贖罪

「レジー・ショーといいます」

大きな洞窟のようなホールはレジーを飲み込んでしまいそうだ。彼はひとりっきりでステージに立ち、右手にマイクを握っている。ネクタイを締めている。

「これからあるお話をします」

ボックスエルダー・ハイスクールの五〇〇人の生徒が、程度の差こそあれ耳を傾ける。携帯電話でゲームをしている者があちこちにいる。安全運転をテーマにした午前の集会である。

「覚えておいてください。あなたも私もみんな変わらないということを」とレジーは言う。「ブリガムシティには何度も来たことがあります。ここの体育館でバスケットボールをし、ここのグラウンドでフットボールをしました」

「もっと若いころ、自分は無敵だと思っていました。トレモントンで育ったのですが、私にもまわりの人たちにも、何ひとつ悪いことは起きませんでした」。レジーは体を左右に揺する。「一九歳になり、ローガンで仕事をするようになりました。塗装屋です。朝早く起き、山を越えて仕事に通いました」

「ある朝、仕事に向かうとき、私はある選択、ある決心をしました。運転しながら、いつもやっているように携帯でメールをするのです。仕事場へ向かいながら、メールを読んだり送ったりしました。そしてセンターラインを越え、別の車にぶつかったのです」

そこで初めて言葉を切る。唇をなめ、唾を飲む。ヤギひげを生やしたその顔は、免許証の写真のマッシュルームカットの少年ではもはやない。二〇一三年四月初めの、ある木曜日。

「その車で仕事に行く途中だったのは、愛する家族を養うふたりの男性でした。衝撃でふたりとも亡くなりました。……一〇〇％避けられた事故で、私はふたりの男性の命を奪ってしまいました。そのことを毎日毎日思い知るのです」

レジーの両親が前列に座っている。父親のエドは赤い半袖のシャツ、ワークブーツ、ジーンズといういでたちで、眼鏡をかけている。髪には白いものが交じる。母親のメアリー・ジェーンは脚を組んで座り、鼻をすすっている。ふたりとも背中を丸め、あまり落ち着いているようには見えない。レジーはまだ比較的冷静で、事実や感情を言葉にしている。だが、エドとメアリー・ジェーンはこれからどうなるかを知っていた。レジーはいずれ感きわまり、耳を傾けているようないないような、この生徒たちを虜にするだろう。

「判決の日、裁判の最後の日、遺族の方々が私に語りかける機会がありました。亡くなった男性のひとりには私と同じくらいの歳の娘さんがいます。彼女は立ち上がり、自分の結婚について語りました。結婚式でバージンロードをいっしょに歩く父親がいなかったことを語りました」。

レジーは鼻をすする。「彼女は私のほうを向き、私の目を見つめて言いました。『あなたが私から奪ったせいです』。彼女の言うとおりでした。私は運転しながらメールをし、彼女から父親といっしょに歩く機会を奪い去りました。事故のとき、私はメールメッセージのことしか考えていませんでした。皆さん、これまでに送信したり受信したりしたメッセージのことを一つひとつ考えてみてください。そのためなら自分や他人の命を差し出してもかまわないというメッセージがひとつでもあるでしょうか？　きっとないはずです。あの事故からほぼ八年になります。毎日が私にはつらい。あの事故について考え、『できるなら時間を巻き戻して起こった事実を変えたい』と願わない日はありません。毎晩ベッドに行き、毎朝鏡で自分の顔を見るたびに思います。一〇〇％避けられるはずの事故を自分は起こしてしまったのだと。私はふたりの偉大な男性の命を奪ったのです」

レジーの言葉は素朴で、美辞麗句にあふれているわけではない。その言葉が持つ力、徐々に高まる力の源は悲しみだ。悲しみが周囲の環境を変え、いまやホールを飲み込みかねない。レジーはそれを懸命にこらえようとしている。生徒たちは身を乗り出し、なかには涙ぐんでいる者もいる。「私は刑務所に三〇日しかいませんでした。『罪を償うのにそれで十分だと思いますか』と訊かれます。わかりません。いまでもそのことを考えます。でもわかりません」。レジーは少し背筋を伸ばし、深呼吸をする。大丈夫。彼は最初の三日間の夜のこと、監房が丸四日間封鎖されたときのことを語る。「ボート」と称される、厚さ四ミリもない小さな青いベッドで寝たことを語る。刑務所が過密状態にあり、寝台は同房者に占拠されていたからだ。「看守がそれを床に放り投げ、薄い毛布を手渡し、私の背中を押し、ドアを閉め、『達者でな』と言うのです」

最初の四日間は、と彼は説明する。一日に二三時間、セメントの床の上に座っていた。その後、寝台を獲得できた。ガールフレンドを半殺しにした同房者が、州刑務所への移送待ちだったのだ。レジーは両手でマイクを抱えている。

「刑務所というところでは、誰もあなたのことをかまってくれません。誰も私を好いてくれません。私は『メール違反者』と呼ばれました。さっきの疑問に戻ります」。罪を償うのに十分な時間、刑務所で過ごしたかという疑問である。「わかりません。ひとつだけ言えるのは、もし刑務所に戻って残りの人生をそこで過ごせば、あのふたりの命を救えるとしたら、すぐにそうするだろうということです。ふたりの命を奪うくらいなら、そこで毎日過ごします」

彼は泣いている。

「ここへ来た理由がひとつあります。皆さんに私を見てもらい――」レジーは涙をこらえている。言葉が出ない。最後まで言おうと力を振り絞る。「『あんなふうになりたくない』と言ってもらうためです」

もはやレジーのひとり舞台だった。五〇〇人の生徒は彼の悲しみに心を奪われている。自分のようになってほしくないという話を彼は続ける。

「『あいつがやったようなことをやりたくない。あいつのような経験をしたくない』そう思ってもらうためです……」。彼は自分を取り戻しはじめる。「車のハンドルを握ったら、電話もメールもやめてください。友だちも家族もそうです。あとですればいいのです」

「運転中は自分の家族、息子や娘よりメールが大切だと思いがちです。メールにそこまでの価値はありません。そんな値打ちはありません。きょうは私に誓ってください。私を助けてください。運転するときは携帯電話をしまってください。スイッチを切り、しまってください。それで誰かの命を救えます」

レジーは深呼吸する。緊張をほぐす。それから最後に言う。「質問があれば喜んでお答えします。隠し立てするつもりはありません。何を言われても平気です」

喝采の嵐。講演が終わり、生徒たちは出て行く。だが、何人かは前へ来てレジーに礼を述べる。「こんなに勇敢な人は初めてです」と、一七歳の最上級生、ネイト・クリステンセンは言う。黒い短パンに赤いTシャツ。片方の耳にダイヤモンドピアスをしている。「僕もやったことがあります」。携帯メールのことだ。「大したことではないと思っていました。数秒おきに前を見て、大丈夫だと思ってたけど、全然そうではないんですね」

NBAのローリー・スパローは、レジーが話すたびにそれを追体験していると言った。NBAは毎年彼を招いている。彼はフットボールチームのデトロイト・ライオンズに話をしたこともある。また、世界トップクラスのハイスクールバスケットボール選手が講習会などで集まったさい、定期的にプレゼンテーションしている。

スパローは言う。「運転中にメールをする者がまったくいないとは言いません。でも、レジーのおかげで間違いなく考え方が変わりました」

レジーはかつて戦った相手からも敬意を払われている。

リントン「レジー・ショーほど罪を償おうとする人を見たことがありません。以上」

ウィルモア判事「変化をもたらすために彼ほどのことをした人間を知りません」

二〇一三年には、レジーはユタ州の交通安全団体、ゼロ・フェイタリティーズのためにおよそ四〇のイベントで話をした。プログラムマネジャーのブレント・ウィルハイトは、レジーのように事故にかかわった人の存在が問題にリアリティを与えると言う。そして、レジーはそのなかでも群を抜いている。「危険運転行為で有罪になった人たちに協力してもらったことがあり、みんなすばらしい働きをしてくれましたが、レジーほど長いあいだ熱心にやってくれた人はいません。期待以上の働きです」

レジーは聴衆の受けがよい、とウィルハイトは言う。どこにでもいる普通の男性に見えるからだ。友人、息子、あるいはボーイフレンドであってもおかしくない。

メッセンジャーとして「レジーほどの適役はいません」。

ラフード運輸長官は四年半の在任期間中、悲惨な事故や安全上の難しい問題に数多く出合ってきた。レジーの献身的な協力には恐れ入る、とラフードは言う。彼は二度目のサミットにもレジーを招き、フロリダ州やテキサス州、イリノイ州の地域サミットでも彼に話してもらった。

「彼は英雄です」とラフード長官は言う。「胸の内を打ち明け、罪を認め、それをもとに正しい行いをするよう人々を説得します。不注意運転に関する考え方にとてつもなく大きな影響を及ぼしました」

運転中のメールの危険性に関するメッセージ発信という点では、レジーほどの貢献者はいないと言ってよいだろう。ラフード長官をはじめ、不注意運転を国の優先テーマにしてきた政治家はたしかに大きな影響を与えた。ドライバーのネット接続から利益をあげる企業の抵抗に遭ってきた、ストレイヤー博士などの研究者もそうだ。サミットに集まった三〇〇人のなかでも、家族を失った人々、MADDのような団体をつくった人々が力強い声をあげた。

しかし、州の法律を変え、全国にメッセージを届け、揺るぎない勇気を示し、自分自身をさらして若いドライバーに訴えかけようとする点では、レジーが抜きん出ている。

メール禁止法案をユタ州下院に提出したスティーブン・クラークはその後、モルモン教のミズーリ州伝道部会長に任命された。彼はいま、若者の相談相手になることを生活の中心に据えている。レジーは教会の活動こそできなかったが、それに見劣りしない使命を果たしているのではないかとクラークは思う。

「もし私がレジーの部会長で彼と面談していたら、こう言うでしょう。きみのミッションは、あのよくない選択をして恐ろしい事故を起こしてしまったときに始まっている。それ以来、きみはたくさんの課題、たくさんの困難をくぐり抜け、試練を受け、誤りを正すために精いっぱいできることをしてきた。そして、自分と同じ立場になりかねない多くの人たちの命を祝福してきた。逃げ隠れせずに誤りを認める勇気があったから、生涯のミッションを果たすことができた。それは『ながら運転』は危険きわまりないというメッセージを世界中に届けることだ。きみはそのための伝道者だったのだ」

彼はこう加える。「レジーは十分苦しんだと思います。事故のことを忘れ、次へ進む必要があります」

私は、どうすれば次へ進めるだろうという話をレジーと長いあいだするなかで、このクラークの発言を伝えた。それを聞いたレジーは泣きだした。「私にその価値がありますか？　心安らかになる資格がありますか？　みんなの前で話すのをやめて、それで気分がよくなるかどうかはわからないけれども、ある日、朝起きて新聞を見たら、運転中のメールで亡くなった人の記事があったとしたら？　自分になんとかできたかもしれないのに――」

難しい問いかけだった。レジーは先へ進めるのか？　彼自身がそれを許すだろうか、許すべきなのか？

問いはもうひとつあった。レジーの信奉者たちは、彼がごく普通の好男子だからスポークスマンに適任だと考えていたが、はたしてそうなのか？　われわれもレジーと同じことをしてしまう可能性があるのか？　それとも彼は程度の差こそあれ、われわれよりも集中力を欠き、道路から目を離し、携帯電話をいじりやすい傾向があったのだろうか？

日進月歩の神経科学が適切な答えを教えてくれるだろう。

46 レジーの脳

ガザリー博士と知り合うようになった二〇一三年の春、私は博士の研究室があるＵＣＳＦのカフェテリアで彼とランチをとっていた。例の事故とレジーの話をすると、博士はチョップサラダを精力的に口に入れながら静かに耳を傾けた。

私は博士に質問があると言った。「レジーの脳を見てもらえますか？」

最初、彼はちょっと面食らったようだった。

「もちろん」と彼は答えた。ガザリー博士はなんにでも前向きなのだ。それからこう言い足した。

「ごく普通の人なんですよね？」

私はまさにそれを見きわめようとしていた。


ユタ州では、ストレイヤー博士とジェイソン・ワトソンという同僚がＭＲＩなどの先端技術を使って、注意力のしくみを脳内から調べようとしていた。どんなネットワークがかかわっているのか？　ディストラクションはどのように見えるのか？　ほかにも同じような試みをしている研究者はいたが、ストレイヤー博士らの研究は、大量の情報の扱いにとくに秀でた人がいるかどうかを調べる、もっと大がかりな研究の一環という意味で特別だった。言い換えれば、「マルチタスク」に秀でているのはどんな人か？　それが苦手な人もいるのか？

　レジーはどのあたりに位置づくのだろう。

　もし気が散りやすい特殊なタイプだったとしたら、それを知っておく価値はある。たとえば、ハイスクール時代にスポーツをしていて脳震盪《しんとう》になり、その影響が残っているとか。情報処理の方法がどこかおかしいとか。あるいは普通の人より運転中にメールをしやすいのかもしれないし、メール中に複数の作業をする能力が低いのかもしれない。

　二〇一三年四月初め、私はレジーといっしょにソルトレークシティの中心部からユタ大学の神経画像センターに向かった。彼が最初の伝道から帰宅したときに両親と通ったのと同じＩ一五号線を行く。６００サウスの出口で降り、東へ向かう。昼下がりで、交通量はさほど多くない。チューブに入って脳を検査されると思うと緊張する、とレジーは言った。どこか悪いところが見つかるでしょうか？

　他方、これこそ私の知るレジーだった。運転中のメールやそのリスクを解明するための依頼には、まずノーと言わない。

　レジーの脳について、少なくともその日は何かがわかったわけではない。その代わり、事故に遭いそうになった。

　レジーは二〇〇七年式の金色のマツダを運転し、いちばん右のレーンを走っていた。すぐ左の車線にはセダン。前方には折りたたみ椅子をたくさん積んだピックアップトラックがいる。晴れた日に裏庭のバーベキューで使うような、あの椅子だ。見ると、椅子を縛ったロープが緩んでいる。車間距離をとろうにも一〇〇メートルとれないでいるところへ、椅子が私たちのレーンに崩れ落ちてきた。まずい。とっさに右側の路肩を見ると、椅子のひとつがそちらの方向へ転がっている。左側にはセダンがいて動きようがない。

私は恐怖を感じた。子どもたちの顔が頭に浮かぶ。このまま椅子に激突し、スピンするのではないか。衝撃に備えて身構えた。レジーは左にハンドルを切り、こちらへ向かってくるふたつの椅子を間一髪でかわす。セダンにぶつかりそうになるが、右にうまくハンドルを戻し、ぎりぎりで事なきを得る。気がつくとセダンは私たちのすぐ目の前にいた。車半台分あるかどうか。レジーが完璧に集中していなければ、あるいはコンマ何秒かでもよそ見をしていたら、間違いなく衝突していただろう。

数分後、そんな光景を目に焼きつけたまま、私たちはなんの変哲もない工業団地のなかの神経画像センターに到着した。ワトソン博士とストレイヤー博士が私たちを出迎え、やり方を丁寧に説明してくれる。レジーは脳の写真を二種類撮られる。ひとつはＭＲＩ――これで脳の構造がわかる。もうひとつはｆＭＲＩ（いわゆるリアルタイムＭＲＩ）。レジーがさまざまな行為をしたときの血流の変化、とくに複数の作業をしたときにそれがどうなるかを測定する。

だがその前に、レジーが集中力や注意力の高いタイプなのかどうかを両博士は知りたがった。そこでまず、彼は窓のない小さなオフィスに入り、筆記テストを受けた。比較的複雑な方程式を解いたり、いくつか前の方程式の情報を暗記したりする。これで集中力のほか、短期記憶（ワーキングメモリー）も測定できる。レジーの基本的な情報対応力はどの程度のものだろう？

その後、彼はメディカルガウンに着替え、ＭＲＩ検査を受けた。放射線技師がてきぱきと準備を整える。ビデオ画像を見ることができるヘルメットをレジーの頭に装着し、彼をトンネルに送り込む。

最初に結果が出るのは構造イメージだ。レジーの許可を得て、ワトソン博士は後日、それをガザリー博士に送ってくれた。ガザリー博士はコンピュータ上でそれを私に見せてくれる。晴れ渡った真夏の日。窓からは、中庭を隔ててベニオフ小児病院が見える。この最先端の施設は、インターネット上で企業向けソフトウェアを提供するセールスフォース・ドットコムのマーク・ベニオフと妻による一億ドルの寄付で建てられた。テクノロジー、サイエンス、医学の融合があらゆるところに見られる。

ガザリー博士は椅子に座り、粒子が粗い白黒画像を呼び出した。レジーの脳だ。以前見たミッキー・ハートの脳と同様である。

「前もって指摘しておきたいことがひとつあります」と彼は言い、レジーの頭の前のほうに私の注意を向ける。副鼻腔の前に小さなこぶがある。

「額が厚いですね」

そのこと自体なんの問題もない。身体構造上の違いにすぎない。ただ、そのせいでレジーはときどき前かがみに見えるのかもしれない。ガザリー博士はその画像のそばに、別の二六歳の若者の脳の画像を引き寄せる。研究室から無作為に選んだものだが、レジーのようなこぶはない。並べるとかなり似ている。博士が指摘するわずかな違いは、たとえばレジーのほうが脳室系がやや大きく見えるということなど。

「脳は顔と同じで、個人差がいろいろあります。それが脳です」

ここまでは問題なし。ごく普通の男性だ。

数週間後、ユタ州のワトソン博士らがｆＭＲＩの結果を処理したと聞き、私は再度ガザリー博士のオフィスを訪れた。今回は黒いスピーカーフォンの向こうにワトソン博士が控えている。時間は午後、ワトソン博士は自分のオフィスにいて携帯電話で話している。サマーキャンプから帰ったばかりの七歳の息子、ネイサンのお守《も》りをしているので、ときどき邪魔が入るかもしれないとのこと。

「私の後ろの床に座ってゲームをしています」とワトソン博士は言った。

「それは脳にいい」とガザリー博士が言い、ふたりは笑う。

「ほとんど教育ゲームですよ」

ガザリー博士の前のふたつのモニターに二種類の画像が映っている。大きいほうのスクリーンには、ある脳のイメージがいくつか表示され、重要らしい三カ所がオレンジ色に光っている。小さいほうのモニターに映っているのはグラフで、左上からおよそ四五度の角度で右下がりになっている。

これはMRIマシンでレジーがマルチタスクを試みたときの脳の様子を表しているらしい。レジーが具体的に取り組んだのは「二重Nバック課題」と呼ばれるもので、被験者はふたつの異なる要求に応えなければならない。つまり、ヘッドフォンから聞こえる音の合図を記憶し、これに応答する一方で、ヘルメット内の鏡に映る視覚的合図を記憶し、これにも応答するのだ。その結果を表すのが、小さいほうのモニターに表示されたカーブである。作業負荷が増すと、パフォーマンスは低下する。それはワトソン博士とストレイヤー博士が調べたほかの被験者と変わらない。

また、もう一方の画像もワトソン博士にはなじみのあるパターンを示していた。オレンジに光る三つの領域は、前帯状皮質（ACC）、背外側前頭前皮質（DL-PFC）、そして前頭前皮質（PFC）。これらは注意ネットワークの一部であり、そこがオレンジに光っているのは血流が増えている証拠である。つまり負荷が増えたのだ。

驚くべき現象ではない。より高い注意力が求められれば、注意ネットワークへの要求も高くなる。ただしワトソン博士らは、パフォーマンスがあまり落ちない優秀なマルチタスカーは注意ネットワークへの負荷も少ないという事実に気づきはじめていた。理由はまだはっきりわからないが、脳のリソース活用の効率と関係があるのかもしれない。

いずれにせよ、レジーの脳、そのパフォーマンスはほかの大部分の被験者と同様だった。ガザリー博士が言ったように、レジーは「ごく普通の人」であった。

「ひとつ驚いたことがあります」とワトソン博士は言った。

それは画像の様子でも、二重Nバック課題の成績でもなかった。レジーがMRIマシンに入る前の話である。そもそもの注意持続力がどの程度かを調べた筆記テストの結果がよかったのだ。上位二五%に入るスコアだった、とワトソン博士は言う。

「注意力という点では優秀な部類です。つまり、優れた注意力を持つ人にも限界点はあるということです」

つまり、レジーは運転であれなんであれ、気が散りやすいタイプではけっしてなかった。きわめて高い集中力の持ち主である。超人的というのではなく、ただ信頼が置けるという意味で。また、人よりたくさんの責任や義務を負っているわけでもない。それでも脳が過大なマルチタスクを命じられると、オーバーロード状態になるのである。

「すべての人に限界がある——それが結論です」とワトソン博士は言った。

47 テリル

レジーは悲劇から立ち直った普通の男だ。

テリルも立ち直った。家庭は幸福で、子どもたちはみんな優秀だった。「血統」が世代交代したおかげだ。

ジェイミーとテイラーは力を合わせて二〇〇九年の州ヒストリー・デー・コンテストを勝ち抜き、労働活動家ジョー・ヒルに関する発表で全国九位になった。

二〇一〇年にはさらに、ジェイミーが国際的な科学論文コンクールの「デュポン・チャレンジ」で一等賞をとった。論文のタイトルは「塩による生活の向上」。塩水を使って若い嚢胞性線維症患者の呼吸を助けようというのが主眼である。同じ病気に苦しむ妹のケイティのことも参考にした。

ユタ州からは初の受賞者だった。

しかし最後ではなかった。

翌年、テイラーも一等になったのだ。きょうだいでの受賞は初めて、二年連続は言うまでもない。

彼の研究は、ミミズという天然資源を使って環境問題、なかでも廃棄物汚染を解決しようというものだ。ミミズが堆肥づくりの役に立つというテリルのアドバイスを参考にした。

二〇一二年、ジェイミーは「恐れず来たれ、聖徒――モルモン教開祖たちは迫害にどう立ち向かったか」という論文で、ナショナル・ヒストリー・デーの州大会三位になった。

二〇一三年、テイラーはメールをしながらの運転と飲酒運転とを比較し、国際的なサイエンスコンペで四位に入った。「あの子はもういっぱしの科学者です」とテリルは頬を緩める。

テイラーは二〇一三年、一六歳でハイスクールを早期卒業。インテック・カレッジエイト・ハイスクールの卒業生総代を務めた。生徒数わずか一四〇人の小規模な公立チャータースクールだが、『USニュース＆ワールド・レポート』紙のランキングでユタ州トップ、全米のトップ七〇〇校に入っている。卒業生総代のスピーチで、彼は先生たちに感謝し、両親に感謝し、スティーブ・ジョブズに感謝した（少なくともこのアップル共同創業者の言葉を引用した）。

私たちは生まれてから一六年ないし一八年で、一四万一六〇時間から一五万七六八〇時間生きてきました。しかし、いまから平均寿命の七五歳までは、さらに五〇万時間も生きてゆきます。数学的に言えば、まだ人生の表面をなでたくらいにすぎません。卒業を迎えるきょうから、私たちは次なる五〇万時間の旅へと踏み出します。何をするにせよ、多くの先達が影響を与えてくださったおかげで、その道のりは前途洋々でしょう。スティーブ・ジョブズはかつて言いました。「時間は限られている。他人の人生を生きて時間をむだにするな。他人の意見に己の内なる声をかき消させるな。そして何よりも、自分の直感に従う勇気を持て」

結びの前に、テイラーはこう述べた。

これからの人生で、教育が持つ力を忘れないようにしましょう。いままで受けてきた教育、そしてこれから受けるであろう教育。世界中のたくさんの人が非識字、貧困、暴力、戦争に苦しむなか、私たちにはそうした社会問題に立ち向かう力、決意、創造性があることを肝に銘じましょう。これからの人生において、他者への責任をときに思い出し、社会に何かを還元できればと願います。

テイラーはすでに神経外科医になろうと決めていた。ジェイミーのほうはフィリピンでの伝道活動が間近で、その後はやはり医学の道に進みたいと考えていた。

下のふたり、アリッサとケイティは二〇一三年の夏をオペラとミュージカルに費やした。アリッサは『屋根の上のバイオリン弾き』、ケイティは『ヨセフ・アンド・ザ・アメージング・テクニカラー・ドリームコート』に出演した。テリルは娘たちを送り迎えし、ステージわきで待機した。ユタ・フェスティバル・オペラとの共演もかなった。

音楽が大好きな一二歳のアリッサは、テイラーとジェイミーが何年か前に調べた労働運動家のジョー・ヒルに関するオリジナル曲を作曲した。アリッサはもうひとりのパートナーとともに、州ヒストリー・デーのパフォーマンス部門で一位になった。

もちろん過去の幻影から自由ではいられなかった。テリルは母親のキャシー（いまはローガンに住んでいる）に手を焼いた。ふたりはときどき衝突した。テイラーは祖母にあまり好かれていないと感じていた。テリルは、母親が過去とかかわりを持とうとせず、過去に関する会話さえいやがるのに腹が立った。本の取材で子ども時代のことをしゃべっていると母親に言ったところ、いい顔をされなかったらしい。キャシー自身、インタビューを断っている。

「なぜみんなに話さなければならないのか、あの人はわかっていません。誰にも知る権利はない、それが母の考え方です」テリルはいつになく声を荒らげて言う。

「もう何年も前のことなんだから、誰にも知られたくない。過去の人生に秘密などなかったふりをしよう、というわけです。でも秘密はあるんですよ。母は、誰にも知ってほしくないから話さないという考え方。本当に腹が立ちます」

テリルは言う。「都合の悪いことを隠すのはもううんざりです。人には立ち上がる義務があります」。それは家庭内に限った話ではない。「社会のなかで立ち上がろうとしない人がたくさんいます」

兄のマイケルとはときどきEメールで連絡をとりあった。幸せにやっているらしい。二〇〇五年に心臓発作を起こし、そのとき、魂が肉体を離れ知恵を授かる経験をしたのだという。彼は陰謀や謀略について語った。テリルに次のように書いてよこしたことがある。ダニーから受けた虐待やひどい仕打ちは恐ろしかったけれども、プラスの副作用をひとつ生んだ。「彼のおかげでふたりとも異様に強くなったのだから、感謝しなければならない。この世でおまえほど強い女性を知らないが、それはあのころ受けた扱いと大いに関係しているのだと思う」

テリルの弟ミッチェルは、そうした説明は不公平だと考えている。父親は自分にとってヒーローだ、と彼はくり返し言う。きょうだいの記憶との違いを、どう説明すればよいのか？　家族ぐるみの友人であるドナ・シンプソンが言うには、テリルとマイケルよりずっとあとに生まれたミッチェルは、ダニーの実の子だったおかげで違う扱いを受けた。ミッチェルは、父親とキャシーは夫婦仲が不安定だったから、離婚前の父親はマイケルやテリルにつらく当たっていたのかもしれないと思う。だが彼は、自分の体験がテリルの体験と異なる理由について、もうひとつの見方も示している。世の中に対する考え方は人によって違うというわけだ。ふたりの人間が同じ自動車事故に遭っても、その記述のしかたが違うように。

だが全体として見れば、ワーナー家の人たちは家庭を大切し、活動的な生活を送った。信仰に打ち込み（毎週日曜には教会へ通った）、親切をむねとした。テリルが小さいころの日記で望んだ生活だ。その年、ジェイミーの幼なじみの男の子が、自分はゲイであることを彼女に打ち明けた。彼は敬遠され、いじめられていた。家族にすら受け入れてもらえなかった。信仰心のあつい小さなコミュニティでは起こりそうなことだ。テリルはジェイミーに、彼の友だちになり、話を聞いてあげなさいと言った。彼が自分自身に自信を持てるよう手助けしてあげなさい。「主が『万人を愛しなさい』とおっしゃるとき、そこに例外はないのよ」

ジェイミーにはそんな助言も必要なかったかもしれない。幼なじみからカミングアウトされたとき、それが問題とさえ気づかなかったと本人は言う。

テリルは言う。「『あの子がこの若者を受け入れるのは正しいことだと思う』と夫には言いました。ゲイだろうとそうでなかろうと、彼女は気にしていません。そんなの人生とはなんの関係もないんです」

その少年にあとで言われたらしい。「ありがとうございました。ジェイミーのおかげで過激な行動に走らずにすみました」。彼も伝道活動に出ようと考えていた。そしていまは家庭を持ちたいと考えている。

悲惨な幼少時代にもかかわらず、テリルは揺るがぬ道徳的威厳を身につけ、それをまわりの人に伝えてきたように思える。あるいは悲惨な子ども時代があったからこそ、そこに既存の制度やしきたりにはない深みや幅が出てくるのかもしれない。

テリルとアランは、にこやかで、幸福で、家庭を大事にする子どもを育てようとしていた。家族どうしのつながり、実世界とのかかわり、そして勉強がおろそかになると考え、マルチメディアとは距離を置いた。テリルはそれがとても大切だと考えていた。メディアとの過剰な接触は人の感覚を鈍らせ、彼女が幼少時に望んだ「充実した人生」を子どもたちから奪いかねない。ひとつ確かなのは、ワーナー家の暮らしは、そしてテリルの成人期は、危惧されたのとは大違いの針路上にあるということだった。

そこからわれわれは何を学べるだろう？　レジーから何を学べるだろう？

REDEMPTION

48 贖罪

ふたつのルールがある。

不注意運転をめぐる公共政策の議論では、このふたつのルールが用いられてきた。飲酒運転の文化を正し、シートベルトを定着させるうえで効果が実証済みと思われるそのふたつは、厳しい法律とその執行、そしてそれらに関する啓蒙活動である。

社会はそのようにして変わる。

だが、個人はどのように変わるのだろう？

長い目で見た利益、安全、子どもたちの利益に反する、悲惨な事故や危険な行為とどう折り合いをつけるのか？　自分自身や他人をどう癒やすのか？

数多くの専門家と話し、数多くの意見を聞いた結果、ひとつルールがあるように思われる。シンプルなルールだが、実現は容易ではない。

真実を述べるのだ。

何よりも自分自身に、それから友人や家族、まわりの人たちに。万人が同じ真実を持っている、普遍の真理があると言うのではない。その人その人の、大小さまざまな真実がある。依存症。虐待。事故。あるいは、他人に説教したとおりに行動しているか？　人生をごまかしていないか、自己欺瞞がないか？

誠実になるのは難しい。矛盾や食い違いに気づくのさえ難しいのだから。われわれには強力な防御機能がそなわっている。偏見、プライド、社会的メッセージ、そしてテクノロジー。だが、どれもいったん認識すれば克服可能である。真実を述べられるようになれば、真実の発見・表現はずっと容易になる。

レジーはどうしても家族を落胆させたくなかった。伝道のチャンスを失いたくなかった。だからカミについて嘘をついた。

事故を起こしたときはハイドロプレーン現象だと思った。それから、弁護士をしている兄が警察にはほかに何もしゃべるなと言っている――そう母親に教えられた。父親は息子の監獄行きを恐れていた。弁護士は何もしゃべるなと指示した。ハイドロプレーンだったんでしょ？　彼はそうみんなに言った。メールのことは覚えていない。運転していただけだ。

もし罪を認めたら――「そんなことあるはずがない、証明できっこない」と言い聞かせていた行為を認めたら――またしても伝道に出るのが困難になる。家族をがっかりさせてしまう。

ドン・リントンは少年時代――真実と純潔は切っても切り離せないと考えるのが当たり前の

時期――まるで嘘に取りつかれた生ける屍だった。それ以外のものになりようがなかった。

生活の中心は教会にあった。善の証である教会。ところが、そこで高い地位にあるメンバーが彼を何度も性的に虐待した。誰にも話せなかった。真実と嘘の違いさえ、もはやわからなくなっていた。誰が悪いのかもわからなかった。自分なのか、あの恐ろしい男なのか？　教会には言えなかった。自分自身にも言えなかった。オールAの優等生だったから、素知らぬふりをしていた。心の奥底に閉じ込められた嘘は彼をむしばんだ。

学校では「うわべをつくろって過ごした」と彼は言う。

「みんなに好かれる感じのいい人間でいたかったのです。見かけは愛すべき少年でした。誰もが私を、頭がよくて人気のある子だと思っていました。でも学校を卒業すると、よい印象を与えられなくなりました。支えが突然なくなったというか」

あとは負のスパイラルの連続。彼は自分のなかのねじれを戻すために大量の薬剤を摂取した。真実とはほど遠い。

テリルは違っていた。おそらくは数少ない例外だ。何かのきっかけで彼女は幼少のころから真実を語りはじめた。語ろうとしはじめた。数々の試練が真実を押し隠せと迫るのにもめげず。日記に真実を書いたというだけではない。ダニーの酒をぶちまけ、殴られそうにもなった。でも話はもっと複雑だった。わかりやすい嘘をたびたびつき、教会や学校ではどうにか元気はつらつでいようとした。結局、それは真実を語ることでもなんでもなかった。

そうした自己肯定の努力は表面的な方法、一時しのぎにすぎない。レジーは危機を乗り越えられると自分に絶えず言い聞かせ、なんとか持ちこたえようとした。

「自分の内面に真実を述べなければなりません」と語るのは、ベストセラー『毒になる親』の著者でセラピストのスーザン・フォワード。それはつまり、みずからの行動や気持ちに正直になれ、自分を傷つけた人たちに真実を突きつけろという意味でもある。テリルがしたように、リントンがしたように（いまもなかなかできないでいるが）。

自分自身や他人に「向き合わなければ」ならないと彼女は言う。「『こういうことをされて、こういうふうに感じた』とはっきり告げなくてはなりません」

「あなたは何かしらダメージを受けるかもしれませんが、大丈夫、いずれはそこから脱出できます」とフォワードは言う。傷ついた人、傷つけた人だけが問題なのではない。家族や社会、次世代の人々を癒やすためには、「過去と現在をしっかりつなぐことが必要不可欠です」

フォワードにとってはテリルが優れたお手本である。「彼女の子どもたちは次世代の人間であり、『この子たちに私と同じ経験はさせない』と言いきるだけの勇気と高い意識が彼女にはありました」

テリルは英雄だ、とフォワードは言う。

とはいえ、テリルやリントンが経験したような、あるいはレジーが別のかたちで経験したような大きなトラウマを、誰もが克服できるとはフォワードも考えていない。

彼らは幸い、生まれつき忍耐力が強かった。「それほどひどい子ども時代を過ごさなかった人が精神を病み、とんでもない子ども時代を送った人が比較的高いレベルで活動できるのはなぜか？　生まれつきの性質が大きい、それが私の結論です」

テリルは自身の揺るぎない信仰、教会からのサポートがとても有効であると感じていた。それはレジーも同じである。宗教はふたりにとって大きな助けとなった。だが、厳しい経験から得られた教訓には代えがたい。最終的にふたりは、そのつらい経験をもとにある種の道徳意識を取り戻し、どれほど敬虔な宗教者にもできなかったであろうやり方で、世界に異を唱えることができた。

癒やしにおける宗教の役割について、私が話を聞いた専門家は意見が分かれる。これまで約一万五〇〇〇件のセラピーにかかわってきたフォワードは、「多くの人たちは自分のなかにない力を宗教に求めます。神は究極のセラピストです。それが慰めになる人がいるのです。ただ、宗教に失望したときどうするのかはわかりません」と言う。

他方、ニューヨーク大学のアルコール依存・薬物乱用部局の創設者であるマーク・ギャランターは、アルコホーリクス・アノニマス（AA、アルコール依存症更生会）という組織が持つパワーを幅広く調べた結果、依存症から脱し、心の平安を得るには「大いなる力、精神的な覚醒へのコミットメント」が重要だと言う。

神経科学はいずれ、そのような精神的体験の効能を立証できるだろうと彼は考えている。それは必ずしも宗教の真正さを意味するものではなく（それはまた別の問題だ）、人々が心から信じる何ものかを提供することの価値を示している――少なくとも依存症の場合は。「こうした宗教めいた活動やAAは、劇的で急速な変化をもたらすことがあります」と彼は言う。ごく単純に言えば、宗教が効く人もいれば、効かない人もいるということだ。

宗教はリントンの助けにはならなかった。ある意味、障害ですらあった。少なくとも教会という組織は。

結局のところ、彼が自分自身に正直になれたのは、その内なる声を聞く助けになる人物に出会ったからだ。リントンはそう考えている。彼の妻となる女性は最初、彼のなかに、彼の表情に「苦悩」を見た。何が起きているのか、何が起きたのかを、彼はほのめかすようになった。そして真実が少しずつ明らかになる。彼女は彼が真実を手にするためにそこにいたのだ。

「愛が必要なのです」とリントンは言う。

「私がなぜそれほど偏屈なのか、子どもたちをボーイスカウトに預けるのが心配なのか、姉が亡くなって二〇年たっても泣いているのかを理解してくれる人が必要なのです」。初めて妻に会ったとき、彼はそれほど気持ちが不安定だった。彼女は自分を救ってくれた、とリントンは考えている。「このような無条件の愛が必要なのです。たとえ真実を知っても、あなたのなかに確かな価値を見出してくれる人が」

リントンは自身の復元力とレジーのそれとがかなり似ていると思う。「あの子には無条件に愛を注いでくれる人たちがいます。みんな、彼がやったのは愚かで恐ろしい行為だとわかっています。でも、両親はわが子をとことん愛し、彼が悪い子ではないと知っています」

リントンはさらに、自分とテリルとレジーにも似た点があると思う。「世界中で必要とされているとの多くは、ただ、人々の意識を現実に向けさせることなのです。性的虐待、児童虐待、運転中のメール……私にすればどれも違いはありません」と彼は言う。「人間の気持ちのありようは違っても、結果はあまり変わりません。人の人生をめちゃくちゃにします。そこまで行かなくても、その人をとても傷つけます」

児童虐待などの裁判はたいてい検察側が負ける、と彼は言う。人間どうしがいかに恐ろしい行為に手を染められるか、その現実を人々が認識できないのだ。「まだまだ拒否反応が強いのです」

レジーとテリルのあいだにはほかにも共通点がある。それは依存症だ。テリルの父親、ダニーの場合はアルコール。レジーの場合は、テクノロジー依存症だったと断定はできないが、運転中もやめられないほどの状態ではあった。たぶん社会的な喪失感を埋め、つながっているという感覚を維持したかったのだろう。テクノロジーの持つパワーが高まると、ますます衝動を抑えにくくなる。電子デバイスはほどほどに使わないと人間を乗っ取りかねない。アルコールがダニーをむしばんだほどではないにしても、間違いなくその人の人格を変える。親や友人としてのあり方、学習のしかた、世界への関心の向け方を変えてしまう。

他者に真実を述べるのは、まだやさしいほうだ。難しいのは自分自身に真実を述べることである。ここにもある意味、われわれの生存メカニズムが働いている。過度に依存すると問題を引き起こす可能性があるそのメカニズム、それは「自己欺瞞」である。

たとえば、車の運転が危険だと本当に思うなら（衝突事故などの可能性を考えれば、それはわれわれが日常的に行う最も危険な行為といえる）、その現実を忘れないかぎり路上には出られないだろう。

アチリー博士が言うには、人はいつも空間のほんの一部しか見ていないのに、実際より広い範囲を見ていると自分に信じ込ませることができる。「大いなる幻想です」

博士は続けて言う。「われわれ人間は自分が思うほどものごとをコントロールできていないにもかかわらず、その事実を知らなくてもすむように脳が機能してくれます。この自己欺瞞が、脳の驚くべき能力のひとつです。したがって、考え方と行動に食い違いがある場合、脳は行動ではなく考え方のほうを変えようとします」

依存症の場合、こうした思い込みがもっとひどくなる、と指摘するのはグリーンフィールド博士だ。

「依存症とはそういうものです。ドーパミンでまひ状態になるのです。効果があるなら変える必要はない。実際、効果が出ているではないか。人がドラッグをやるのは――インターネットも同じだと思いますが――効力があるからです。感覚をまひさせるのです」と彼は言う。そしてその働きは、外部の力によってあなたが目を覚ますまで継続する。親、同僚、配偶者、あるいは悲惨な事故。「アルコールであれ、テクノロジーであれ、インターネットであれ、依存症というやつはほぼ一〇〇%、外部の力が動機づけになっています」

「鏡の前を歩かなければなりません。偶然でもいいから」とグリーンフィールド博士は言う。たとえば、体重が増えているとすると、「鏡の前を通り、自分の姿をちらっとでもいいから見る。

それがきっかけで自己分析がどんどん始まります」
テクノロジー、携帯電話、インターネットなどの依存症では、電話の紛失とか停電とかがきっかけになるケースがよくある。「いままでの日常と、この新しい日常とを比較できます。コルチゾールが天井知らずに分泌されることのない暮らしがどのようなものか。それが鏡に自分の姿を映すということです」

レジーの経験と、テリルの幼少時の苦悩、あるいはリントンがかつて受けた辱《はずかし》めのあいだには、類似点よりも差異のほうがはるかに多い。しかし彼らはみんな社会に貢献し、大義のために戦うようになった。ある種の奉仕を通じて埋め合わせをし、成長した。

フォワードが考えるに、それは彼らが真実に向き合い、これを表現し、誠実になることができたからだ。ありきたりの言葉やたんなる自己肯定ではそれはおぼつかない。「こうした事態を克服できる人は、ほかの誰にもない特別な何か、揺るがぬ勇気、誠実な精神を持っているのだと本当に思います。臨床的な説明はできません。感覚としてわかるだけです」と彼女は言う。「心の傷もじょうずに利用すれば大いなる英知となります」

誰もが大きなトラウマを抱えているわけではない。だが多くの人たちが、日々の生活を送るうえで、見通せない真実、ちょっとした嘘、矛盾や不協和音を抱えている。はたして私たちは、自分が口にする価値観に忠実に、この世界、すなわち家族やパートナー、同僚、友人、仕事、そして自分自身に接しているだろうか?

テクノロジーに関しても同じことがいえる。それを日常生活でどう利用するか? レジーの物語は、運転中に電子デバイスを使うなとわれわれに警告するだけでなく、この社会全体に「気をつけろ」と訴えかけている。テクノロジーがもたらすリスクを知り、そのリスクを管理せよ、と。そう、できることは小さいながらいろいろある。たとえば、メールが届いたりフェイスブックが更新されたりするたびに教えてくれる機能をオフにする。あるいは、運転中は携帯電話をトランクに入れておく。そうすれば、ボトムアップ型注意を損ない、運転行為の妨げになる衝動をわざわざ抑えようとする必要もない。

ドンデルスからヘルムホルツ、ブロードベント、トレイスマンを経てポスナー、ストレイヤーへといたる旅で、私たちはいくつか基本的なことを教えられた。すなわち、脳は無限の能力を持っているわけではなく、コンピュータに比べればスピードも遅い。ムーアの法則やメトカーフの法則に支えられた技術進歩が結びついた結果、テクノロジーの処理能力は人間の脳のそれをとっくに超えてしまった。そして現在、依存症、そこまでいかずとも深刻な衝動などの問題が出はじめている。たとえ電子デバイスが持つ問題点を認識できたとしても、その魔力はたいへん強く、われわれはどうしても使用をやめられないことがある。

こうした科学的知見を無視するのは、イコール自己欺瞞、自分自身に嘘をつくことである。神経科学がそれを裏づけている。

チョコレートケーキの実験を覚えておられるだろうか。数字を暗記してもらったうえでチョコレートケーキかフルーツサラダを選ばせる、あの実験である。その結果、人の意思決定が簡単な暗記作業にも影響されることがわかった。

われわれが何を選択するか、頭のなかがどれくらいはっきりしているかは、どの程度の量の情報を同時に扱おうとしているかに直接かかわってくる。情報過多にならないことが重要だというのは、多くの実験や調査が直接・間接に裏づけている。

イラクやアフガニスタンで戦った軍人に対する調査も少なくない。彼らは興奮しやすく、心的外傷後ストレス障害（ＰＴＳＤ）に苦しむ者もいる。スタンフォード大学「思いやりと利他主義研究教育センター」のエマ・セッパラが中心となった研究では、彼ら軍人は深呼吸をすると驚愕反応が減少した。言い換えれば、衝動性が低く、外的刺激に対する反応が鈍くなった。これを応用して、人々の電子デバイスに対する反応を抑え、周辺環境のトップダウン制御を高めることができるかもしれない、とセッパラ博士は言う。

カリフォルニア大学サンディエゴ校の別の研究では、ぼーっと気を抜いたり、きわめて単調な作業をしたりすると創造性が高まることがわかった。他の研究でも、情報過多が意思決定や学習に及ぼすリスクが確認されている。また、さまざまな研究結果を別角度から見ると、テクノロジーなどが提供する連続的な刺激から「ひと休み」するのが明らかに重要であることもわかる。

ミシガン大学のある研究では、ふたつの異なる条件下で情報の学習・記憶能力を比較した。ひとつは人口密度の高い都会で、もうひとつは自然のなかで情報を学習・記憶するというものだ。

すると後者の被験者のほうが成績がよかった。

これは自然による回復効果をうかがわせる結果だが、その主な理由は、自然のなかでは情報の処理量が少ない点にある。(周辺環境があるので)情報がゼロというわけではないが、その濃度は薄い。都会の背景雑音でさえ、学習・記憶能力に影響を与え、神経リソースを消耗させる可能性がある。

サンフランシスコ大学の研究者たちは、情報を絶えず消費することの代償について新たな証拠を見つけ出した。被験者であるラットが新しい経験をすると(見知らぬ環境に置かれるなど)、脳活動の新たなパターンが刺激を受けることがわかったのだが、直後に「ダウンタイム」をとらないと、その経験が学習や記憶としてコード化されないというのだ。言い換えれば、新しい経験にさらされつづけ、脳に休息を与えない場合、その新しい情報は処理されないことになる。

以上のほかにも同様の研究は数多くあり、そこから、いかにすれば優れた意思決定や意識の向上を可能にする精神状態――バランスのとれた幸福の前提条件――にたどり着けるかが明らかになる。

「刺激の中断」がその答えだ。

すなわち、数日でも数時間でもよい、電子デバイスのスイッチを一定期間切る。そして(ここからが難しいのだが)刺激の中断によって生まれた時間を別の刺激で埋めないようにする。専門家や研究者によれば、メールの受信音をはじめとする外部からのノイズに慣れた人には、これが相当難しい。手持ちぶさたになり、パニックを起こす人もいるかもしれない。だがこの静けさのなかでこそ、学習・記憶能力が高まり、意思決定能力がぐんと強化されるのである。頭がさえた状態では前頭葉が外部の雑音から自由でいられる。そうすれば、何が最善の方法、最善の行動であるかを判断できる。

「携帯電話を切っても、別の何かに心を奪われるようでは意味がない」と、私の『ニューヨーク・タイムズ』の記事でソレン・ゴードハマーは述べている。彼は、バランスのとれた現代生活をめざす、ベイエリアで拡大中の運動「ウィズダム2・0」の主宰者である。「よく気をつけないと同じことのくり返しになります」

神経科学は、脳の休息が有効だと訴える一方、注意散漫を解決する別の可能性についても提案していた。ハイテクを利用したそのソリューションの最前線には、ストレイヤー博士やガザリー博士がいる。

49
神経科学者

二〇一〇年、ストレイヤー博士はロンドン中心部から西へ約五〇キロ、ウォーキンガムにある調査会社、トランスポート・リサーチ・ラボラトリーに招かれた。ガラス張りの瀟洒な建物。目的は、彼とジェイソン・ワトソンが「スーパータスカー」と呼ぶ人たちについて話すことだ。数年前、ある被験者がパフォーマンスをあまり低下させることなく、ふたつのタスクに取り組んでいるのを発見したのが始まりだった。

その後、ふたりの博士はそういう人を何人か見出した。数は多くないが、行動的にも神経学的にも目立った特徴が見受けられる。これらの人たちの脳をスキャンしたところ、前頭葉の主要部がさほど活発でないように思われたのだ。「彼らの脳は代謝的に活性ではありません」と、ストレイヤー博士はもう少し専門的な言い方をした。つまり、ふたつの作業をしていても「脳がさほど一生懸命働いていていないのです」。

こうした人たちは神経効率が飛び抜けて高いのではないか、と博士らは考えた。脳に情報処理をさせる必要が少ないので、オーバーローディングにならずにタスクを増やせるというわけだ。

ウォーキンガムでのこのプレゼンテーションは、最新の研究動向をアピールする「マスコミ向けイベント」の趣があった。イギリスの研究者たちは、ストレイヤー博士の眼鏡にかないそうな潜在的スーパータスカーを少数ながら見つけていた。そのなかでもひとり、ある女性はストレイヤー博士もびっくりの能力を示した。二〇代後半の自転車競技選手で、オリンピック級の技量の持ち主だ。研究者たちはその日、彼女の基本的な認知能力を確かめるため、数学や記憶力のテストを実施した。彼女が間違えたのはわずか一問だった。

高精度のドライビングシミュレーターでは、こみいった道程をらくらくと運転しきり、完璧なスコアをたたき出した。「あんなのは初めてです」とストレイヤー博士は言う。こういうテストは、たいていの被験者が音を上げるようにつくってあるのだという。

長年ディストラクションの研究をしてきて、博士はこのスーパータスカーたちに関心を引かれた。そこで彼らのＤＮＡを収集しはじめる。ドーパミンの調節にかかわり、ひいては人の注意力に関係する神経伝達物質のひとつを調べたが、成果はない。そう簡単には発見させてくれないらしい。サンプルサイズが小さすぎたし、針一本を探すには干し草の山が大きすぎた。

しかし、彼らの脳の働きを知ることは将来的に重要だとストレイヤー博士は考えている。「普通ではない行動について何かがわかれば、普通の人がどうすればそれをできるかがわかります」

この分析において、博士はもうひとつ重要な考え方を提示している。すなわち、普通の人はスーパータスカーではないということだ。そこには比べものにならないほどの差がある。普通の人は、複数の作業を同時にするのではなく、ひとつの作業に集中したときにパフォーマンスが上昇する。さきほどの自転車競技選手ではなく、レジーに近い。

もうひとつ、ストレイヤー博士の研究が強調するのは、神経科学者たちが知ろうとしていたのは注意力のしくみや、深呼吸などの行為を通じてそれをどう改善できるかだけではないということだ。脳そのものに手を加えて注意力の向上が図れないか？　これも大きなテーマである。テクノロジーを変えずに人間を変える――それが可能か？


薄明かりのなか、二二歳の被験者がテーブルについている。彼女の手にはｉＰａｄ。頭にかぶった帽子からは三二本のワイヤーが出ている。そのワイヤーは電極につながり、そこで脳の電気的活動が測定される。

有線カメラと壁の向こうには、ガザリー博士、それからジェシーというボランティアの助手が控え、被験者の様子を観察している。被験者はサンフランシスコの対岸、イーストベイに住む教師だ。

この実験は、一〇〇〇万ドル相当の機器がそろうガザリー博士の新しい研究所で行われている。サンドラー神経科学センターの地下室。オフィスは五階上にある。一般に、学術研究室というのは実際よりも豪華なイメージを持たれている。だが、たいていの研究室は窓のないこぢんまりした部屋、お金のない研究者がクローゼットを無理やり改造したようなスペースである。しかし、ここは違っていた。

ガザリー博士もお金に困っていないわけではないが、自分のイメージに近い、しゃれた施設をどうにか確保することができた。隣接するふたつの部屋にはMRIマシンが置かれている。彼が陣取る制御室の壁にはモニターが三台あり、各部屋の様子を映し出すことができる。

デスク上のコンピュータのひとつに、たくさんのデータが流れ込んでくる。被験者の脳からくる電気信号。それはすぐには判読できないが、被験者がもっと幅広く集中力を配分するよう求められるうちに、彼女の脳内の全体像を示せるようになる。

彼女はiPad上でやや古いタイプのゲームをしている。最初は画面中央に現れ、やがて周辺部に散ってゆくターゲットを見きわめなければならない。ガザリー博士のチームのねらいは、集中力を多方面に向ける必要があるときに脳がどう機能するかを知り、その知識を活かして、脳が集中力の限界をもっと押し広げられるようにすることだ。

「そこまでできるかどうかはわかりません」と博士は言う。ちょっと恥ずかしそうに微笑むさまは、まるで「そうしたいのはやまやまだけど、やってみなきゃわからない」と言っているかのようだ。

しかし、そんな不確かなアイデアを推し進めようとはしていても、これはマッドサイエンスではない。それどころか二〇一三年の夏、この実験が始まってまもなく、ガザリー博士たちはじつに大きな仕事をやってのけた。ビデオゲームを使って注意力を向上・維持させる方法について述べた論文が、『ネイチャー』に掲載されることになったのだ。

四年の歳月と三〇万ドルの費用をかけたこの研究では、一七四人の成人被験者を訓練して、あるゲームの腕を磨いてもらった。ゲームの名は「ニューロレーサー」。三次元のドライビングゲームで、被験者は運転しながら、周囲のモノを認識するなどの知覚タスクをこなす。

「多様なテクノロジーに満ちたこの世界ではマルチタスクが当たり前になったが、社会が高齢化するなか、マルチタスクや認知制御の難しさを示す事実も少なくない」と、その論文の序文にある。つまり、歳をとるとタスクの切り替えや集中力の維持が困難になるというのだ。

ガザリー博士のチームは、ゲームをする被験者のパフォーマンスを行動試験で調べるとともに、アイスキャナーを使用し、EEG（脳波記録装置）で脳内の電気活動を把握した。研究を続けてゆくと、注目すべき発見があった。六〇歳以上の高齢者の集中力が高まったのである。なかでも特筆すべきは、それがゲーム中ではなく、ゲームを終えて数週間後に起きるということだ。

「このトレーニングの結果、認知制御能力が不十分な人のパフォーマンスまで改善することができた（持続的注意およびワーキングメモリーの強化）」と論文は結論づける。EEGによると、前頭前皮質のシータ波（持続的注意を測る目安）が時間とともに増加していた。この変化により、「持続的注意が増大し、六カ月後にもマルチタスク能力が改善している」ことが予測できる。「各人にカスタマイズしたビデオゲームを用いて、その人の生涯の認知能力を評価し、その背後にある神経機構を診断し、結果的に認知能力を強化することができると初めて証拠づけられた」と論文は書く。

MITの神経科学者、アール・ミラーは私にこう言った。「このトレーニングを通じて、高齢者の認知能力を若返らせることができるとわかったのです。大発見です」

実際、この研究は幅広い注意力研究者から称賛された。ロチェスター大学の神経科学者、ダフネ・バヴェリアもそのひとり。テクノロジーを使って注意力を拡大・改善するための方法を早くから探っている。彼女の場合は、既製のシューティングゲームをする若者の注意持続力がゲーム終了後も改善されることを示した。彼女もガザリー博士も、ゲームをするだけで脳の注意ネットワークが改善されると考えているのではない。バヴェリア博士によれば、テクノロジーと脳画像を組み合わせることで、注意力をめぐる諸問題の解決法が見つかるのではないかという期待が生まれはじめている。

科学的な視点で開発したゲームを使って脳を配線し直し、高齢化の影響を逆行させることができる。それもゲーム中だけでなく、ゲーム終了から数カ月たっても——これはガザリー博士による大発見だと彼女は言う。「彼はそれをゲーム以外のタスクに移し替えました。本当に難しいことなのです」

応用範囲は広い、と博士たちは考えている。いずれは注意欠如障害、学習障害、注意力に関係する記憶障害などを、薬を使わずに（副作用なく）治せるかもしれない。こうしたテクノロジーを用いた治療法にも、ある神経ネットワークが強化されすぎるといった副作用が生じないともかぎらないので、そこに注意が必要だとバヴェリア博士は言う。「脳は再配線できることがわかりました。問題は正しく配線し直すことです」

「いまは脳トレーニングの原始時代みたいなものです」

彼女もガザリー博士同様、テクノロジーを脳の敵ではなく下部《しもべ》にできるならすばらしいと語る。

「テクノロジーは世の中にすっかり定着していますが、やはりプラス面とマイナス面があります。そのパワーを私たちのためになるように使う必要があります」

これこそがガザリー博士の長年の夢だった。注意のしくみやテクノロジーから受ける影響を知るだけでなく、注意力そのものをもっと拡大・強化すること――。たとえば、EEGキャップをかぶった教師の脳を調べているコントロールセンターの隣の部屋には、モーションキャプチャー技術を使ったマイクロソフトの「キネクト」など最新のゲーム機があり、サムスンの四六インチモニターにつながれている。モニターが入っていた空のダンボール箱も部屋に置かれたままだ。無線EEGキャップなど、超近代的な科学技術もそなわっている。無線だから、ワイヤーにつながなくてもシグナルを送ることができる。ガザリー博士は消費者向け技術と研究ツールを合体させ、人々が自宅にいながらテクノロジーを使って注意力や集中力、学習能力を改善できるようにしたいと考えている。

「脳回路の再編に一役買いたいのです。神経回路をつくり変え、脳を改良する。人々の能力を飛躍的に高める――それが私の夢です」

50　レジー

二〇一二年、レジーはブリトニーという女性とデートするようになった。彼女は当時二二歳、レジーより三歳若い。バスケットボールチームのユタ・ジャズで働く仕事仲間だった。秋には、ふたりいっしょによく出かけるようになっていた。映画、ボウリング、ミニゴルフ……。

彼女は事故のことを知っており、彼を受け入れているように見えた。彼女自身もいくつか悩みを抱えていたから、ふたりは互いの存在が心地よかった。どちらにも欠陥があって安心できるのだ。

レジーはソルトレークシティの中心部にあるアパートで暮らしていた。まわりには商店街やチェーンレストラン。二階のワンベッドルームの部屋は、いかにも仕事が忙しい二〇代の男の部屋という感じだった。フリーザーには冷凍食品。ツインベッドの掛け布団はちょくちょく実家へ運び、母親に洗ってもらった。本棚には教科書、映画のビデオ、それからゲームもあるが、やっている時間がない。狭いリビングには、親戚からもらった二人掛けソファと椅子が一脚。彼らしさを示すものがひとつあるとすれば、それはダウンしたソニー・リストンを見下ろすモハメド・

アリのポスターだ。
レジーはアリの勇気と不屈の闘志が好きだった。みずからもボクシングに手を出した。二〇一二年の秋、ラスベガスでアマチュアの試合に出場し、メアリー・ジェーンをかんかんにさせた。かわいいわが子が大切な顔を危険にさらすなんて!

でもレジーは何か新しいことをしたかった。精いっぱい生きたかった。ピアノを習い、発表会にも出た。

仕事は順調だった。ソルトレークシティのすぐ南にあるバスケットボールジム兼フィットネスジムでマネジャーの仕事が見つかった。とても広い、一般の人が体を鍛えるための施設だったが、プロのスポーツ選手、ハイスクールや大学の選手もトレーニングすることができた。レジーは一五人以上の部下を抱えて采配を振った。かつてチームメートに対してそうしたように粘り強く倫理観を発揮し、リーダーへと上り詰めた。

レジーは決断した。事故からほぼ六年後の二〇一二年九月一六日、彼はブリトニーに「ちょっとしたサプライズがあるんだ」と言った。「いっしょに来てくれるかい」

ふたりはレジーのマツダに乗り込んだ。自分が緊張しているのがよくわかる。I一五号線を北上し、ワサッチの山々を通り過ぎる。最初の伝道活動から戻ったときと同じ道のりだ。それからローガンへ向かう。このころには勇気を振り絞って、事故現場を何度か通ることができていた。そして今回は、そこで車を停める。

午前一〇時。日はまだ昇りきらず、事故の日の朝とは違って空は晴れ渡っている。レジーは初めて、あの日のできごとを思い出しながら現場を確認した。思い出せるかぎりの詳細をブリトニーに話して聞かせ、自分の車がどこにあったかを指し示す。彼は泣いていた。彼女は泣いていない。「私なんかよりずっとしっかりしています」と彼は言う。

しばらくして、彼らはキース・オデルが埋葬されている墓地へ向かった。ふたりは墓石のそばに座ったまま口をきかなかった。

数日後、レジーは自分が危機を脱しはじめているのではないかと感じた。「ある種の区切りだったのだと思います」と彼は言い、少し間を置く。「それがターニングポイントだったのかどうかはわかりませんが、そう思えたことにとても感謝しています」

実際には、転機を迎えたかと思うたびに後退をくり返していた。闇のような時期。彼は落ち込んだ。なぜ後戻りするのかわからない。人前で経験談を話すたび、父親が懸念していたように恐怖と恥辱がよみがえる。でも話をしないと罪悪感にさいなまれる。

いったい彼は、運転中のメールの危険性について証言するのをやめられるのか？　その間にも誰かが懲りもせずにメールをし、人の命を奪っているかもしれないのだ。

レジーは十分やった。テリルもそう考えるひとりだった。レジー本人だけが悩んでいるように見えた。

ジャッキー、ミーガン、そしてある部分ではレイラも、彼の行動に心を打たれていた。ジャッキーには新しいパートナーができた。娘のステファニーとキャシディは成績優秀な生徒だった。二〇一三年の秋、キャシディは五年生を飛び越えて六年生に進級した。（父親に似て）数学の能力が高かったせいだ。

ちょうどそのころ、ジャッキーと娘たちはレジーとテリルに会った。娘ふたりが歴史フェアに参加することを決めたのも、理由のひとつである。選んだテーマは「権利と責任」。運転する権利と同時に、携帯電話を使わずに運転する責任もあるという内容だ。そして、父親の命を奪ったあの事故に焦点を当てる予定だった。

彼らはランチをとってから公園へ行った。子どもたちは（テリルの娘アリッサもいた）ジャングルジムで遊んでいる。大人たちはおしゃべりをした。ジャッキーは自身の気持ちの変遷をレジーに話した。最初は激しい怒り。それから、謝罪の言葉だけでもほしいと思った。花を手向けてもらうのでもかまわない。そうすればもっと違っていただろう。だが彼女は、彼を許すと言った。しばらくするとステファニーがやって来て、「私は元気だから」と言った。

「レジーには私たちが大丈夫だということがわかったはずです。誰もが選択しなければなりません。私たちの選択は前へ進むことでした」とジャッキーは言う。

彼女はレジーに言った。ジムは人生を愛していた。だからレジーにもきっと同じことを望むだろう。精いっぱい生きてほしい、と――。

ミーガン・オデルは最初の夫と離婚し、再婚していたが、仕事はまだ思うようにいかなかった。

酒をたしなむ程度、いやそれ以上に飲み、ビデオゲームに何時間も費やした。レジーとはよく連絡をとりあった。

レジーはミーガンになんとか手を差し伸べたかった。テリルも彼女に同情していた。「私も結婚式に父親はいませんでした」。ミーガンは自分の人生がうまくいかないことをレジーのせいにはしなかった。

感情を表に出すとき、レイラはキースという愛する夫の死に加え、世界との架け橋だったキースの不在を嘆き悲しんだ。孤独癖のあるレイラに、キースはつながりを与えてくれた。だから彼女はキースだけでなく、世界をも失ったのだ。

レジーがファーファロ一家と会う数カ月前、二〇一三年の春、レイラは誰か新しい人との出会いを考えるようになった。それまでの七年近く、そんなことはとうてい考えられなかった。それは世界とつながりたいという気持ちの表れだった。インターネットのデートサイトを試してみようかとさえ思った。もっとも、多くの人と同様、たいていはそう考えるだけで気分が悪くなるのだが。それでも、インターネットというこの不思議なテクノロジーが、孤独な女が世間とつながる小さな一歩を手助けしてくれるのではないか、と彼女はおぼろげに期待していた。新しい友人とつながるだけでもかまわない。キースの代わりではなく――それはありえない――ただ世界と新しく結びつくための方法として。

彼女はまだレジーに会っていなかった。話もしていない。

「あの人とは話したくありません。会ったら何を言われるのでしょう。謝罪の言葉？　私にはなんの役にも立ちません。それで私の人生が変わりますか?」

レジーの人生が変わるかもしれない。そう私が問うと、彼女はこう答えた。「いまは彼のことをそれほど心配していません」

レジーのほうは言うなれば幸福と一進一退の関係にあったが、それが二〇一三年の夏に急降下する。携帯電話会社のAT&Tが、レジー、ジム、キースのかかわった事故に関するビデオ制作を決めたのである。ヴェルナー・ヘルツォークという著名な映画監督が起用された。

ミーガンはこのアイデアに大賛成した。テリルも反対する理由がなかった。レジーは怖かったが、みんなを落胆させたくなかったので、撮影隊といっしょに事故現場へ行くことに同意した。関係者が集まったのは六月の初め。現場でレジーは泣き崩れた。

「震えながら泣いていました。手の施しようがないほど。しゃべることもままなりませんでした」とテリルは言う。「私にすがって『すみません、すみません』と言っていました」

彼女はレジーを抱きしめた。

しばらくして言う。「レジー、それじゃあ運転できないわ」

「いまはあの子を守らなければ、という気持ちです」と、テリルはレジーについて言う。「母性本能とでもいうんでしょうか」

レイラはそれから数日間、撮影隊がいろいろな人にインタビューしているときに姿を見せた。テリルによれば、ミーガンはいささかみっともない振る舞いをしていた。げっぷをしたり、わけのわからないことを言ったり。レイラは娘のそんな行動に当惑していたようだが、それ以外は

「幸せ」そうだった。

「彼女は微笑んでいました。私もびっくりです。レジーのことを訊いてきましたが、『あのショーのお坊っちゃま』という言い方はしませんでした」

「彼はどうしてます？」とレイラは尋ねた。

「悪い子じゃありません」とテリルは言った。「やるだけのことはやりました。あなたから奪ったものを返すことはできないでしょうけれど、あの子なりに努力しています」

ミーガンはレジーが偉い男だという評価に賛成らしく、テリルにこう言った。「私もいずれああいうふうになれたらいいんだけど」

レジーは自分自身をそんなふうに見ることができなかった。ＡＴ＆Ｔの件は相当こたえた。傷口がふたたび開いたというべきか。「なぜあんなひどいことができたのか、自分でもわかりません」

「私は決心しました。ですから残りの人生はその決心どおりに送ります。終わりはありません。何万、何百万という人に話をするつもりです。それでも、あのふたりが亡くなったという事実は変わらないのです」

「弁明や言い訳、説明をすることもできるでしょう。でもそれなら、あんなひどいことをするべきではなかったのです。事故は起きてしまいました。でも起きるべきではなかった。あんなことをすべきではなかった」

数週間後、彼はまた演壇に立った。今度の場所はＮＢＡのルーキーキャンプ。いつものように話すのだが、どうも気分がふさぎがちになっていた。深い悲しみと疲労が感じられる。

ＮＢＡ勤務の心理学者がそれに気づき、レジーを舞台袖に連れて行く。ふたりは二時間も話をした。心理学者は飛行機でのたとえ話を聞かせた。

「機内の安全ビデオでは、まず自分に安全マスクをつけてから、子どもにもそれを装着しなさいと言いますよね」

「ええ」とレジー。

「なぜなら、他人を助ける前に自分自身を助けなければならないからです」

レジーはこのたとえ話が忘れられず、そのことを考えつづけた。「自分のマスクをつけないいま、ほかの人たちにマスクをつけようとしているわけです」

彼は心理学者のアドバイスを聞き入れ、みずからのマスクを装着する時間をとろうかと考えていた。そこへ、その思いをさらに強くするできごとがあった。数週間たったころ、彼が勤務するバスケットボールジムで、あるトーナメント戦が開催された。レジーはその企画・運営を手がけるとともに、運転中のメールの危険性を説いたＡＴ＆Ｔの資料を参加者たちに見せた。Ｔシャツ、バンパーステッカー、ビデオなど、自作の資料類も用意した。

この方法はいける、と彼は思った。「それに、一度も話す必要がありませんでした」

これなら傷口をこじ開けずに効果をあげられる。だがそれでも、レジーはまだ罪悪感に苦しんだ。あまりにも簡単に悲しみを手放したくはなかった。数日するとまた弱気になり、気持ちが揺れ動いた。自分が恐ろしい選択をしたという事実に頬かむりをするのはいやだ。でも、もっと証言を続けるかぎり、もっと苦しまざるをえないとしたら――。

「私には仕事があります。それからアパートも、車も、家族も、ガールフレンドも。私以外の人を助けるために活動していますが、問題なくやっています。家がないわけでも、食べるものがないわけでもなく、ちゃんと暮らしています」

「誰かの命を救えるのに、つらいからやらないというのは、わがままではないでしょうか？」と彼は尋ねる。まだまだ苦悩は続きそうだ。そして、自分自身と自分以外、そのどちらに重きを置くべきかという問題も。

「自分だけを大事にして、人助けの機会をそっくり失うとしたらどうでしょう？」

二〇一三年、「グーグル・グラス」の誕生からまもなく、ある写真がネット上に出回りはじめた。グーグル・グラス向けのカメラアプリで撮った最初の写真のひとつである。撮影者はこのデバイスを装着していたドライバーで、グーグルに依頼されたモニターのひとりとも言われている。サンフランシスコの坂道を下りながら撮影したらしい。

交通安全の推進者が不注意運転をめぐる議論でいちばん警戒するのは、マルチタスクが称揚されることだ。

そこには、ネットに常時接続されていないのはださい、恥ずかしいという考え方が内包されている。それはIT業界だけが発するメッセージではない。カフェからも、スポーツスタジアムからも、飛行機からも同じようなメッセージが聞こえてくる（要はリアルタイムの投稿が当たり前になった）。文化的にも日常的にも、常時接続に越したことはないという基本的理解がある。そのほうがクールだし、その反対、つまり非接続はかっこ悪い。

例を少しだけ挙げよう。二〇一三年に各空港で展開された、「モトローラ・ドロイドRazr MaxxHD」というスマートフォンの広告キャンペーン。ヒップスターたちが眺めるスクリーンには次のメッセージが表示される。「スマホをかたときも手放せないあなたに朗報です。三二時間のバッテリー駆動に、色鮮やかなHDスクリーン」。また、AT&Tの有名な広告ではマルチタスクの価値がそれとなく（いや、あからさまに）アピールされている。四人の幼児といっしょにテーブルにつく、スーツにネクタイ姿の男。

「一度にふたつのことをするのと、ひとつだけしかしないのと、どちらがいい？」と男が子どもたちに尋ねる。

「ふたつ！」と子どもたちが叫ぶ。

「本当に？」と男。

ひとりの子が言う。「二倍すごいよ」

広告ナレーション「複雑ではありません。一度にふたつのことをするほうがいい。iPhone5で電話とネットが同時にできるのはAT&Tだけです」

そう、複雑ではない。幼児の脳でも理解できるのだから。しかしすでに見たように、それは神経学的な観点からは不可能である。一度にふたつのタスクをするのではなく、タスクを交互に切り替えているのだ。いま挙げたようなIT企業の広告は、車のなかで一度にふたつのことをしようと推奨しているわけではない。それどころかAT&Tは、運転しながらの携帯電話使用を禁じる法律に何年も反対したあと、運転中にメールをしないよう呼びかけるキャンペーンを精力的に展開している。

しかし交通安全の推進者は、運転中のメールを非難しながらも常時接続を美化する企業はどっちつかずで問題があると感じている。「人々は明らかに矛盾したメッセージを受け取っています」と、州知事幹線道路安全協会で長く活動したバーバラ・ハーシャは言う。

常時接続を称賛するこうしたマーケティングのせいで、レジーはおかしくなった。二〇一二年の夏に彼が見たテレビコマーシャルでは、若い女性が車に乗り込みながら、新しい携帯電話サービスのおかげでいつでもどこでも情報が得られると自慢している。女性の運転シーンこそ出てこないものの、レジーは心を痛める。「私もあの女性と同じでした。携帯電話をいじりっぱなしで」。彼は思う。なぜ電話を置いて、目の前の現実を大切にしないのか？「そのほうが羽を伸ばせるのに」

不注意運転を心配する交通安全推進団体がかつて重点的にチェックしたのは、「自動車電話」を広げようとする携帯電話会社のマーケティングだった。ところが現在、大きな危険性をはらむマーケティングや製品デザインを進めているのは別の業界、すなわち自動車メーカーだという。彼らは近年、ダッシュボードにタッチスクリーンを配した「インフォテインメント」システムを大々的に推し進めようとしている。これはカーナビゲーションの機能を果たすほか、衛星ラジオや音楽プレーヤー、はてはビデオ映像まで、ありとあらゆるメディアへのアクセスを可能にする。

最新のシステムは音声で指示が出せるので、ドライバーは運転中もあらゆるインターネット機能に接続しつづけることができる。メールやフェイスブックの更新も可能だ。すでにＢＭＷの上級モデルではメールの送信ができるし、シボレー・ソニックではテキストメッセージを作成してｉＰｈｏｎｅに送ることができる。エレクトロニクス関連のコンサルティング会社、ＩＭＳ

リサーチによれば、二〇一九年には新車の半分以上がなんらかの音声認識機能をそなえているだろうという。

二〇一三年の初め、ゼネラルモーターズはAT&Tとの提携により、自動車内でも無線LANが利用できるようにすると発表。CEOのダニエル・エイカーソン（通信会社の経営幹部出身）はロイターに対して、事業ポテンシャルは非常に高いと話している。

「私の孫たちはスマートフォンがある世界で生まれ育ちました」とエイカーソンは言う。「車のなかでも4G通信が利用できれば、ビジネスモデルを一変させることができます。たとえば、スクリーン上にロゴが現れ、『提供はオールステート保険』と言ったら？ それが何回も流れれば、オールステートから相当もらえるでしょう」

二〇一三年四月、アウディはプレスリリースのなかで通信会社Tモバイルとの提携を発表した。いわく、「業界一低価格の車内データプラン。『アウディ・コネクト』を通じて、最大八つのデバイスで使える無線LAN、グーグルの検索・地図サービス、シリウスXMラジオの交通情報を提供します」。「ビーチデー」と題するビデオ広告では、ドライバーが車内で母親と電話をしながら、外出プランをすばやく簡単に立てる様子が流される。「『アウディ・コネクト』なら、その場で外出プランを考え、ガソリンスタンドまでの距離を計算し、リアルタイムの天気情報にアクセスし、最寄りのお薦めポイントを探すことができるので、なんの心配もいりません」

ドライバーはハンドルを握り、前を向いたままでいられるため、システムの安全性は高いとメーカー各社は言う。

だが落とし穴がある。二〇一三年にストレイヤー博士がガザリー博士の協力のもと行った画期的な研究で、音声起動コマンド（音声による指示）は携帯電話での会話以上に危険なことがわかっている。ハンドルを握り、前方の道路を見ていても、ドライバーは心ここにあらずの状態になっているからだ。インフォテインメントシステムに語りかけるという行為は、たとえシステムがスムーズに動いたとしても、音声処理のほか、指示出しを考える脳の部位がかかわってくる。その結果、ドライバーは道路に神経を集中させ、障害物などに気づくのが困難で、「非注意性盲目」に陥りやすくなる。

自動車メーカーがこうした機器を売ろうとするのには理由がある。消費者がそれを求めているのだ。自動車オーナーが車をなかなか買い替えなくなっているなか、これはメーカーにとって救いの神だ。新しいテクノロジーを導入すれば、人々はショールームに足を運んで買い替えを検討するようになる。そう語るのは、自動車関連の調査会社、エドマンズ・ドットコムで消費者アドバイスを担当するロナルド・モントーヤ。テクノロジーのおかげで「人々は中古車にこだわるのではなく、新車を試そうという気になります」と彼は言う。

モントーヤによれば、次なるトレンドは「携帯電話のアプリを取り込み、それを車内スクリーンに表示すること」だという。

スクリーンに関しては、自動車への搭載が広がるにつれて大きさも大きくなっている。話題の電気自動車「テスラ」の場合、スクリーンは一七インチ（約四三センチ）。「そのサイズのｉＰａｄが車のあらゆる機能をコントロールしているようなものです」とモントーヤは言う。たしかに

「クール」だと彼は認めるが、消費者アドバイザーとしての立場からは、昔のプッシュボタンのようにもっとダイレクトなしくみが望ましいと考えている。そうすれば「メニュースクリーンに何度もタッチしなくてすみます。ボリュームを上げるのさえタッチスクリーンですが、ダイヤルを回すほうがよほど早いし、わかりやすい」。

かつて自動車会社の幹部だったデイビッド・ティーターは、こうしたイノベーションを危惧している。彼は不注意運転の怖さを身をもって知っている。携帯電話で話しながら運転していた若い女性に息子が轢き殺されたのだ。この事故をきっかけに、彼は不注意運転、とくに携帯電話の使用をなくす運動を支持するようになった。

ドライバーのテクノロジー活用を自動車メーカーが美化することで、その行為が「常態化する」と彼は言う。

「メーカーがこれを標準装備にすればするほど、ドライバーはそれを使うようになります」

彼は車内デバイスのマーケティングを煙草業界になぞらえる。「かつての煙草業界と変わりません。自動車メーカーは『もっと調査が必要だ』とくり返すばかりで、その間にもテクノロジーを自動車に装備しつづけています。そのせいで『ながら運転』が常態化し、『何人もの人が死んでいる。ストップをかけなければ』と言うのがどんどん難しくなっています」

ＩＴ業界にはこうした問題の存在を認める人もいた。私は二〇一二年七月の『ニューヨーク・タイムズ』の記事で、電子デバイス、フェイスブックのようなサイト、ビデオゲームなどに中毒性があるという考え方を、あのシリコンバレーの経営者たちが受け入れるようになっていると書いた。たとえば、フェイスブック、グーグル、あるいはシスコなどの通信インフラメーカー。彼らは初めて、ドーパミンの役割や、脳がテクノロジーによって受ける影響について具体的に話しはじめていた。中毒性を持つかもしれないという点についても。

これらの会社は、瞑想やテクノロジー休憩といったさまざまな方法を実験しながら、社員の注意散漫や疲弊をなくし、集中力や生産性を維持するための取り組みを開始した。

「カエルを水に入れ、少しずつ温度を上げれば、いずれゆであがって死にます。それと同じことです」と、フェイスブックの学習・開発担当ディレクター、スチュアート・クラブは記事のなかで私に語ってくれた。「オンラインでの時間がパフォーマンスや人間関係に及ぼす影響に気づく必要があります」

彼以外にもツイッター、イーベイ、ペイパルといった大手企業の数多くの関係者が、オフラインの勧めを説く「ウィズダム2・0」カンファレンスに参画していた。これも記事のなかでインタビューしたグーグルのエグゼクティブコーチ、リチャード・フェルナンデスは次のように述べる。「消費者は、テクノロジーで可能になる仕事や検索上の利便性と、オフラインの生活の質とのバランスをとるための体内コンパスを必要としています」

「要はゆとりを持つことです。そうしないとテクノロジーに押し流されてしまいます」

だが、記事で私は指摘した。これらの企業はいまだに、人々を常時接続させておくことをビジネス（金儲け）の基本にしている、と。

政策面では、運輸省が二〇一〇年にコネチカット州ハートフォードとニューヨーク州シラキュースでパイロットテストを実施している。同省はこのふたつの都市で、ドライバーによる違法な携帯電話使用は危険であり、刑罰の対象になる可能性があるとの公共広告を出した。このキャンペーンと並行して、警察による取り締まりも強化。結果的にシラキュースでは九五八七件、ハートフォードでは九六五八件の出頭命令が出された。

運輸省がキャンペーン前後の状況を比較したところ、ドライバーによる携帯電話の使用実績に明らかな違いが見られた。シラキュースでは通話とメールが三分の一減り、ハートフォードでは手持ち式携帯の使用が五七%、メールが四分の三減少した。このキャンペーンはシートベルト推進プロジェクトの「Click It or Ticket」（ベルトを締めるか、違反切符をもらうか）にならって「Phone in One Hand, Ticket in the Other」（片手に携帯、片手に違反切符）と名づけられ、今後も拡大される見通しだ。

バーバラ・ハーシャによれば、シラキュースとハートフォードのキャンペーンは大がかりなリソースを動員しているため、あまり参考にはならない。たとえば、目撃した違反を進行方向の先にいる警官に伝える「スポッター」。お金もかかるし、シンプルな解決策ではないと彼女は言う。「法執行と啓蒙だけでは問題を解決できないと思います。とりわけ法執行が難しい場合は」

全米州議会議員連盟によれば、二〇一四年の半ばには、メール禁止の法律はずいぶん一般的になっていたが、そこに普遍性や統一性はなかった。たとえば、アリゾナ州、モンタナ州、サウスカロライナ州、プエルトリコは運転中のメールを禁止していない。ミズーリ州、オクラホマ州、テキサス州、ミシシッピ州は運転初心者のメールだけを禁じている。また、「二次的」な禁止を掲げる州もわずかながらある。つまり、運転中のメールだけで車を止められることはなく、ほかの違法行為（一次的違反）があって初めて出頭を命じられる。一二の州とコロンビア特別区は、手持ち式携帯の使用を禁じている。だが、法律が存在する州も含めた全米で、運転中のメールは基本的にまだ続いている。ドライバーの言うこととやることはいまだに食い違っている。メールは危ないと言うくせに、やめられない、やめたくないのだ。

二〇一三年の夏、自動車の寄贈を促す慈善団体「カーズ・フォー・キッズ」がドライバーへのアンケートを実施しているが、そこからは考え方と行動の大きなギャップが読み取れる。このアンケートによると、九八％のドライバーが運転中のメールは危険だと考えているのに、四三％はメールを読み、三〇％はメールを送信している。さらに興味深いデータもある。同乗者の四六％が、ドライバーの運転中にメールをしたことがあると答えているのだ。言い換えれば、同乗者はドライバーよりも自分の携帯電話に関心が向いていたわけだ。「そして亡くなる人は増えつづけています」と、レジーの事故から七年後の二〇一三年一〇月末にストレイヤー博士は私に言った。ある女性が携帯電話を使用中に歩行者を轢き殺してしまった事案で証言するため、ソルトレークシティからサンフランシスコへ向かう準備中のことだ。週に一回のペースで、訴訟事件にかかわってほしいとの依頼を受けるらしい。

レジーは二〇〇六年九月二二日にハンドルを握ったさい、メールの危険性をよく知らなかったと主張することもたぶんできただろう。だからといってその行為が許されることにはならない、と述べたのは彼が初めてだ。注意深い人になりなさい、そういうドライバーになりなさいと彼は教えられていた。あの山道を通るときは雨が降っていた。太陽も昇ったばかりの時間。その通勤時に、彼の人生、彼以外のさまざまな人の人生が永遠に変わってしまった――。最新のアンケートに答える人は、メールの危険性を知らないとはもう誰も言えない。みんながその危険性を知っている。真実を知っている。ちゃんと耳を傾けることさえできたら。

ハーシャに言わせれば、交通安全運動のせっかくの進歩もいまや社会全体から否認されかねない様相を呈している。それを後押しするのが、ネットへの常時接続をせき立てる強力なマーケティングだ。「『私じゃない、問題はあなただ。私は優良ドライバーだから』――そういう文化になっています」

「啓蒙の一環として、人々を自分自身の行為に向き合わせる必要があります」

二〇一四年三月、テリルはゲイリー・ハーバート知事からユタ州教育委員に任命されるという栄誉に浴した。選任にあたって知事は、テリルの取り組みは被害者を支援するものだとたたえ、次のように述べた。「彼女の経験はユタ州の各家庭にとって大いなる助けとなるでしょう」

神経科学者たちは、テクノロジーが脳に及ぼす影響を知るという個別の研究に加え、共同研究にもますます力を入れていた。ガザリー博士、ストレイヤー博士、アチリー博士をはじめとするこの分野の指導的研究者は、二〇一三年に共同助成を受け、疲弊した脳を自然の力で修復する方法の研究に乗り出した。この新プロジェクトは二〇一四年春に本格スタートしている。

『携帯電話を置いてビーチやキャンプや釣りに出かけ、身も心もリフレッシュ』みたいな言い方をよくしますが、われわれはその生物学的な根拠を探ろうとしています」とストレイヤー博士は言う。また、この研究はドンデルスやヘルムホルツ、ブロードベント、トレイスマン、ポスナーよりも、むしろヘンリー・デイビッド・ソロー*の流れをくむものだ、と博士は付け足した。

「テクノロジーに依存しすぎると、魂が損なわれてしまいます」

アチリー博士は同じ問題にもっと科学的なアプローチで取り組もうとしている。しばしテクノロジーを忘れて時間を過ごすことと、真実を見きわめ、明晰な頭で判断を下すことのあいだにどういう関係があるのか、その全貌を知りたいと考えている。

「選択をするには前頭葉が活性化している必要があります。各系統を意思決定に動員できるよう、脳の他の部位のライバルは少なくないといけません。キャパシティが要るわけです」と彼は言う。

「倫理学者なら、誰にも選択の自由があると言うかもしれません。しかし脳科学者はこう言うでしょう。選択は脳のなかで始まるのだ、と」

* 自然のなかでの暮らしを実践した作家・思想家

私がレジーに会ったのは二〇〇九年の八月、彼が刑務所から出てすぐ、そして私が気がつけばジャーナリズムの世界に大きな一石を投じることになってからまもなくのことだった。事の始まりは、私が『ニューヨーク・タイムズ』の編集者で親友のアダム・ブライアントと話をした前年一二月にさかのぼる。ちょうどレジーがすべてを告白する決断を下そうとしていたころでもある。

アダムと私は、携帯電話を使いながらの運転というテーマについて話していた。ある面では、よくあるただのおしゃべりだ。私たちは思いつくあらゆることに考えをめぐらせる。世界で起きているあらゆるできごとについてざっくばらんに論じながら、何か記事にすべきネタはないだろうかと話し合う。ジャーナリストの習性だろう。

そのなかでアダムと私がよく検討していたのは、テクノロジーが社会や人間の行動に与える影響についてだ。私たちはある種の「ずれ」を探していた。ものごとが宣伝どおりにいかないとか、仮説や仮定を立てたのに（たとえば「テクノロジーは本質的に善である」）それが必ずしも実証されないとか。私が取材していたシリコンバレーは、パーソナルコミュニケーションの爆発的な進歩が内包する「暗部」を知ろうとする多くのジャーナリストにとって、話題の宝庫だった。

私自身の個人的な興味もあった。自分の行動がテクノロジーによってどう変わるのか？　メディアにたくさんの時間を割いていることはわかっていた。コミュニケーションのパターンも変わったし、電子デバイスから離れるとちょっと不安になる。居心地の悪さや退屈さを紛らわすために使うこともあった。車に乗っているときにも――。テクノロジーを善悪の目で見ていたわけではなく、単純にそれはパワフルだと考えていた。

二〇〇三年に私は、日曜版のビジネスセクションで「情報の魔力――中毒性はあるか？」という記事を書いた。最初に登場してもらったのは、二〇〇〇ドルを払ってあるカンファレンスに参加したベンチャーキャピタリスト。大枚をはたいたのに、会の進行に全然集中できないという。自分のＰＣや携帯電話を同時に使っていたからだ。「ひとつのことに集中するのが難しい」と、記事のなかで彼は言う。「病気かもしれません」

私もテクノロジーが持つ並々ならぬ力を、職業的にも個人的にも感じていた。生産性向上のツールとして、はたまた解放と創造の手段として。テクノロジーのおかげで私はニューヨークで働く必要がない。サンフランシスコにいられるから、シリコンバレーにどっぷり漬かって記事が書ける。編集者とは毎日でも毎時間でも打ち合わせできるし、原稿は自宅や出先から送ればいい。以前、音楽ファイル共有サービスを提供するナップスターがらみの裁判を取材し、第一面に記事を載せたことがあるが、このときはサンフランシスコ中心部にある第九巡回区控訴裁判所の廊下で原稿を書き、携帯電話で編集者に内容を伝えた。

そのような柔軟性をもたらすことで、テクノロジーは効率の向上だけでなく、ある意味、創造性の向上にもつながることを私は発見した。ひらめいたその瞬間に仕事ができるのだ。また、中断するのも簡単だ。たとえば昼休みにジムへ行っても、携帯電話があればいつでも確認・連絡がとれる。当時の私はまだ、それがどれくらい役に立つかをわかっていなかったが、自分の人生をもっと自由にコントロールできそうだということは直感した。

この「解放」には功罪相半ばする面がある。私自身そのころ、なんとはなしにではあるが、「効率」や「機会」という問題と格闘するようになっていた。仕事がもっとできるようになるからどうなのか？　常時連絡がとりあえるからどうなのか？　そもそも、そうあるべきなのか？　レジーとのやりとりのおかげも少なからずあって、そうした問題を深く考えるようになった。

まだ彼と出会う前の二〇〇四年、この相反する力が思いもかけず私の創作の原動力となった。私は『フックト』（中毒）という小説を書き、テクノロジーが持つ依存性や、それがわれわれの現実や認識を変えるのかどうかを表現した。サイエンスというよりもサイエンスフィクションに近いが、一年前の新聞記事を書くときに知った新しい科学的知見を少々拝借している。テクノロジーはこの本では悪者である。と同時に、私の執筆を後押しする大いなる伴奏者・協力者だった。

二〇〇八年一二月に話をしたアダムと私は、ある問題をめぐる「賢明でばかげた疑問」（アダムの言）について調べることにした。その疑問とは「なぜ人は運転中に携帯電話を使うのか。危ないということがわからないのか」。

翌年の春から、私は他の仕事のかたわら、この記事の取材を始めた。記者である私にとって、何かを深く掘り下げる、成果がないかもしれない事案を調べる時間を与えられるというのは、一種の「通行権」みたいなものだった。私はそのとおり時間をかけ、多くのことを学んだ。

ユタ州へ飛び、この分野の第一人者であるストレイヤー博士に会った。ローレン・マルキーの遺族とも話をした。友人たちと聖パトリック祭に出かけ、不注意運転の車に轢き殺された一七歳の少女である。取材旅行から戻ると、ストレイヤー博士の研究について説明したメモをアダムに送った。ほかにも携帯メールに関して盛んになっていた研究（バージニア工科大学交通研究所など）の成果をまとめて送ったりもした。そして、ちょっとびっくりするような発見について彼に報告した。連邦政府は運転中の携帯電話使用の危険性を二〇〇〇年ごろから知っていたのに、政治的な理由で事実上それを伏せていたらしいのだ。

私はメモのなかで、「死亡事故にかかわるひとつの人間ドラマに、最新の科学的知見を織り込んだ」記事を書くことを提案した。さらに、「運転中の携帯電話使用が危険であるという明白な証拠を政府が出し惜しみしている事実」も盛り込みたい。「人々は道路に注意を払わず、政府は証拠に注意を払わないという二重構造みたいになっている」

取材を進めるうち、ほかにも悲惨な事故の話を知った。たとえば二〇〇八年九月、リンダ・ドイルはオクラホマシティの、自宅からそう遠くない場所を運転中、クリストファー・ヒルが運転する車に衝突されて死亡した。ヒルは携帯電話で話をしながら、赤信号を猛スピードで突っ切っていた。

二〇〇九年七月一九日、『ニューヨーク・タイムズ』は長い意欲的な記事を一面に掲載した。

ヒルとドイルの衝突事故を題材に、不注意運転をめぐる科学、政治、政策に関する物語を紡ぎ出したのだ。この問題に一石を投じる記事になると思ったので、力が入っていた。また、この記事には相当な投資をしたということもあわせて強調した。すなわち同紙は、マルチタスクの能力をテストできるビデオゲーム（ある種のドライビングシミュレーター）を制作したのである。

細く長く影響を与える記事になると思っていたところ、ふたを開けてみると驚くほどの反響を呼んだ。数多くのメディアで紹介され、『ニューヨーク・タイムズ』のウェブサイトでも多数の閲覧があった。寄せられたコメントは六五五件。大した数には思えないだろうが、当時はそれでも桁外れだった。日常的に痛いほど感じ、経験していることが指摘されている——そんな反応が多かった。

半年間精力的に取材したおかげで、私はほかにも記事のアイデアをたくさん温めていた。『ニューヨーク・タイムズ』の企業プロジェクト担当編集者、グレン・クラモンからも激励や助言を受けて、われわれは勢いを加速。七月二一日には、運転中のマルチタスクが危険だという説得力ある研究結果を運輸省が二〇〇三年の時点で把握していたのに、これを公表しなかったという調査記事を掲載した。研究データのなかには、ドライバーによる携帯電話使用が原因で起きた事故は二〇〇二年に二四万件、死者は九五五人という推計値も含まれていたが、同省は議会に気をつかってその発表を控えたのだ（議会はあらかじめ、一定の政治的問題を回避するよう運輸省に勧告していた）。

この記事では、自動車安全センター代表のクラレンス・ディトローの発言を引用した。「飲酒運転と同じくらい悪質かもしれない問題なのに、政府はこれを覆い隠した」

次の月曜日、七月二七日には、トラック運転手がメールをすると衝突または衝突寸前の事故を起こす危険性が二三倍に高まるというバージニア工科大学交通研究所の研究を記事にした。ストレイヤー博士の研究にも言及した。当時、運転中のメールを禁止していたのは、ユタ州など一四の州である。

担当編集者によれば、一連の記事に対する反応はすこぶるよかった。このテーマの記事は二本程度の予定だったのに、編集者はいまや次のアイデアやエピソードはないのかと知りたがるありさまだった。

「ユタ州にある男がいるらしい」と私はアダムに言った。「名前はレジー・ショー」

テリルは空港で私を出迎えてくれた。電話の印象と変わらず元気がいい。フレンドリーだけれど強い意志を感じさせる。I一五号線を北上するあいだに私たちが交わした主な会話は、記事とはなんの関係もなかった。モルモン教の若い女性は結婚前にぜひ大学へ行ってほしい、せめて結婚生活や子育てを続けるための目的意識を見つけてほしい、と彼女は言った。当たり前のようにも思える意見だが、彼女の出身はローガンである。早くに結婚して子どもを持つ人が多い地域だ。そして、そこが重要な点だった。彼女は環境を変え、前提を覆そうとしていたのだ。

事故現場にも強い印象を受けた。悲惨な衝突が起きた場所なのに、絶望的なほど美しい自然に囲まれている。ブリガム・ヤングが山々を越えてユタに入り、「ここだ」と思った様子が目に浮かぶようだ。

キャッシュ郡の検察局で私はレイラとジャッキーに会った。レイラはまだまだ悲しみが癒えていないように思われた。

レジーに初めて会ったのはトレモントンだったと思う。彼は事故現場には行けなかった。苦痛があまりに大きすぎた。私は彼とソルトレークシティに向かい、デート相手の女性のことを聞いた。彼に関する新聞記事を鏡にテープで留めていた、あの女性である。レジーは控えめで、親切で、率直で、いかにも深い傷を負っていることを感じさせた。

レジーに関する記事は二〇〇九年八月二九日に掲載された。

二〇一〇年の春、『ニューヨーク・タイムズ』と私は「不注意運転防止の全国的な取り組みのきっかけをつくった」ことが評価され、ピュリツァー賞（国内報道部門）を受賞した。同紙のノミネートを裏づける証拠の一環として、私たちは、『ウェブスター英語辞典』が「不注意運転（distracted driving）」を二〇〇九年の言葉に選んでいた事実を強調した。その年のピュリツァー賞は『ワシントン・ポスト』紙にも授与された。不注意運転をめぐるさらに重要な問題について考えさせてくれる、読みごたえのある特集記事だった。同紙がスポットを当てたのは、ある男の裁判である。彼は携帯電話での通話に夢中になるあまり、シートに固定した幼い息子を炎天下の車に置き去りにしてしまった。車は動いていなかったし、男は運転していなかった。男の子は車中で身動きできないまま九時間過ごし、亡くなった。

その春、私はテクノロジーの多用が脳にどう影響するかを探る、「脳とコンピュータ」という連載記事にとりかかった。テクノロジーの中毒性に関する理解を深め、さまざまな学説のつながりや関係がわかるようになった。そして、最大の矛盾についてなおも考えつづけた。そう、メールをしながらの運転は危険だとわかっているのに、なぜやってしまうのか？

たとえば、「注意散漫《ディストラクション》」の可能性がいまやあちこちにあることを私は知った。ある記事で医者の集中力が鈍る現象について取り上げたのだが、そこで紹介した事例は今回の連載のなかでもじつに痛ましい。デンバーの神経外科医が、手術中に私用電話をかけたせいで注意を怠り、患者を部分的なまひ状態にしたとして訴えられたのだ。これはとりわけ恐ろしい結果を招いたが、医師や看護師などの医療従事者が電子デバイスに気をとられる唯一無二の事例というわけではない。

心肺バイパス手術に特化した医学誌『パーフュージョン』が実施した調査では、バイパスマシンをモニターする技師の五五％が手術中に携帯電話を使用したことがあると答え、およそ半分がメールをしたことがあると答えた。その一方、約四〇％が携帯電話で話すのは「どんな場合も危険」だと言い、およそ半分がメールも同様だと答えている。記事にも書いたが、この調査の担当者は「大惨事になる可能性がある」と述べている。

以上のような取材・執筆活動のおかげで、本書にとりかかるための基盤や経験ができた。だが、それはあくまでも「基盤」であり、過去の記事を引用した数少ない箇所を除いて、本書は書き下ろしである。

取材ツールは以下のとおり。多くの人々に対する詳細な電話インタビューと対面インタビュー、警察関係の報告書、史料（オリジナル資料、博物館などの信頼できる筋が集めたもの）、警察によるインタビューや司法審理の記録（音声、動画、文書）。とくに最後の記録資料は、参考人聴取、法廷審理、立法措置を再構成するのに使用した。引用箇所は該当の記録からそのまま引用した。そのできごとの息吹みたいなものを忠実に再現しようとしたからだ。手紙類も同様だが、誤解を避けるために語句を変更または省略した箇所がわずかにある。重複する部分や補助的な部分は要約した。

その他の重要な資料としては、ゲイリン・ホワイト（レジーのカウンセラー）、ジョン・バンダーソン（レジーの弁護士）ら関係者による当時の手書きメモなどが挙げられる。私がこれらの記録を見ることができたのは、レジーが許可してくれたからにほかならない。

裁判所とウィルモア判事も寛容な態度を示してくれた。判事はそれまで封印されていたこの裁判の記録を開示した。レジーもこれに同意した。おかげで私は重要な審理のビデオテープや関連書類を閲覧することができた。そのほか、検察局とテリルからも貴重な文書（テリルの手書きメモ）を見せてもらった。

本書では『ニューヨーク・タイムズ』など他のメディアの記事を引用した箇所が一部ある。私自身が同紙に書いた記事の引用が多いが、そのさい、それが私の記事だとは必ずしも示さなかった。たんに話の流れを中断したくなかったからだ。

これら豊富な資料は、執筆上の具体的な基礎材料となっただけでなく、取材において何が最も重要な情報源かということをあらためて教えてくれた。そう、人々の協力である。本書の取材中、さまざまな関係者がみずからのストーリー、視点、動機、希望、恐れを語ってくれた。ときに電話で、ときに直接会って交わしたこれら無数の会話には、内省、あるいは涙、笑いがともなった。だから本書は、人々の感情を文章としてまとめあげた一冊である。感情の発露を受け止めた一冊である。それをこうして記録できたことを、私は幸運に思う。話を聞かせてくれたすべての方々に深く感謝する。

記憶というのは当てにならないし、何かを説明しても偏りがちになる。できるだけ公平・公正な内容にするため、私は複数のソースを使ってものごとを記録するよう努めた。たとえば、レジーとカウンセラーのゲイリンのやりとりを書くさいは、両者の説明や残っている記録文書を照合した。検事たちの打ち合わせ、レジーたち家族とバンダーソンの打ち合わせについても同様である。しかし、各当事者の説明はたいてい一致していた。事故現場でどう思ったかなどの感じ方が違っていたとしても、誰が何を言ったかという事実説明はほぼ変わらなかった。また、時間とともに人々との縁が深まるのは何にも代えがたい贅沢だった。私が本書の主な関係者に会いはじめたのは二〇〇九年、そして二〇一四年の春まで彼らとの接触は続いた。

一部の関係者の強烈な個人的体験に関しては、他のソースとの照合をしなかった。いやおそらく、その必要がなかった。たとえば、ドン・リントンが苦しんだ性的虐待は本人から聞いた話である。長くつらい会話をいくつも重ねるうちに、私は彼が本当のことを言っているのがわかるようになった。内容を誇張する理由もない。むしろ、過去の経験を公にするのは彼にとってリスクである。その勇気をたたえたい。トニー・ベアードについても同様だ。彼は勇敢にも、子どものころの事故の話を包み隠さず、涙ながらに聞かせてくれた。感謝する。それから、やはり小さいころの困難を打ち明けてくれたデイビッド・グリーンフィールドにも。

テリル（とその子ども時代）に関しては、この物語の中心的人物であるがゆえに、きちんとした対応をとらなければならないと考えた。子ども時代の話の多くは本人の口から聞いたものだ。私はジャーナリズムの規律にのっとり、テリルがしてくれた話を、彼女が提供してくれた子ども時代の日記と照らし合わせた。また、当時親しかった人や家族へのインタビューで裏づけをとった。テリルを疑っていたからこんなことをしたのではない。それどころか、私は彼女を知るにつれ、その倫理感の高さや真実を大切にする姿勢を感じざるをえなかった。私が知る最高のジャーナリストたちにも見劣りしない。

テリルの母親はインタビューを拒んだが、それでも私は直接メールを送ったり、テリルや弟のミッチェルを介したりして、彼女への接触を試みた。ミッチェルはインタビューに快く応じてくれた。ただし、現在の境遇にはふれないでほしいとの要望があった。テリルのはからいで兄のマイケルが書いたメールもいくつか見ることができ、彼女の証言を確認できた。彼女の子どものころのできごとについては、正確な日付や順番がわからないこともあったが、私はテリルやその友人、家族の友人とのインタビューのほか、日記や写真も組み合わせて最善の判断を下すよう心がけた。

ひとつの例外を除いて（それはあとでふれる）、テリル・ワーナーほどエネルギッシュな「活動家」はいない。

ジャッキー・ファーファロとレイラ・オデルにもたいへん協力してもらった。私は家に招かれたうえ、彼女たちの頭や心のなかに立ち入ることも許してもらった。この誇り高く、勇敢な、強いふたりの女性と、その家族に感謝したい。彼女たちは誰もが経験しないような喪失を経験し、それに耐えたのだ。

初めてレジーに会ったときから、私は彼の率直さに驚かされた。自分が何をしたか、どう感じているかを私に語ってくれた。自分のしたことがわからなくなるときがある、それはなぜか、どんなふうにかを教えてくれた。レジーという人間に隠し事はない。シャイになることはあっても、注目を集めようとは思わない。話すだけでなく、たくさんの行動を起こそうとする。彼の率直さは、悲しみ、恥ずかしさ、贖罪への思いを映す鏡なのだろう（私にはそうとしか表現できない）。これほどまでの深い悲しみや贖罪の気持ちは見たことがない。だから彼は、私が思いつくかぎり最高にエネルギッシュな活動家なのだ。彼は自分以外の人間に同じ轍を踏んでほしくないと心から願っている。彼はひざまずき、頭《こうべ》を垂れた。でも、いつか立ち上がり、傷が癒えることを私は願っている。本書の取材で出会ったほぼすべての人たち――彼自身の家族はもちろん、テリルやウィルモア判事まで――がレジーに心の安らぎが訪れるのを待ち望んでいる。私も同じだ。

レジー、きみが本書にしてくれた貢献が、きみのスピーチの「レパートリー」に加わることを、ささやかながら願っている。そしてそれによって、きみがみずからを許せるようになることを――。

何よりも、みずからの人生にかかわるプライベートな話を一つひとつ丁寧に聞かせてくれた多くの人たちの協力がなければ、本書は存在していないだろう。そうしたすべての人に心から感謝を捧げたい。みなさんは私を、そして私の取材活動を信頼してくださった。お礼の言いようもない。

とりわけ、レイラ・オデルとミーガン・オデル、ジャッキー・ファーファロとその家族は、私のために時間をとり、心の奥底の感情を吐露してくれた。感謝したい。

辛抱強く詳しい話をしてくれたジョン・カイザーマンにも感謝する。

バート・リンドリスバーカー、スコット・シングルトン、ケイリーン・ヨンクをはじめとするユタ州の警察関係者は、その専門知識や捜査手法のほか、個人的な経験も快く教えてくれた。検察官のスコット・ワイアット、トニー・ベアード、ドン・リントンは、訴訟の経緯や検察のアプローチについて我慢強く説明してくれた。またベアードとリントンは、きわめて個人的な過去のできごとも話してくれた。彼ら自身の体験が今回の事案を方向づける助けになったことがわかる。感謝する。

トマス・ウィルモア判事は多忙ななか、彼なりに今回のことをふり返るとともに、法律に関して大いなる知識を授けてくれた。ユタ州議会議員、とくにスティーブン・クラークとカール・ウィマーも、同様の知識や個人的見解を提供してくれた。ユタ州知事だったジョン・ハンツマン、運輸長官を務めたレイ・ラフードの、不注意運転をめぐる卓見とリーダーシップに敬意を表する。交通安全運動を推進するデイビッド・ティーター、バーバラ・ハーシャ、ビル・ウィンザーにも感謝する。

レジーの弁護士、ジョン・バンダーソンと、レジーのカウンセラーのゲイリン・ホワイトは、貴重な時間と知見を与えてくれたうえに、レジーの許可を得て、メモやノート類を見せてくれた。深謝する。

難解なコンセプトを丹念に説明し、場合によっては個人的な話もしてくれた一流科学者の皆さんにもお礼を述べたい。ダニエル・アンダーソン博士、ルーサン・アチリー博士、ダフネ・バヴェリア博士、ニコラス・クリスタキス博士、スーザン・フォワード博士、マーク・ギャランター博士、ダニエル・E・リーバーマン博士、アラン・マックワース博士、アール・ミラー博士、マイケル・ポスナー博士、マーク・ポテンザ博士、ビッキー・ライドアウト、ゲイリー・スモール博士、ジェイソン・ワトソン博士。自身の経験を通じて神経科学分野を切り開いたパイオニア、アン・テイラー・トレイスマン博士にも深く感謝。最先端の複雑なサイエンスを身近なものにした四人の科学者――ポール・アチリー博士、アダム・ガザリー博士（とジョー・ファン）、デイビッド・グリーンフィールド博士、デイビッド・ストレイヤー博士――には特段の感謝を捧げたい。

彼らの協力がなければ本書は誕生しなかっただろう。私の科学理解を大いに助けてくれた世界一流の研究者、クリフォード・ナス博士はあまりにも早い死を遂げた。心から冥福を祈りたい。テリル・ワーナーと夫のアラン、それからジェイミー、テイラー、アリッサ、ケイティの子どもたちにも感謝する。みんな、こちらが求める以上の協力をしてくれた。

ミッチェル・ダニエルソンもわざわざ時間をとり、彼なりの見方を私に託してくれた。

ダラス・ミラー、ジェイソン・ズンデル、ヴァン・パークとリサ・パークをはじめとするトレモントンの人々にも感謝する。

メアリー・ジェーン・ショーとエド・ショーに心からお礼を述べたい。ふたりは私を迎え入れ、希望や恐れなど、あの悲劇がもたらしたむき出しの感情を分かち合ってくれた。フィル・ショーにも感謝したい。

レジーは、「おわりに」にも書いたように、私、それから世の中に自分自身をさらけ出してくれた。著者として、一市民として「ありがとう」と言わせてほしい。きみは十分苦しんだ、十分行動した。

著者の真の友人であるリエート・シュテーリク率いるウィリアム・モロー社（ハーパーコリンズ傘下）のすばらしいチームに感謝の言葉を述べたい。敏腕編集者のピーター・ハバード、マーケティングと宣伝担当のシェルビー・メイズリク、アンディ・ドッズ、タビア・コワルチャック、ジュリア・ブラック、アダム・ジョンソンにも感謝。販売チームの頼もしいサポート、トリーナ・ハンの気づかいも、とてもありがたかった。

エージェントで友人の、スターリング・ロード・リテリスティック社のローリー・リスにも感謝する。

ソフィー・イーガン、ロイス・コリンズ、ショーン・ヘールズの調査と助言はたいへん役に立った。

父と母はいつだって私のサポート役だ。どうもありがとう。

ボブ・テデスキ、この賢人はまたいつものように愛情と友情あふれる助言を授けてくれた。その恩は簡単に返せるものではない。

私の話に我慢強く耳を傾け、的確な意見をくれる妻のメレディス・バラドには、永遠の感謝と尽きることのない愛を捧げたい。そして、かけがえのない子どもたち、ミロとミラベルにも。

運転中に携帯メールをしていた青年が悲惨な事故を起こしてしまう——それが本書成立の大きなモチーフになったできごとである。そして本書は、「悲惨な事故」のいきさつや顛末を追った人間ドラマであると同時に、その原因になった「運転中の携帯使用」に関する最新の研究や知見を追った科学ルポでもある。それらを支えるのは膨大な取材活動だ。

とまあ、簡単にまとめようとはしたものの、本書の中身や味わいをひと口で説明するのは難しい。もちろんノンフィクションにはちがいないのだけれど、筆者の語り口は小説的でさえある（少なくとも私にはそう感じられる）。事故を起こした「主人公」レジー・ショーを中心に、じつにさまざまな関係者の思いや行動、体験がビビッドに語られる。

研究者への取材も幅広く、これもビビッドだ。（携帯デバイスをはじめとする）テクノロジーと脳の関係をめぐる最新の研究動向が、箇条書き的な情報としてではなく、生身の科学者の確信や迷いも含めたメッセージとして伝わってくる。

子どものころ、本書でいう「テクノロジー」に相当するものといえば、テレビと電話(それも黒光りする、あの固定電話)くらいしかなかった。しかも幼少時の記憶をたぐり寄せると、テレビは最初白黒でチャンネルをがちゃがちゃ回すやつだったし、電話は近所でいち早く導入した家庭で借りるなんて時期も当初はあった。牧歌的といえば牧歌的な時代だったのかもしれない。

でもいまはコンピュータが一般家庭にまで行き渡り、電話もスマホなどの携帯がむしろ標準になった。パーソナルなコンピュータに、パーソナルな電話。それらのほとんどはインターネットに接続したり、メールなどのメッセージをやりとりしたりという機能もそなえている。とくに若い世代はそうしたテクノロジーをまるで空気のように当たり前の存在として受け入れてきた(あるいは受け入れざるをえなかった)。

ネットサーフィン、検索、オンラインゲーム、電子メール、テキストメッセージ、チャット、ソーシャルメディア……。言い方を換えれば、現代人はつねに何かとつながっている。

アメリカの成人の六四%が運転中に携帯メールをしたことがある。

本書にそういう調査データが出てくるのを読んで正直びっくりした。六四%、三人に二人という数字にも驚きだが、運転中にメールなんていう「離れ業」がそもそも可能なのだろうか(とつい思ってしまう)。

一方で、これと同じ調査によると、アメリカの成人の八九%が運転中の携帯メールは違法にすべきだと考えているらしい。九割近い人がやってはいけないと思っているのに、六割以上の人がやってしまう――わかっていてもやめられないという構造なのだ。

これは怖い。頭では理解しているつもりでも、結果として多くの人がやってしまうのだとしたら……。私自身は携帯電話で文字を打つのが限りなく苦手で、運転中でなくてもなるべく避けているのだけれど、それでもまったくの他人事《ひとごと》とは言っていられない。運転中に（緊急かもしれない）電話がかかってきたらどうするか？　あるいは大事なメールを仕事相手に返信しなければならないと思い出したら？　車を運転するかぎり、それは「九〇〇キロの鋼鉄の塊」なのだ。

本書の登場人物たちも、他人事ではない、レジーだけの問題ではないという気持ちを心の片隅にいだいている。渋滞で議会に遅れそうになったので運転しながら秘書にメールを打ち、あやうく前の車にぶつかりかけた州議会議員。始終携帯をいじっている娘を思い出し、もともと運転が荒っぽいあの子のことだから運転中にメールもしているのではないかと心配する検事。

さて、あなたは――？

多くの研究者が推奨するのは「脳の休息」だ。最先端のテクノロジーが生活の隅々にまで浸透し、情報があふれ、人々が関係性のなかで溺れかねない時代には、脳の処理能力がこれに追いつかず、オーバーフローを起こしてしまう。だから脳を休めること、キャパシティに余裕を持たせることが重要になるという。

実際、人口密度が高い都会と、自然が豊かな田舎で情報の学習・記憶能力を比較した研究では、後者の被験者のほうが成績がよかったらしい。自然のなかでは脳の情報処理量が少なく、出された課題に振り向けられるリソースがそのぶん多くなるからだ。牧歌的な環境も悪くはない。
誰もが程度の差こそあれ例外ではいられない――他人事とたかをくくっていられない――現代のテクノロジー社会において、本書が投げかけるテーマは重い。重いし、危うい。脳にかかる負荷を適度に抑えないかぎり、本書に描かれるような悲劇がまたくり返されるのだろうか。人はふつう、「脳にかかる負荷」みたいなことを意識せずに暮らしているから厄介ではあるのだが、つながりもほどほどにしないと人間どこかでしっぺ返しを食うのかもしれない。

さっきも本文から引用したように、自動車そのものが危険な「鋼鉄の塊」である。一歩間違えば、とてつもない事態や結末を引き起こす。あなたが(私が)乗っているのは、そういう凶器なのだ。

「運転するときは携帯電話をしまってください。スイッチを切り、しまってください。それで誰かの命を救えます」

不幸にも悲しい事故を起こしてしまった、若きレジー・ショー。彼がこの一見簡潔ながらも重要なメッセージを獲得するまでにたどった物語を、本書ではきわめて親密に追体験することができる。その物語があるからこそ、シンプルなメッセージにも生命が吹き込まれる。レジーだけではない。本書には不幸や逆境から立ち直り(あるいはそれらとどうにか折り合いをつけ)、その先へ進もうと手探りする人々がほかにも登場する(事故の被害者遺族ももちろんそこに含まれる)。そんなさまざまな人たちの物語が縦糸だとすれば、一〇〇年以上の歴史がひもとかれる

「注意の科学《アテンションサイエンス》」の物語が横糸だろう。

機会を見つけて、身近な人ともぜひこの物語《ノンフィクション》を共有してみてほしい。私もそうしたい。そうすれば本書が世に出た意味が少しなりとも増すと思うから。

本書との橋渡しをしてくれたのは、英治出版の若きプロデューサー、山下智也さん。ときに熱く、ときに控えめに（しかし的確に）私を導いてくださったことに、この場を借りて深く感謝します。

二〇一六年五月

三木 俊哉

解説

愛知工科大学 工学部教授　小塚一宏

運転中の「ながら携帯」によって事故を起こしてしまったレジー・ショーの物語を読まれて、「これは他人事ではない。明日は我が身かもしれない」と思われた方もきっと多いと思います。

公益財団法人交通事故総合分析センターの調査によると、運転中の携帯電話やスマートフォンの使用による事故（二〇一四年）は、画像注視が七四九件、通話が一八七件、その他動作が七六〇件（以上三つの合計件数は、一六九六件）。通話は年々減少していますが、画像注視は二〇一〇年以降増加傾向で推移しています。

日本では、一九九九年に施行された改正道路交通法により、自動車運転中の携帯電話使用が禁止され、さらに二〇〇四年の改正道路交通法で罰則が強化されましたが、二〇一四年の携帯電話やスマートフォンの使用違反による検挙件数は、約一一〇万件（一日約三〇〇〇件）に上ります。

私は「交通工学」を専門分野とし、なかでも交通の安全性向上を目指して、運転中や歩行中の人間の視線・動作について研究しています。前職の株式会社豊田中央研究所（トヨタグループの総合研究所）ではETC（自動料金収受システム）の基礎研究や自動車用エンジンの燃焼研究に取り組み、その後愛知工科大学に移り、二〇〇四年から運転中・歩行中の携帯電話操作時の視線特性を計測し、その危険性を検証する研究を主に行っています。本書の主人公であるレジーが事故を起こしたほぼ同時期から、「ながら携帯（スマホ）」の実験検証を行ってきたことに不思議な縁を感じます。

この「解説」では、一〇年以上にわたる研究の中から、自動車運転中、自転車運転中、そして歩行中の「ながら携帯（スマホ）」の危険性実験についてご紹介したいと思います。脳神経科学とは別の切り口（交通工学）の考察をお伝えすることで、このテーマに関する知見をより深めていただけたら幸いです。

①自動車運転中の「ながらスマホ」

図1～3（次頁）は、二〇〇七年の第六回ITS（高度道路交通システム）シンポジウムで発表した、自動車運転中の視線計測データです。

通常走行時（無負荷、図1）は、無意識に視線を左右と前方に幅広く送って安全を確認しながら走行。通話時（図2）は、左右やバックミラーなどへの視線がほとんどなくなり、前方中央寄りになって視野が狭くなりぼんやり見ている（うわの空）状態になります。

そしてメール閲覧または文章作成・メール送信時（図3）は、視線は携帯画面と前方の間の直線的な移動となり、画面に停留する現象も見られました。前方よりも画面に集中している時間が長く、左右やミラーを全く見ていません。視線が画面に一〜二秒程度停留しており、これは時速五〇キロメートルで走行すると一四〜二八メートルにわたって画面に集中していることを意味します。

画面を見ているのがほんの一〜二秒であっても、一四〜二八メートルは注意力が奪われた状態になり、横からの飛び出しに反応することは難しく、また蛇行運転して対向車線に飛び出したり、前車に衝突するリスクが高まるのです。時速九〇キロメートルで走行し

図 1. 通常走行時の視線軌跡（右目）と停留点：白円で停留時間の大小を示す

図 2. 通話走行時の視線軌跡（右目）と停留点：前方の停留点が多く、時間が長い

図 3. 文章作成・メール送信走行時の視線軌跡（両目）と停留点：携帯画面上に長い時間の停留点が見られる

ながら、一一回にわたってメール操作を繰り返していたレジー。その行為がどれほど危険なものだったか、ご想像いただけると思います。

② 自転車運転中の「ながらスマホ」

二〇〇八年六月に施行された改正道路交通法により、自転車運転中の携帯電話操作(通話やメール操作)、イヤホン使用などが禁止されたことに伴い、この問題も研究対象としました。

自転車運転中の携帯電話使用についても、自動車運転時とほぼ同じ傾向の視線特性が実験で得られました。運転中にメール操作する場合、視線はほぼ携帯画面に釘付けになり周囲道路環境にほとんど注意を向けておらず、さらに車よりもスピードが遅いことも影響し画面に一層集中する傾向にあります(これらの実験結果は二〇〇八年の第七回ITSシンポジウムで発表)。

二〇一四年一二月につくば市の自動車学校で行ったJAF(日本自動車連盟)との共同研究では、自転車運転中のスマホ使用時、青信号を確認した後は画面を見続けるため、赤信号に変わっても気づかずに信号無視するという例が四人中二人に見られました。青信号で進入してくる車にはねられたり、また青信号になって横断歩道を渡る歩行者をはねてしまったり、まさに被害者にも加害者にもなるリスクが「ながらスマホ」によって高まるのです。

街中では、イヤホンをしてスマホで音楽を聴きながら自転車走行している若者をよく見かけます。スマホを見ながらでなくても両耳にイヤホンをして音楽に集中しているだけで、横からの人の飛び出しなどに気づく時間が通常走行よりも〇・二~〇・三秒遅れることが実験でわかりました。

両耳イヤホン使用して音楽を聴きながら運転していると、外音がシャットアウトされるだけでなく、視覚にも大きな影響を及ぼし、運転に必要な視覚・聴覚が正常に機能しなくなってしまうのです（実験結果は、二〇一五年の第一三回ＩＴＳシンポジウムで発表）。

③　歩行中の「ながらスマホ」

スマートフォンの急速な普及に伴い、駅のホームや横断歩道など公共の場所での歩きながらのスマートフォン使用、いわゆる「歩きスマホ」の危険性が社会的な問題となってきた二〇一一年頃から、この問題も研究対象としました。東京消防庁によると、二〇一一年～二〇一五年の五年間で「歩きながら」、「自転車に乗りながら」などの携帯電話、スマートフォンにかかわる事故で一七二人が救急搬送されています。

ＮＴＴドコモが「全員歩きスマホ in 渋谷スクランブル交差点」というシミュレーション実験を行ったところ、衝突が四四六件、転倒が一〇三件、スマホ落下が二一件、そして交差点を横断できたのは一五〇〇人中五四七人という結果となり、実験をまとめた動画*が話題となりました（シミュレーション用データは、小塚研究室が提供）。

また、ＮＨＫ「クローズアップ現代」と共同で行った「歩きスマホ実験」も、二〇一一年一〇月六日の放送後、大きな反響がありました。小塚研究室の学生が被験者となり、人があふれる西武鉄道・西武新宿駅のホームを「旅行パンフレットを見ながら歩く」場合と、「スマートフォンでツイッターやゲームをしながら歩く」場合の視線を計測。実験の結果、スマートフォン利用者

＊　https://www.youtube.com/watch?v=8XOuqqfiezc

は視線が画面に釘付けとなり、他に意識が向かないことがわかりました。

実験中、被験者がスマートフォンを操作しながら歩いていた時、すぐ横を母親に手を引かれた三歳くらいの女の子が偶然通ったのですが、被験者の視界には女の子が入っていたものの、視線が画面に釘付けとなっていたため視線移動せず認識できなかった、という場面がありました。日本各地、特に利用者数の多い駅のホームでは、こうした接触や事故のリスクを常に孕んでいると言えます。旅行パンフレットもスマートフォンも、同じ「何かを見入る」タスクですが、スマートフォン（特にソーシャルメディアやコミュニケーションアプリなど）は双方向かつ更新頻度が高いという特性によって、旅行パンフレットよりも著しく視野が狭まることが明らかになりました。

最後に、二〇一六年三月の電子情報通信学会で発表した、名古屋市栄交差点における「歩きスマホ」実験をご紹介します。図4は通常歩行時、図5は「歩きスマホ（ツイッター）」時の視線データです。通常歩行時は視線が左右前方に幅広く移動して無意識に安全確認していますが、ツイッターをしていると視線は画面に集中し、たまに

図 4. 通常歩行時の視線軌跡（右目）と停留点（網掛け円）

図 5. 歩きスマホ（ツイッター）時の視線軌跡（右目）と停留点（網掛け円）

上目づかいで前方を確認する程度で左右への視線移動がなくなり、視野は通常歩行時に比べて二〇分の一程度になります。通常歩行時の視野は左右各三メートル程度なのに対し、歩きスマホ時は画面の二〇センチメートル程度。図を見ると、歩行者の見えている風景が全く異なることがおわかりいただけると思います。また歩くスピードは通常歩行時に比べて二〇％～三〇％低下し、さらに蛇行したりするばらつきも生まれ、前方や左右だけでなく、後続の人とぶつかる危険性も高まるのです。

自動車・自転車運転中も歩行中も、脳の認識機能は関心が高いタスクである通話やメール操作に集中し、運転や歩行における注意力が奪われてしまう。そして、デビッド・ストレイヤー博士が行った「携帯メールをしていたドライバーがメールを終えたあと、どれくらいの時間で安全運転ができる状態に戻るか」の実験（詳細は三六一頁）によると、送信ボタンを押してから一五秒以上たたないと、正常な状態に完全復活できない可能性がある。「ながら携帯（スマホ）」とは、こうした要因が重なる行為であることを十分理解しておく必要があると思います。

昨今、このテーマにかかわる研究成果がさまざまな形で発表され、また事業者やメディアの方々による啓蒙活動が盛んに行われるようになりました。

メディアの方に取材していただく際、「ながらスマホ」の課題解決に対して私は3つのアプローチを話すようにしています。ひとつめは「マナー」。お互いを思いやることによってマナーを守り、事故を無くそうというアプローチです。ふたつめは「技術的規制」。これは、たとえば駅のホームや横断歩道などの公共の場において、歩行中・運転中であることを検知すると操作できなくなる設定・機能を義務付けるというものです。そして最後は「法規制」。交通ルールを厳しく取り締まり、罰則を強化することによって事故を防ぐという考えです。――皆さんはどう思いますか？

類似ケースとして「歩きタバコ」を考えてみると、「法規制（たとえば、路上喫煙禁止条例）」や「技術的規制（たとえば、指定喫煙所設置）」はなかなか効果的のようにも思えます。ただ、スマートフォン然り、技術は人の生活を便利にするものです。せっかくの利便性がマナーの悪さによって制限されてしまう。自分たちの生活がどんどん不便になってしまう。そうならないために（より本質的な解決に至るために）、やはり「マナー」が大切だと私は考えます。

そして、一人ひとりの「マナー」が少しずつ良くなり、やがて社会全体が変わっていくために本当に必要なのは、本書で語られるようなストーリーの力なのだと思います。化学薬品の乱用と危険性を訴えた、レイチェル・カーソンの『沈黙の春』のように、本書が「ながらスマホ」という社会問題に人々がじっくり耳を傾けるきっかけになればと強く願っています。

二〇一六年五月

〈マ行〉

〈ヤ行〉

〈サ行〉

〈カ行〉

〈索引〉

〈A-Z〉

〈ア行〉

著者

マット・リヒテル Matt Richtel

『ニューヨーク・タイムズ』記者。テクノロジーが人々の生活に与える影響など、幅広いテーマを取材。不注意運転のリスクおよびその根本原因を明らかにし、広く警鐘を鳴らした一連の記事で、2010年にピュリツァー賞（国内報道部門）を受賞。小説も3作執筆している。カリフォルニア大学バークレー校、コロンビア大学ジャーナリズム大学院卒業。神経科医の妻、子ども2人とサンフランシスコ在住。

訳者

三木 俊哉 Toshiya Miki

京都大学法学部卒業。会社勤務を経て翻訳業。主な訳書に、『チャレンジャー・セールス・モデル』（海と月社）、『ヴァージン・ウェイ』（日経BP社）、『世界はひとつの教室』（ダイヤモンド社）、『ヘッジファンド（I）（II）』（楽工社）、『良い習慣、悪い習慣』（東洋経済新報社）など。

解説者

小塚 一宏 Kazuhiro Kozuka

愛知工科大学教授（工学部情報メディア学科）。名古屋大学大学院工学研究科修了（工学博士）。専門は交通工学。（株）豊田中央研究所にてETC（自動料金収受システム）の基礎研究や自動車用エンジンの燃焼研究に従事した後、2002年、愛知工科大学に着任。2004年からドライバーの動作・視線の計測解析、歩行中・運転中のスマートフォン操作の危険性などを研究。工学部長・工学研究科長（2011年度～2014年度）を経て現在、高度交通システム研究所長を兼務。

● 英治出版からのお知らせ
本書に関するご意見・ご感想を E-mail（editor@eijipress.co.jp）で受け付けています。また、英治出版ではメールマガジン、ブログ、ツイッターなどで新刊情報やイベント情報を配信しております。ぜひ一度、アクセスしてみてください。

メールマガジン ：会員登録はホームページにて
ブログ ：www.eijipress.co.jp/blog
ツイッター ID ：@eijipress
フェイスブック ：www.facebook.com/eijipress

神経ハイジャック
もしも「注意力」が奪われたら

発行日 2016年 6月25日 第1版 第1刷

著　者 マット・リヒテル
訳　者 三木俊哉（みき・としや）
解　説 小塚一宏（こづか・かずひろ）
発行人 原田英治
発　行 英治出版株式会社
〒150-0022
東京都渋谷区恵比寿南 1-9-12 ピトレスクビル 4F
電話：03-5773-0193 ／ FAX：03-5773-0194
http://www.eijipress.co.jp/
プロデューサー 山下智也
スタッフ 原田涼子 高野達成 岩田大志 藤竹賢一郎 鈴木美穂
下田理 田中三枝 山見玲加 安村侑希子 山本有子
上村悠也 田中大輔 渡邉吏佐子
印刷・製本 中央精版印刷株式会社
校　正 小林伸子
ブックデザイン 佐藤亜沙美（サトウサンカイ）

ISBN978-4-86276-214-6 C0040 Printed in Japan

cceleration | In union, they were combining to provide | make the gadgets extraordinarily seductiv
ch allowed | unprecedented service to humans. But they | even addictive.

with reward— you wind up
with something powerful to the
point of being overpowering.
To some researchers, it feels
like a process of neurological
hijacking.

nated the idea that this
echnology plays to our
t human needs. When
ld it all up— the social
f information, receiving
sclosing; the intermittent
ery mechanism; the

This is, quite obviously, not a question of either/or—
do we either live with technology or give it up entirely?
"The question," says Dr. Atchley, "is how do we balance this stuff

It's not me, it's you. I'm the good driver

and, more substantively, Dr. Strayer's research had showed that using a phone behind the wheel was as risky as driving drunk.

The thing that struck Linton as he reviewed Strayer's research was what was happening inside the brain. He thought: I had no idea how much attention the mobile phone took fro driving.

"We were wondering if this wa like driving while drinking a Cok until Dr. Strayer came along," Linto reflects. "Then I realized it wasn't lik drinking a Coke, it was like drivin drunk, really drunk."

riving to be dangerous, but te
ercent of those surveyed read
exts, and 30 percent sent them.

n conversation
a sports score
to drive while

that there are impulses drivi
these multitaskers that don
meet the eye. In fact, he sa

DO WE EITHER LIVE WITH TECHNOLOGY O GIVE IT UP ENTIRELY?

appealing to and preying upon deep primitive instincts, parts of us that existed aeons before the phone.

For one: the power of social connection, the need to stay in touch with friends, family, and business connections. Simple, irresistible. "It's a brain hijack machine," he says. He's trying to

prove it.

This is what comes next in study of the science of attent the latest wave. Are there s things that can so overt our attention systems a be addicting? Is one of th things personal communicat technology?